河南省"十二五"普通高等教育规划教材

经河南省普通高等学校教材建设指导委员会审定

混凝土材料学

管学茂　杨　雷　主编

U0285658

化学工业出版社

·北京·

本教材介绍了混凝土材料学的相关知识，具体内容包括：混凝土原材料，混凝土和砂浆外加剂，新拌混凝土的性能，硬化混凝土的结构，混凝土的物理力学性能，混凝土的耐久性，混凝土配合比设计，建筑砂浆。本书力求理论联系实际，内容丰富翔实，对相关学科师生和相关行业从业人员有较好的指导和参考价值，可供材料专业、土木工程专业的本科生、研究生作为教材使用，并可供从事相关研究的专业人员参考阅读。

图书在版编目（CIP）数据

混凝土材料学/管学茂，杨雷主编. —北京：化学工业出版社，2011.8（2023.1重印）

河南省"十二五"普通高等教育规划教材

ISBN 978-7-122-11839-4

Ⅰ. 混…　Ⅱ. ①管…②杨…　Ⅲ. 混凝土-建筑材料-高等学校-教材　Ⅳ. TU528

中国版本图书馆 CIP 数据核字（2011）第 139720 号

责任编辑：满悦芝　吴　俊　　　　　　　　　文字编辑：颜克俭
责任校对：陈　静　　　　　　　　　　　　装帧设计：杨　北

出版发行：化学工业出版社（北京市东城区青年湖南街 13 号　邮政编码 100011）
印　　装：北京科印技术咨询服务有限公司数码印刷分部
787mm×1092mm　1/16　印张 13½　字数 343 千字　2023 年 1 月北京第 1 版第 8 次印刷

购书咨询：010-64518888　　　　　　售后服务：010-64518899
网　　址：http://www.cip.com.cn

凡购买本书，如有缺损质量问题，本社销售中心负责调换。

定　　价：39.00 元

前　言

混凝土材料是土建工程、水利工程、道路工程、地下工程等基础建设工程中用量最大的结构材料，尤其是随着我国基础工程建设速度加快，对混凝土材料性能提出了更高要求。而混凝土材料是由水泥、砂、石、水、外加剂等多组分组成的一种复合材料，其使用性能决定于材料的组成、性能与结构，要制备高性能混凝土必须系统学习掌握混凝土材料的基本理论知识。

编者编写的《混凝土学》讲义，在河南理工大学材料科学与工程专业经过了 5 年的试用，期间编者不断地把该领域完成的国家科技支撑计划项目、国家重大基础研究项目（973 项目）的最新研究成果引入讲义。为了更好地满足教学要求，经过多次修改完善，加强教材中混凝土材料的基本理论阐述，形成了《混凝土材料学》教材。本书于 2015 年 11 月入选河南省"十二五"普通高等教育规划教材。本书可作为材料、建筑、土木类等专业及相关各专业本科生教学用书，也可作为建筑设计、施工和建筑材料工作者的技术参考书。

"混凝土材料学"是材料科学与工程专业的主要专业课之一，本书系统地阐述了混凝土材料的基本理论知识和技术，同时也反映了混凝土及其外加剂的最新研究进展。全书共分 8 章，包括绪论、混凝土原材料、混凝土和砂浆外加剂、新拌混凝土的性能、硬化混凝土的结构、混凝土的物理力学性能、混凝土的耐久性、混凝土配合比设计、建筑砂浆等章节。

本书由管学茂、杨雷主编。参编人员及编写分工如下：管学茂编写绪论、第 1 章、第 2 章，郭晖编写第 3 章，杨雷编写第 5 章、第 6 章、第 8 章，罗树琼编写第 4 章、第 7 章，并且负责全书的文字处理与校对工作。

该书在编写过程中得到了河南理工大学和化学工业出版社的大力支持和帮助，在此致以衷心感谢。

由于编者水平有限，书中不当之处在所难免，敬请广大读者批评指正。

编　者

2016 年 12 月于河南理工大学

目　录

绪 论

（1）混凝土的定义与分类

混凝土也称砼，是由水泥、粗集料（碎石、卵石、人造陶粒等）、细集料（河砂、陶砂等）、水、外加剂（第五组分）以及必要时加入的矿物掺和料（粉煤灰、矿渣、硅灰、钢渣、磷渣等）制备的复合材料。

混凝土按表观密度可分为重混凝土、普通混凝土和轻混凝土；按照在工程中用途的不同可分为结构混凝土、水工混凝土、海洋混凝土、道路混凝土、防水混凝土、补偿收缩混凝土、装饰混凝土、耐热混凝土、耐酸混凝土、防辐射混凝土等；按照抗压强度的不同可分为低强混凝土、中强混凝土、高强混凝土及超高强混凝土等；按混凝土生产和施工方法的不同可分为预拌（商品）混凝土、泵送混凝土、喷射混凝土、压力灌浆混凝土、挤压混凝土、离心混凝土、真空吸水混凝土、碾压混凝土等；按组成可分为素混凝土、钢筋混凝土、预应力混凝土等。

（2）混凝土的发展

混凝土具有原材料来源广泛、价格低廉、能耗低、生产工艺简单、强度高、耐久性好、维修费用低等优点，是现代主要建筑材料之一，也是目前世界上生产量最大的人造材料。

混凝土是一种不断发展的材料，硅酸盐水泥混凝土的发展经历了水泥混凝土、钢筋混凝土、预应力混凝土、纤维或聚合物增强混凝土以至最近的高强、高性能混凝土。20世纪50年代（即第二次世界大战结束）后，全球经济开始复苏，科技和工业发展日益加快，对水泥及混凝土的需求量越来越大、性能要求越来越高，为了适应这种要求，陆续出现了一些早强混凝土、大坝混凝土、纤维增强混凝土、聚合物混凝土等称为"特种"混凝土的材料。20世纪90年代以后，混凝土技术得到了快速发展，要求建筑用混凝土高强、轻质，具有更高的耐久性和抗渗性，为了适应这种需求，高强混凝土、防水混凝土、补偿收缩混凝土等得到了广泛的推广应用。混凝土已经成为当今文明社会的重要物质支柱，现代经济和工业的发展与混凝土技术的发展相互促进。混凝土的发展主要遵循复合、高强和高性能三条技术路线。在提高性能、增加品种与扩大应用的相互促进下，混凝土发展成为当代最主要的结构工程材料，也是最大宗的人造材料，根据专家预测，在今后相当长的时间内水泥混凝土仍将是应用最广、用量最大的建筑材料之一。

随着社会的发展和技术的不断进步，人民的物质文化水平不断提高，带动了国家基本建设项目的空前发展，人们对混凝土的品质指标和经济指标提出了更高的要求；另外随着社会的进步和经济的发展，人们越来越关注资源可持续利用与环境保护的问题。因此，高性能化、高强化、多功能化和绿色化是混凝土今后发展的方向，如高性能混凝土、再生混凝土、无熟料水泥混凝土、生态混凝土等。

（3）混凝土材料学的研究内容

近年来，国内外都非常重视水泥混凝土的高性能化、高强化、多功能化和绿色化。虽然取得了瞩目的成就，但还面临着材料和工程方面的许多难题。随着混凝土应用技术的飞跃发展，人们还需要进一步在水泥和混凝土性能分析与评价、水泥基材料改性、固体废弃物资源循环利用及混凝土的耐久与评价等方面做出新的探索，开展有效的科学研究，攻克关键技术难题。

要想很好地对混凝土各方面的性能进行详细的研究，我们必须了解和掌握混凝土的性能特点，为此，本书主要介绍组成混凝土的原材料的性能及特点、混凝土拌和物的性能、硬化混凝土的结构、混凝土的物理力学性能、耐久性以及混凝土的制备技术等内容和知识。

本课程培养学生牢固掌握混凝土的结构、性能等基本理论以及混凝土的制备技术，使学生能够根据实际工程中对各种混凝土的使用要求，正确地选用原材料，合理设计和选用它们的配合比，最后制成经济、适用、耐久的各种混凝土。同时，也注意引导学生运用前修课程及一些现代科学知识来解释和研究混凝土的结构和性能，为学生今后从事混凝土科学研究准备好必要的理论基础，使学生今后能适应混凝土材料科学日益发展的需要。

1 混凝土原材料

1.1 水　泥

水泥是混凝土中主要的胶凝材料，因此，水泥的性能，如强度、耐久性等在相当大的程度上影响混凝土的性能。因此，配制混凝土时，根据设计混凝土的性能和在环境中使用的要求，选用水泥时必须考虑以下几项因素：水泥强度等级；在各种温、湿度条件下，水泥早期和后期强度发展的规律；使用环境中水泥的稳定性；各种水泥的其他特殊性能。

高性能混凝土选择水泥时有更严格的要求，因为高性能混凝土的特点之一是水灰比低，通常为 0.38 以下，要满足施工工作性，水泥用量较大，但为了尽量降低混凝土内部温升和收缩，又应尽量降低水泥的用量。同时，为了使混凝土有足够高的弹性模量和体积稳定性，对胶凝材料总量也要加以限制。根据高性能混凝土的特点，选用的水泥应强度高，同时具有良好的流变性，并与目前广泛应用的高效减水剂有很好的适应性，较容易控制坍落度损失。

1.1.1　水泥的定义与分类

1.1.1.1　水泥的定义

凡细磨成粉末状，加入适量的水后成为塑性浆体，既能在空气中硬化，又能在水中硬化，并能将砂、石等材料牢固地胶结在一起的水硬性胶凝材料，通称为水泥。

根据 GB 175—2007 通用硅酸盐水泥标准，通用硅酸盐水泥的定义如下：以硅酸盐水泥熟料和适量的石膏及规定的混合材料制成的水硬性胶凝材料。

作为一种水硬性胶凝材料，水泥有其共同特征，但根据工程的特点及适用的环境条件不同，对水泥性能的要求又有所不同，因此，水泥具有不同的种类。不同种类的水泥根据其结构组分的差别，在具有水泥的共性外，又有其独特的性能。

1.1.1.2　水泥的分类

水泥的种类很多，目前已有 100 多种水泥问世，而且各种新型水泥仍在以较快的速度开发研究与应用中。水泥的分类方法通常有如下几种。

① 按其用途和性能可分为通用水泥、专用水泥和特性水泥三大类。

通用水泥为一般用途的水泥，主要用于大量的土木建筑工程中，按混合材料的品种和掺量，通用水泥可分为硅酸盐水泥、普通硅酸盐水泥、矿渣硅酸盐水泥、火山灰质硅酸盐水泥、粉煤灰硅酸盐水泥和复合硅酸盐水泥等，各品种的组分和代号应符合表 1-1 所列。

表 1-1 通用硅酸盐水泥的组分规定

品种	代号	组 分				
		熟料＋石膏	粒化高炉矿渣	火山灰质混合材料	粉煤灰	石灰石
硅酸盐水泥	P·Ⅰ	100	—	—	—	—
	P·Ⅱ	≥95	≤5	—	—	—
		≥95	—	—	—	≤5
普通硅酸盐水泥	P·O	≥80 且＜95		>5 且≤20		
矿渣硅酸盐水泥	P·S·A	≥50 且＜80	>5 且≤50	—	—	—
	P·S·B	≥30 且＜50	>5 且≤70	—	—	—
火山灰质硅酸盐水泥	P·P	≥60 且＜80	—	>20 且≤40	—	—
粉煤灰硅酸盐水泥	P·F	≥60 且＜80	—	—	>20 且≤40	—
复合硅酸盐水泥	P·C	≥50 且＜80		>20 且≤50		

专用水泥是指有专门用途的水泥，如油井水泥、砌筑水泥和道路水泥等。

特性水泥是指某种性能比较突出的水泥，如快硬硅酸盐水泥、低热矿渣硅酸盐水泥、膨胀硫铝酸盐水泥等。

② 按水泥的组成可将其分为硅酸盐水泥系列、铝酸盐水泥系列、氟铝酸盐水泥系列、硫铝酸盐水泥系列、铁铝酸盐水泥系列及其他水泥。

硅酸盐水泥系列是指磨制水泥的熟料以硅酸盐矿物为主要成分，如通用水泥及大部分专用水泥、特性水泥等。

铝酸盐水泥系列是指熟料矿物以铝酸钙为主，主要包括铝酸盐膨胀水泥、铝酸盐自应力水泥和铝酸盐耐火水泥等。

以 $C_{11}A_7 \cdot CaF_2$、$\beta\text{-}C_2S(C_3S)$ 和石膏为主要组分的氟铝酸盐水泥系列，包括快凝快硬氟铝酸盐水泥、型砂水泥、抢修水泥等。

以 C_4A_3S、$\beta\text{-}C_2S$ 和石膏为主要组分的硫铝酸盐水泥系列包括快硬、膨胀、微膨胀和自应力 4 个品种，如快硬硫铝酸盐水泥、高强硫铝酸盐水泥、膨胀硫铝酸盐水泥、自应力硫铝酸盐水泥、低碱硫铝酸盐水泥等。

以 C_4AF、C_4A_3S、$\beta\text{-}C_2S$ 和石膏为主要成分的铁铝酸盐水泥系列，也包括快硬、膨胀、微膨胀和自应力 4 个品种，如快硬铁铝酸盐水泥、高强铁铝酸盐水泥、膨胀铁铝酸盐水泥、自应力铁铝酸盐水泥等。

其他水泥如耐酸水泥、氧化镁水泥、生态水泥、少熟料和无熟料水泥等。

③ 按需要在水泥命名中标明的主要技术特性可将水泥分为如下五类：快硬性水泥（分为快硬和特快硬）；水化热（分为中低热和高热）；抗硫铝酸盐腐蚀性（分为中抗硫铝酸盐腐蚀性和高抗硫铝酸盐腐蚀性）；膨胀性（分为膨胀和自应力）；耐高温性（铝酸盐水泥的耐高温以水泥中氧化铝的含量分级）。

1.1.2 通用硅酸盐水泥的组分

（1）硅酸盐水泥熟料

由主要含 CaO、SiO_2、Al_2O_3、Fe_2O_3 的原料，按适当比例磨成细粉烧至部分熔融所得以硅酸钙为主要矿物成分的水硬性胶凝物质。其中硅酸钙矿物不小于 66%，氧化钙和氧化硅质量比不小于 2.0。

(2) 石膏

① 天然石膏　应符合 GB/T 5483 中规定的 G 类或 M 类二级（含）以上的石膏或混合石膏。

② 工业副产石膏　以硫酸钙为主要成分的工业副产物。采用前应经过试验证明对水泥性能无害。

(3) 活性混合材料

符合 GB/T 203、GB/T 18046、GB/T 1596、GB/T 2847 标准要求的粒化高炉矿渣、粒化高炉矿渣粉、粉煤灰、火山灰质混合材料。

(4) 非活性混合材料

活性指标分别低于 GB/T 203、GB/T 18046、GB/T 1596、GB/T 2847 标准要求的粒化高炉矿渣、粒化高炉矿渣粉、粉煤灰、火山灰质混合材料；石灰石和砂岩，其中石灰石中的 Al_2O_3 含量应不大于 2.5%。

(5) 窑灰

符合 JC/T 742 的规定。

(6) 助磨剂

水泥粉磨时允许加入助磨剂，其加入量应不大于水泥质量的 0.5%，助磨剂应符合 JC/T 667 的规定。

1.1.3　通用硅酸盐水泥的强度等级

(1) 硅酸盐水泥的强度等级

硅酸盐水泥的强度等级分为 42.5、42.5R、52.5、52.5R、62.5、62.5R 六个等级。

(2) 普通硅酸盐水泥的强度等级

普通硅酸盐水泥的强度等级分为 42.5、42.5R、52.5、52.5R 四个等级。

(3) 矿渣硅酸盐水泥、火山灰质硅酸盐水泥、粉煤灰硅酸盐水泥、复合硅酸盐水泥的强度等级

矿渣硅酸盐水泥、火山灰质硅酸盐水泥、粉煤灰硅酸盐水泥、复合硅酸盐水泥的强度等级分为 32.5、32.5R、42.5、42.5R、52.5、52.5R 六个等级。

1.1.4　通用硅酸盐水泥的技术要求

(1) 化学指标

通用水泥的化学指标应符合表 1-2 规定。

(2) 碱含量（选择性指标）

水泥中碱含量按 $Na_2O+0.658K_2O$ 计算值表示。若使用活性集料，用户要求提供低碱水泥时，水泥中的碱含量应不大于 0.60% 或由买卖双方协商确定。

(3) 物理指标

① 凝结时间　硅酸盐水泥初凝不小于 45min，终凝不大于 390min；普通硅酸盐水泥、矿渣硅酸盐水泥、火山灰质硅酸盐水泥、粉煤灰硅酸盐水泥和复合硅酸盐水泥初凝不小于 45min，终凝不大于 600min。

表 1-2　通用水泥的化学指标

品种	代号	不溶物	烧失量	三氧化硫	氧化镁	氯离子
硅酸盐水泥	P·I	≤0.75	≤3.0	≤3.5	≤5.0	≤0.06
	P·II	≤1.50	≤3.5			
普通硅酸盐水泥	P·O	—	≤5.0			
矿渣硅酸盐水泥	P·S·A	—	—	≤4.0	≤6.0	
	P·S·B	—	—		—	
火山灰质硅酸盐水泥	P·P	—	—	≤3.5	≤6.0	
粉煤灰硅酸盐水泥	P·F	—	—			
复合硅酸盐水泥	P·C	—	—			

注：1. 如果水泥压蒸试验合格，则水泥中氧化镁的含量（质量分数）允许放宽至 6.0%。

2. 如果水泥中氧化镁的含量（质量分数）大于 6.0%时，需进行水泥压蒸安定性试验并合格。

3. 当有更低要求时，该指标由买卖双方协商确定。

② 安定性　沸煮法合格。

③ 强度　不同品种不同强度等级的通用硅酸盐水泥，其不同各龄期的强度应符合表 1-3 的规定。

表 1-3　强度指标

品种	强度等级	抗压强度/MPa ≥		抗折强度/MPa ≥	
		3d	28d	3d	28d
硅酸盐水泥	42.5	17.0	42.5	3.5	6.5
	42.5R	22.0		4.0	
	52.5	23.0	52.5	4.0	7.0
	52.5R	27.0		5.0	
	62.5	28.0	62.5	5.0	8.0
	62.5R	32.0		5.5	
普通硅酸盐水泥	42.5	17.0	42.5	3.5	6.5
	42.5R	22.0		4.0	
	52.5	23.0	52.5	4.0	7.0
	52.5R	27.0		5.0	
其他通用水泥	32.5	10.0	32.5	2.5	5.5
	32.5R	15.0		3.5	
	42.5	15.0	42.5	3.5	6.5
	42.5R	19.0		4.0	
	52.5	21.0	52.5	4.0	7.0
	52.5R	23.0		4.5	

④ 细度（选择性指标）　硅酸盐水泥和普通硅酸盐水泥以比表面积表示，不小于 $300m^2/kg$；矿渣硅酸盐水泥、火山灰质硅酸盐水泥、粉煤灰硅酸盐水泥和复合硅酸盐水泥以筛余表示，$80\mu m$ 方孔筛筛余不大于 10%或 $45\mu m$ 方孔筛筛余不大于 30%。

1.1.5 水泥的主要矿物组成

水泥的质量主要决定于熟料的质量，而较好的熟料应该具有适当的矿物组成和岩相结构。因此，控制熟料的矿物组成和化学成分，是提高水泥质量的重要环节。

水泥种类不同，其熟料矿物组成便有所不同。如硅酸盐水泥的主要化学成分是 CaO、SiO_2、Al_2O_3 和 Fe_2O_3，但它们并不是以单独的氧化物存在，而是以两种或两种以上的氧化物反应组合成各种不同的氧化物集合体，即以多种熟料矿物的形态存在。而硅酸盐水泥熟料的主要矿物有如下 4 种：硅酸三钙，$3CaO \cdot SiO_2$，可简写为 C_3S；硅酸二钙，$2CaO \cdot SiO_2$，可简写为 C_2S；铝酸三钙，$3CaO \cdot Al_2O_3$，可简写为 C_3A；铁铝酸四钙，$4CaO \cdot Al_2O_3 \cdot Fe_2O_3$，可简写为 C_4AF。

以上 4 种矿物主要由氧化钙（CaO）、氧化硅（SiO_2）、氧化铝（Al_2O_3）和氧化铁（Fe_2O_3）经过高温煅烧化合而成。除此之外，还含有少量的游离氧化钙（f-CaO）、方镁石（f-MgO）、含碱矿物和玻璃体等。通常，熟料中硅酸三钙和硅酸二钙的含量占 75% 左右，称为硅酸盐矿物；铝酸三钙和铁铝酸四钙含量占 22% 左右，在煅烧过程中，它们与氧化镁、碱等在 1250～1280℃ 下会逐渐熔融成液相以促进硅酸三钙的顺利形成，故称为熔剂性矿物。

上述各种矿物组成的特点及其他们对水泥性能的影响在《水泥工艺学》中有详细的介绍，在此不再赘述。

1.2 集 料

1.2.1 集料的作用和类别

（1）集料的作用

集料是混凝土的主要组成材料，它占混凝土总体积的 3/4 以上。尽管说集料只能算是一种填充材料，然而集料在混凝土中的功能却是不容忽视的。集料在混凝土中有技术和经济双重作用。在技术上，集料的存在使混凝土比纯水泥浆具有更高的体积稳定性和更好的耐久性；在经济上，它比水泥便宜得多，作为水泥的廉价填充材料，使该建筑材料成本低廉。集料的具体作用如下。

① 骨架增强作用　一般来说，集料的强度比硬化水泥石的强度高。在硬化水泥石与集料较好的黏结情况下，当混凝土受到外力作用时，相当一部分应力由集料承担。在混凝土中，集料起一个骨架作用。因此，一些研究学者也将集料称为骨料。

② 稳定体积作用　水泥等一些胶凝材料在水化反应过程中通常会伴随着一些体积变化。在干燥环境下，硬化水泥石中各种水的失去也将伴随着一些体积变化。集料一般不发生化学反应，而且普通集料的吸水率很小，因此，它的体积稳定性远远优于硬化水泥石。由于集料的弹性模量较高、热膨胀系数较低，在力学作用下，当温度变化时所产生的变形也比硬化水泥石小。大量集料的存在对保持混凝土体积稳定性起了相当大的作用。

③ 调整混凝土密度作用　在混凝土中，集料占据了绝对优势的体积，因此，混凝土的密度在很大程度上取决于集料的密度。普通集料的密度为 2600～2700kg/m³。而有些集料非常轻，如膨胀珍珠岩，颗粒容重仅有 400～800kg/m³。相反，有些集料则非常重，如重晶石密度为 4300～4700kg/m³，磁铁矿密度为 4900～5200kg/m³，赤铁矿密度为 5000～5300kg/

m³。集料密度（颗粒容重）如此大的差别为制备不同质量的混凝土提供了可能性。对于一些墙体，可用一些较轻的集料来制备轻质混凝土，以减少建筑物的质量、减轻基础和结构的负担。对于一些防护结构，可用一些较重的集料来制备重混凝土，以提高建筑物对各种射线的防护能力。不同质量的混凝土有着不同的作用，在这些混凝土中，集料起了重要的作用。

④ 控制混凝土温度变化作用　在混凝土的凝结硬化过程中，水泥及矿物掺和料与水的反应是一种放热反应。当热量不能散发时，放出的热量将使混凝土的温度升高。随着热量的散发，混凝土的温度将降低。这种温度变化常常是引起混凝土开裂的一个重要因素。而集料在混凝土水化硬化过程中不发生化学反应，不释放热量。显然，集料用量越多，混凝土的放热量越少，混凝土的温度变化也就越小。

⑤ 降低成本作用　在混凝土的组成材料中，除了水以外，集料是最廉价的组分。它比水泥和矿物掺和料都要便宜。在混凝土中集料所占的比例越大，混凝土的成本就越低。

（2）集料的分类

为了不同的目的，对集料有不同的分类方法，最常用的分类方法有 3 种。

① 根据颗粒大小分类　可分为粗集料和细集料。混凝土的集料通常包含有从零点几毫米至几十毫米，甚至更大的粒径。一般把 0.15～5mm 粒径的集料称为细集料，例如砂子等；把粒径大于 5mm 的集料称为粗集料，如碎石等。

② 根据集料的形成过程分类　可分为天然集料和人工集料。经自然条件风化、磨蚀而成的集料称为天然集料，如天然砂、天然石子（卵石）等。由天然岩石经人工破碎而成的集料称为人工集料，如人工砂、人工石子（碎石）。天然集料是由自然条件风化、磨蚀而成的，因而比较圆润、无棱角。而人工集料是由岩石破碎而得到的，因而棱角比较明显。另外，还有一些卵石较大，为了满足工程的需要，将它稍微破碎一下使用，这种集料的相当一部分未破碎的表面仍具有天然集料的特征，比较圆润，而一些破碎所产生的新表面则形成一些棱角，这种集料的性能介于天然集料和人工集料之间，工程上称为碎卵石。

③ 根据集料的容重或密度分类　可分为普通集料（用以配制普通混凝土，如砂、碎石、卵石等）、轻集料（用以配制轻集料混凝土，如浮石、陶粒等）、重集料（用以配制特殊用途的防护混凝土，如重晶石等）。其具体分类情况见表 1-4 所列。

表 1-4　混凝土集料按容重的分类

种　类	干燥捣实集料的容重 /(kg/m³)	混凝土的容重 /(kg/m³)	典型的混凝土强度 /MPa	用途
超轻质	<500	300～1100	<7	非结构用隔热材料
轻质	500～800	1100～1600	7～14	非结构用
结构用轻质	650～1100	1450～1900	17～35	结构
正常重	1100～1750	2100～2550	20～40	结构
特重	>2100	2900～6100	20～40	防辐射

1.2.2　集料的主要技术性质

1.2.2.1　集料的强度和弹性模量

集料的强度应高于混凝土的设计抗压强度，这是因为在承载时集料中的应力大大超过混凝土的抗压强度。混凝土破坏时，如发现许多集料被压碎，说明这种集料的强度低于混凝土的名义抗压强度。

从耐久性意义上说，强度中等或适当低的集料更适合配制混凝土。因为过强、过硬的集料价格稍高，还可能在混凝土因温度或湿度原因发生体积变化时，使水泥石受到较大的应力而开裂。

岩石的抗压强度和弹性模量取决于它的组成和结构，并随其风化的程度而有很大的差别。坚实致密的岩石，其抗压强度平均可达 200MPa 以上，但大多数集料岩石的抗压强度都在 80MPa 左右。

混凝土受压时，大量的集料处于受折、受剪状态，所以为了更接近地反映集料实际受力情况，常用压碎试验表示集料的力学性能，即将一定粒级（如 10~20mm）的干燥集料装在一个圆筒形模内，按规定的方法捣实，然后装上压头，在压力机上进行压碎试验。在各国的现行标准中，有两种不同的表示压碎值的指标，一种是以一定的加荷速度加至规定的荷载后，倒出经压碎的集料，筛除小于 1/4 试样下限尺寸（如 2.5mm）的部分，然后用筛余重量与原试样重量之百分比作为压碎值指标。另一种是以达到 10% 压碎值时的荷载表示，这种表示指标是考虑到某些压碎值超过 25%~30% 的脆弱集料用规定荷载法试验时，在达到规定荷载之前，相当部分集料已被压碎，使集料紧密，从而影响随后继续加荷的压碎量。压碎试验方法还可用于鉴定轻集料如陶粒、炉渣等的强度性能。集料的压碎指标与集料岩石的抗压强度之间虽无直接的数学关系，但在定性上，这两种试验结果是一致的。

集料岩石的弹性模量和强度之间并不存在通常的关系，例如：花岗岩的弹性模量为 4.6×10^4 MPa，辉长岩和辉绿岩的弹性模量为 8.5×10^4 MPa，它们的强度在 145~160MPa 之间。一般说，集料的弹性模量愈高，配制的混凝土弹性模量也愈高。同时，集料的弹性性质还会影响混凝土的徐变和收缩。

1.2.2.2　集料的比重和容重

混凝土中集料比重（相对密度）的概念是指包括非贯通毛细孔在内的集料的重量与同体积水的重量之比，这样的比重称为"视比重"［又称"表观比重"（即表观密度）］。测定集料的视比重必须按规定的方法进行。但对于集料试样的重量有两种计量方法：一种是以干燥集料的试样重，即在 105~110℃ 条件下烘干至恒重时的重量作为计算基准；另一种是对饱和面干状态的集料毛细孔干状态的集料试样重作为计算基准，后者更适合于混凝土的配料计算，这是因为集料毛细孔中所饱和的水并不参加与水泥的化学反应，不影响混凝土混合料的流动性能，因此可以看成是集料的组成部分。反之，干燥的集料在混凝土混合料中却要吸收水分达到或接近饱和状态，影响有效的水灰比。集料的视比重取决于集料组成矿物的比重和孔隙的数量。大多数天然集料的视比重在 2.6~2.7 之间。

集料的容重反映集料在堆积情况下的空隙率。很显然，它取决于集料堆积的紧密程度（即捣实的方法）以及集料的颗粒形状和大小分布，因为颗粒形状和大小分布决定了集料可能压紧的程度。相同粒径的颗粒只能堆紧到一定的极限范围。而不同粒径的颗粒，有可能使小的颗粒填充在大颗粒间的空隙中，增加容重。对于一定视比重的集料而言，容重愈大，意味着需要用水泥浆填充的空隙愈少。因此，集料的容重试验与计算是混凝土配合比设计的基础。集料的容重有松散容重和紧密容重之分，它们的测定必须按规定的方法进行。

根据集料的容重和视比重，可以按式(1-1)计算出集料的空隙率：

$$p = \left(1 - \frac{\gamma_0}{\gamma}\right) \times 100\% \tag{1-1}$$

式中，p 为集料的空隙率，%；γ_0 为集料的容重；γ 为集料的视比重。

1.2.2.3　集料的孔隙率、吸水率和含水率

集料中存在孔径变化范围很大的毛细孔，最大的孔甚至肉眼都能看到，最小的孔一般也比水泥石的凝胶孔大。这些孔有的封闭在集料的内部，有的扩展到颗粒的表面。集料中孔的

状态影响集料和水泥石的黏结、混凝土的抗冻性以及集料的化学稳定性和抗磨性。

集料的吸附水量用吸水率表示，它在一定程度上反映集料中孔的特性（孔隙率、孔大小及贯通性）。集料的吸水率是表示饱和面干集料的含水率。集料的含水率则表示集料实际的含水量，以试样在 $105\sim110℃$ 条件下烘干至恒重确定。

由于集料的水分含量随气候而变化，同一料堆各个部位也可能不一样，因此必须经常测定，以便调整混凝土配合比中水和集料的称量。

1.2.2.4 集料的体积稳定性

在这里，集料的体积稳定性专指集料抵抗由于自然条件的变化而引起体积过分变化的能力。引起集料体积变化的自然因素有冻融循环、干湿交替等。集料的体积变化可能导致混凝土的局部开裂、剥落甚至使整个结构处于危险状态。有些多孔燧石、页岩、带有膨胀黏土的石灰岩等常表现为体积稳定性差。例如一种变质粗玄岩，由于干湿交替引起的体积变化达 600×10^{-6} 之多，含有这种集料的混凝土在干湿变化的条件下就会发生破坏。

多孔岩石制成集料，当它们吸水至临界值的水量时，容易受冻而遭到破坏。鉴定集料的抗冻性，可用硫酸钠或硫酸镁溶液浸泡法。一定级配的集料试样交替地在硫酸钠饱和溶液中浸泡及烘箱中烘干，使集料毛细孔内形成盐的结晶（类似于结冰作用）。经过一定次数循环后，用筛分析确定试样各级粒径的集料重量损失百分数，并以总的重量损失百分数作为评定集料的抗冻性能指标，即：

$$总的重量损失 \ P=\frac{a_1P_1+a_2P_2+a_3P_3+a_4P_4}{a_1+a_2+a_3+a_4}\times100\% \tag{1-2}$$

式中，$a_1\sim a_4$ 分别为试样各级粒径的重量百分率；$P_1\sim P_4$ 分别为试样试验后各级粒径的重量损失百分率。

值得指出的是，单纯集料和它在混凝土中包裹有水泥浆时的情况是不同的。一方面受自然因素侵害的条件不一样，另一方面集料的强度可能足以抵抗冻结引起的压力，但它的体积膨胀却可能引起水泥石的开裂。所以很难预言集料的耐久性对混凝土的耐久性有什么确定的影响。因此，对集料稳定性的鉴定只能作为集料本身质量好坏的比较，或在对集料发生怀疑的情况下，才对集料体积稳定性作鉴定分析。

1.2.2.5 颗粒形状和表面状态

集料除了岩石学上的特征之外，它们的颗粒形状和表面状态也是很重要的。比较方便的方法是确定这些颗粒的某些几何特征。对于混凝土而言，主要不在于知道颗粒的个别外形，而是要知道由不同形状的颗粒所组成的整体集料的某些特征。

集料的颗粒形状，从实用角度上大致可以分为球形（蛋形）、棱角形、片状、针状等4种类型。

一种尺寸的颗粒，堆实的程度取决于它们的形状。在英国用"棱角系数"表示集料的颗粒形状对堆实程度的影响。所谓"棱角系数"即以 67 减去按规定的方法将集料填满容器时，固体体积所占的份数。67 代表最圆的卵石用同样的填充方法所得的固体体积分数。所以"棱角系数"即表示超过圆形卵石空隙率的百分率。"棱角系数"愈大，集料颗粒的棱角愈多，堆积时的空隙率也愈大。

另一种表示颗粒形状的特征数是颗粒表面积对其体积之比。这个比值愈小，愈接近于球形；比值愈大，愈趋向于长方体。表面积与体积之比值很大的颗粒，像针状与片状颗粒，影响混合料的工作性，并倾向于一个方面排列，对混凝土的耐久性不利。所以在国家规定的集料标准中，限定了针状或片状颗粒的含量。

集料颗粒的表面状态主要是指粗糙程度和孔的特征。它们影响集料与水泥石的黏结，从而影响混凝土的强度，尤其是抗弯强度。特别是配制高强混凝土时，黏结强度往往低于水泥石的抗拉强度，此时，集料的颗粒形状和表面状态具有更大意义。一般来说，粗糙的表面和多孔的表面与水泥石的黏结性能较好。经验证明，在水灰比相同的条件下，碎石混凝土较卵石混凝土强度可提高10%左右。

1.2.2.6　集料的级配

集料中各级粒径颗粒的分配情况称为集料的级配。集料的级配对混凝土混合料的工作性产生很大的影响，进而影响混凝土的强度、变形性能、热学性能等。良好的集料级配可用较少的加水量制得流动性好、离析泌水少的混合料，并能在相应的成型条件下，得到均匀密实的混凝土，同时达到节约水泥的效果。因此，我们在配制混凝土时，要重视集料的级配。

（1）细集料的级配

细集料的级配通常用筛分方法来确定。表示细集料粗细程度的方法有3种，即级配曲线法、细度模数法和平均粒径法。

① 级配曲线法　将细集料筛分后计算出各级筛上的累计筛余质量分数，并将计算结果绘制成级配曲线，如图1-1所示。根据曲线所处的位置可以判断细集料的粗细程度。级配曲线给出了细集料比较详细的情况，从曲线中可以知道哪些粒级的细集料缺乏、哪些粒级的偏多，这有助于调整集料的级配。我国的标准将砂的级配划分为三个区段，如图1-2所示。Ⅰ区相当于细度模数为2.8~3.7范围，属于粗砂或中粗砂；Ⅱ区相当于细度模数为2.1~3.2范围，基本上属于中砂；Ⅲ区相当于细度模数为1.6~2.4范围，基本上属于细砂。

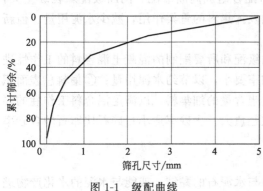

图1-1　级配曲线

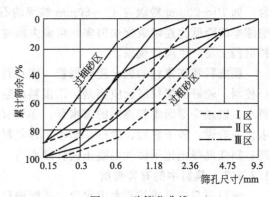

图1-2　砂筛分曲线

② 细度模数法　细度模数为各级筛上的累计筛余百分数的总和，即：

$$M_k = \sum A_i \tag{1-3}$$

式中，M_k 为细度模数；A_i 为各号筛上的累计筛余，%。

根据细集料的定义，注意5mm以上的筛余不属于砂的范围，因此，在计算时，各级筛上的累计筛余必须扣除5mm筛上的筛余，即：

$$M_k = \frac{(A_{2.5} + A_{1.2} + A_{0.6} + A_{0.3} + A_{0.15}) - 5A_5}{1 - A_5} \tag{1-4}$$

式中，A_5、$A_{2.5}$、$A_{1.2}$、$A_{0.6}$、$A_{0.3}$、$A_{0.15}$ 分别为筛孔尺寸为4.75mm、2.36mm、1.18mm、0.6mm、0.3mm、0.15mm各筛上的累计筛余百分数。

一般说，粗砂需水量较小，但容易离析。在低水灰比富水泥浆拌和物中，由于水灰比较低，水泥浆较稠，可以有效地防止离析。但在这类拌和物中，需水量较小的特点可以有效地缓和胶凝材料用量较大的矛盾。因此，粗砂适宜用于这一类拌和物中。细砂的保水性好，但需水量较大，在高水灰比贫水泥浆拌和物中，细砂保水性好的特点有助于缓和泌水较突出的问题。

（2）粗集料的级配

粗集料的级配也是采用筛分的方法确定的。根据各级筛上的筛余量计算出各级筛上的累计筛余质量分数。与细集料一样，石子的颗粒级配同样采用筛分析法测定。按 GB/T 14685—2001《建筑用卵石、碎石》规定，用来确定粗集料粒径的方孔筛筛孔尺寸分别为 4.75、9.50、16.0、19.0、26.5、31.5、37.5、53.0、63.0、75.0、90.0（mm）等，粒径介于相邻两个筛孔尺寸之间的颗粒叫做一个粒级。在工程中，通常规定集料产品的粒径在某一范围内，且各标准筛上的累计筛余百分数符合规定的数值，则该产品的粒径范围叫做公称粒级。5～40mm、5～80mm 这两种公称粒级的集料的最大粒径分别为 40mm、80mm。公称粒级有连续级配和单粒级两种，粗集料的级配原理与细集料基本相同，即将大小石子适当掺配，使粗集料的空隙率及表面积都比较小，而堆积密度较大，这样拌出的混凝土水泥用量少、强度高。

粗集料同时采用连续级配和单粒级两种标准的优点在于，一方面可以避免连续级配中较大粒级的集料在堆放及装卸过程中的离析，从而影响级配；另一方面可以通过不同的组合，有利于严格控制集料的级配，保证混凝土质量。

另外，粗集料级配有连续级配和间断级配两种。连续级配是从最大粒径开始，由大到小，每一粒径级都占有适当的比例。连续级配颗粒级差小（$D/d \approx 2$），配制的新拌混凝土和易性好，不易发生离析，在工程上被广泛采用。间断级配是采用不相邻的单粒级集料相互配合，如 10～20mm 粒级与 40～80mm 粒级的石子配合组成间断级配。间断级配颗粒级差大，空隙率的降低比连续级配快得多，可最大限度地发挥集料的骨架作用，减少水泥用量。但新拌混凝土易产生离析现象。

粗集料和细集料的配合应根据粗、细集料的级配和所要配制的混凝土混合料的工作性进行控制。较好的集料级配应当是：①集料的空隙率要小，以节约水泥用量；②集料总表面积要小，以减少湿润集料表面的需水量；③要有适当含量的细集料，以满足混合料工作性的要求。一般说，砂子愈细，含砂率愈小；粗集料粒径愈大，含砂率愈小；碎石比卵石的含砂率高；塑性混凝土比干硬性混凝土的含砂率高。

1.2.2.7　集料中的有害物质

集料中存在着或妨碍水泥水化，或削弱集料与水泥石的黏结，或能与水泥的水化产物进行化学反应并产生有害膨胀的物质称为有害物质。有害物质在集料中的含量必须在国家标准规定的范围之内。

（1）有机杂质

集料中（特别是砂中）容易含有有机杂质，它们妨碍水泥的水化、降低混凝土的强度。集料中的有机杂质通常是腐烂动植物产生的鞣酸及其衍生物。通常按标准方法进行比色试验来近似地确定集料中是否含有相当数量的有机物。将规定数量的试样和 3%浓度的氢氧化钠溶液置于一个量筒内，用力摇动使之混合，然后放置 24h。通过与用鞣酸粉和 3%浓度的氢氧化钠溶液配制的标准液颜色的比较就可以判定有机物的含量。若试样上部溶液的颜色浅于标准液的颜色，则有机物含量对混凝土无害。若试样上部溶液的颜色比标准液深，则表示集料中可能含有较多的有机物，但不能肯定这种集料不适用于混凝土。因为不是所有的有机物都对混凝土有害，较深的颜色还可能由于含铁矿物引起。接下来，必须用可疑的集料配制成混凝土试块，与用同样集料但经清洗、有机物含量合格后配制的混凝土试块作强度对比试验，只要前者的抗压强度不低于后者的 95％，则即使比色试验不合格的集料，亦可使用。

（2）黏土、淤泥和粉尘

黏土颗粒粒径小于 0.005mm，主要矿物为高岭石、水云母、蒙脱石。淤泥和粉尘颗粒粒径为 0.005～0.05mm，前者存在于集料矿床中，主要成分为石英及难溶的碳酸盐矿物，后者在破碎石料时产生。这些极细粒材料在集料表面或者形成包裹层，妨碍集料与水泥石的黏结；或者以松散的颗粒出现，大大地增加了表面积，导致需水量增加。另外，黏土颗粒的体积不稳定，干燥时收缩，潮湿时膨胀，对混凝土有很大的破坏作用。因此，集料中黏土、淤泥和粉尘的含量必须严格进行测试和控制。

（3）硫化物和硫酸盐类

集料中有时含有硫铁矿（FeS_2）或生石膏（$CaSO_4 \cdot 2H_2O$）等硫化物或硫酸盐，它们有可能与水泥的水化产物反应而生成硫铝酸钙，发生体积膨胀。所以集料中硫化物或硫酸盐的含量以 SO_3 计不得超过 1％。

（4）云母

一些砂中有时含有云母。云母呈薄片状，表面光滑，且极易沿节理裂开，因此和水泥石的黏结性能极差。云母含量高，对混凝土的各种性能均有不利的影响。根据我国标准规定，砂中云母含量不宜大于 2％。对于有抗冻性、抗渗性要求的混凝土，则还应通过混凝土试件的相应试验，确定其有害量。

（5）盐

海砂中含有一定量的盐，用这种砂配制混凝土容易引起混凝土中钢筋锈蚀问题，必须注意，在我国沿海地区发生过海砂屋事件，即利用海砂配制的混凝土建造的房屋，经过几年使用后钢筋严重锈蚀，导致结构发生破坏。在利用海砂前，必须对海砂的含盐量进行测定，按照有关标准控制钢筋混凝土中氯盐的含量不超过有关规定时，才可以使用。

1.2.2.8　碱-集料反应

碱-集料指水泥、外加剂等混凝土组成物及环境中的碱与集料中碱活性矿物在潮湿环境下缓慢发生并导致混凝土开裂破坏的膨胀反应。粗、细集料经碱-集料反应试验后必须符合各自的标准规定。

1.2.3　细集料及其技术要求

1.2.3.1　细集料的定义

混凝土中常用的细集料主要是砂，根据 GB/T 14684—2001《建筑用砂》规定，建筑用砂主要包括天然砂和人工砂。

天然砂是指由自然风化、水流搬运和分选、堆积形成的、粒径小于 4.75mm 的岩石颗粒。但不包括软质岩、风化岩石的颗粒。

人工砂是指经除土处理的机制砂、混合砂的统称。

机制砂是由机械破碎、筛分制成的，粒径小于 4.75mm 的岩石颗粒，但不包括软质岩、风化岩石的颗粒。

混合砂是由机制砂和天然砂混合制成的砂。

1.2.3.2　砂的分类

（1）按产源分

砂按产源分为天然砂、人工砂两类。天然砂包括河砂、湖砂、山砂和淡化海砂；人工砂包括机制砂和混合砂。

（2）按技术要求分

砂按技术要求分为Ⅰ类、Ⅱ类、Ⅲ类。其中Ⅰ类宜用于强度等级大于 C60 的混凝土；Ⅱ类宜用于强度等级为 C30～C60 及抗冻、抗渗或其他要求的混凝土；Ⅲ类宜用于强度等级小于 C30 的混凝土和建筑砂浆。

1.2.3.3 砂的主要技术要求

（1）含泥量

天然砂中粒径小于 $75\mu m$ 的颗粒含量。天然砂中含泥量应符合表 1-5 规定。

表 1-5 含泥量和泥块含量

项目	指 标		
	Ⅰ类	Ⅱ类	Ⅲ类
含泥量（按质量计）/%	<1.0	<3.0	<5.0
泥块含量（按质量计）/%	0	<1.0	<2.0

（2）石粉含量

人工砂中粒径小于 $75\mu m$ 的颗粒含量。人工砂的石粉含量应符合表 1-6 规定。

表 1-6 石粉含量

项 目			指标		
			Ⅰ类	Ⅱ类	Ⅲ类
1	亚甲基蓝试验	MB 值<1.4 或合格	石粉含量（按质量计）/%	<3.0	<5.0	<7.0
2			泥块含量（按质量计）/%	0	<1.0	<2.0
3		MB 值≥1.4 或不合格	石粉含量（按质量计）/%	<1.0	<3.0	<5.0
4			泥块含量（按质量计）/%	0	<1.0	<2.0

注：根据使用地区和用途，在试验验证的基础上，可由供需双方协商确定。

（3）泥块含量

砂中原粒径大于 1.18mm，经水浸洗、手捏后小于 $600\mu m$ 的颗粒含量。天然砂中泥块含量应符合表 1-5 规定，而人工砂中的泥块含量应符合表 1-6 规定。

（4）细度模数

衡量砂粗细程度的指标。细度模数越大，表示细集料越粗。砂按细度模数分为粗、中、细三种规格，其细度模数分别为：粗砂 3.7～3.1；中砂 3.0～2.3；细砂 2.2～1.6。

（5）坚固性

砂在自然风化和其他外界物理化学因素作用下抵抗破裂的能力。一般情况下，天然砂采用坚固性指标表示其抵抗破裂的能力，而人工砂则采用压碎指标表示之。天然砂采用硫酸钠溶液进行试验，砂样经 5 次循环后其质量损失应符合表 1-7 规定。而人工砂采用压碎指标法进行试验，压碎指标值应符合表 1-8 规定。

表 1-7 坚固性指标

项目	指标		
	Ⅰ类	Ⅱ类	Ⅲ类
质量损失/% <	8	8	10

表 1-8　压碎指标

项　目	指标		
	Ⅰ类	Ⅱ类	Ⅲ类
单级最大压碎指标/% 　<	20	25	30

（6）颗粒级配

砂的颗粒级配应符合表 1-9 的规定。

表 1-9　颗粒级配

累计筛余/%　　级配区　方孔筛	1	2	3
9.50mm	0	0	0
4.75mm	10～0	10～0	10～0
2.36mm	35～5	25～0	15～0
1.18mm	65～35	50～10	25～0
600μm	85～71	70～41	40～16
300μm	95～80	92～70	85～55
150μm	100～90	100～90	100～90

注：1. 砂的实际颗粒级配与表中所列数字相比，除 4.75mm 和 600μm 筛挡外，可以略有超出，但超出总量应小于 5%。

2. 1 区人工砂中 150μm 筛孔的累计筛余（%）可以放宽到 100～85，2 区人工砂中 150μm 筛孔的累计筛余可以放宽到 100～80，3 区人工砂中 150μm 筛孔的累计筛余可以放宽到 100～75。

（7）有害物质

砂不应混有草根、树叶、树枝、塑料、泥块、炉渣等杂物。砂中如含有云母、轻物质、有机物、硫化物及硫酸盐、氯盐等，其含量应符合表 1-10 规定。

表 1-10　有害物质含量

项　目	指标		
	Ⅰ类	Ⅱ类	Ⅲ类
云母（按质量计）/%　　　　　　<	1.0	2.0	2.0
轻物质（按质量计）/%　　　　　<	1.0	1.0	1.0
有机物（比色法）　　　　　　　<	合格	合格	合格
硫化物及硫酸盐（按 SO_3 质量计）/%　<	0.5	0.5	0.5
氯化物（以氯离子质量计）/%　　<	0.01	0.02	0.06

（8）表观密度、堆积密度、空隙率

砂的表观密度、堆积密度、空隙率应符合如下规定：表观密度大于 $2500kg/m^3$；松散堆积密度大于 $1350kg/m^3$；空隙率小于 47%。

（9）碱-集料反应

经碱-集料反应试验后，由砂制备的试件无裂缝、酥裂、胶体外溢等现象，在规定的试验龄期膨胀率应小于 0.10%。

1.2.4　粗集料及其技术要求

1.2.4.1　粗集料的定义

建筑中常用的粗集料主要是卵石和碎石，根据 GB/T 14685—2001《建筑用卵石、碎石》规定，粗集料的定义如下。

（1）卵石

由自然风化、水流搬运和分选、堆积形成的、粒径大于 4.75mm 的岩石颗粒。

（2）碎石

天然岩石或卵石经机械破碎、筛分制成的、粒径大于 4.75mm 的岩石颗粒。

1.2.4.2　粗集料的分类

（1）按来源分类

根据来源分类粗集料可分为卵石和碎石。

（2）按技术要求分类

按卵石、碎石的技术要求可分为Ⅰ类、Ⅱ类、Ⅲ类。其中Ⅰ类宜用于强度等级大于 C60 的混凝土；Ⅱ类宜用于强度等级为 C30～C60 及抗冻、抗渗或其他要求的混凝土；Ⅲ类宜用于强度等级小于 C30 的混凝土。

1.2.4.3　粗集料的主要技术要求

（1）颗粒级配

根据 GB/T 14685—2001 规定，卵石和碎石的颗粒级配应符合表 1-11 规定。

表 1-11　卵石、碎石的颗粒级配

累计筛余/%　方孔筛/mm 公称粒径/mm		2.36	4.75	9.50	16	19	26.5	31.5	37.5	53	63	75	90
连续粒级	5～10	95～100	80～100	0～15	0								
	5～16	95～100	85～100	30～60	0～10	0							
	5～20	95～100	90～100	40～80	—	0～10	0						
	5～25	95～100	90～100	—	30～70	—	0～5	0					
	5～31.5	95～100	90～100	70～90	—	15～45	—	0～5	0				
	5～40	—	95～100	70～90	—	30～65	—	—	0～5	0			
单粒粒级	10～20		95～100	85～100		0～15	0						
	16～31.5		95～100		85～100			0～10					
	20～40			95～100		80～100		0～10					
	31.5～63				95～100			75～100	45～75		0～10	0	
	40～80					95～100			70～100		30～60	0～10	0

（2）含泥量和泥块含量

在卵石、碎石中，含泥量是指粒径小于 $75\mu m$ 的颗粒含量，而泥块含量是指原粒径大于 4.75mm，经水浸洗、手捏后小于 2.36mm 的颗粒含量。卵石、碎石的含泥量和泥块含量应符合表 1-12 的规定。

表 1-12 卵石、碎石中含泥量和泥块含量

项 目	指标		
	Ⅰ类	Ⅱ类	Ⅲ类
含泥量(按质量计)/%	<0.5	<1.0	<1.5
泥块含量(按质量计)/%	0	<0.5	<0.7

（3）针片状颗粒含量

卵石和碎石颗粒的长度大于该颗粒所属相应粒级的平均粒径 2.4 倍者为针状颗粒；厚度小于平均粒径 0.4 倍者为片状颗粒。卵石和碎石的针片状颗粒含量应符合表 1-13 的规定。

表 1-13 针片状颗粒含量

项 目		指标		
		Ⅰ类	Ⅱ类	Ⅲ类
针片状颗粒(按质量计)/%	<	5	15	25

（4）有害物质

卵石和碎石中不应混有草根、树叶、树枝、塑料、煤块和炉渣等杂物。其有害物质含量应符合表 1-14 规定。

表 1-14 有害物质

项 目		指标		
		Ⅰ类	Ⅱ类	Ⅲ类
有机物(按质量计)/%		合格	合格	合格
硫化物及硫酸盐(按 SO_3 质量计)/%	<	0.5	1.0	1.0

（5）坚固性

卵石、碎石、砂等在自然风化和其他外界物理化学因素作用下抵抗破裂的能力。采用硫酸钠溶液法进行试验，卵石和碎石经 5 次循环后，其质量损失应符合表 1-15 规定。

表 1-15 坚固性指标

项 目		指标		
		Ⅰ类	Ⅰ类	Ⅰ类
质量损失/%	<	5	8	12

（6）强度

① 岩石抗压强度　在水饱和状态下，其抗压强度火成岩应不小于 80MPa，变质岩应不小于 60MPa，水成岩应不小于 30MPa。

② 压碎指标　压碎指标值应小于表 1-16 规定。

表 1-16 压碎指标

项 目		指标		
		Ⅰ类	Ⅱ类	Ⅲ类
碎石压碎指标	<	10	20	30
卵石压碎指标	<	12	16	16

（7）表观密度、堆积密度、空隙率

卵石和碎石的表观密度、堆积密度、空隙率应符合如下规定：表观密度大于 $2500kg/m^3$；松散堆积密度大于 $1350kg/m^3$；空隙率小于 47%。

（8）碱集料反应

经碱集料反应试验后，由卵石、碎石制备的试件无裂缝、酥裂、胶体外溢等现象，在规定的试验龄期膨胀率应小于 0.10%。

1.2.5 集料性质对混凝土性能的影响

由于集料在混凝土中占有极大的组分含量，因此，其性质必然对混凝土的性能有较大的影响。表 1-17 反映了集料性质对硬化混凝土性能的关系。

表 1-17 集料性质对硬化混凝土性能的影响

混凝土性质	相应的集料性质
强度	强度，表面织构，清洁度，颗粒形状，最大粒径
抗冰融	稳定性，孔隙率，孔结构，渗透性，饱和度，抗拉强度，织构和结构
抗干湿	孔结构，弹性模量
抗冷热	热胀系数
耐磨性	硬度
碱-集料反应	存在异常的硅质成分
弹性模量	弹性模量，泊松比
收缩和徐变	弹性模量，颗粒形状，级配，清洁度，最大粒径，黏土矿物
热胀系数	热胀系数，弹性模量
热导率	热导率
比热容	比热容
容重	容重，颗粒形状，级配，最大粒径
易滑性	趋向于磨光
经济性	颗粒形状，级配，最大粒径，需要的加工量，可获量

从表 1-17 可看出，集料所具备的性质与硬化混凝土的性能有十分密切的关系。不仅如此，集料的若干特性如密度、孔隙率、级配、颗粒形状、含水状态以及表面织构等对新拌混凝土的性能也有着重要的影响。因此，在根据工程要求进行混凝土配合比设计时，必须首先掌握集料的若干特性。

集料的性质决定于其微观结构、先前的暴露条件与加工处理等因素。这些因素对新拌和硬化混凝土性能的影响，如图 1-3 所示。

根据图 1-3 所示，可将决定集料特性的因素归结为 3 类。

① 随孔隙率而定的特性　密度、吸水性、强度、硬度、弹性模量和体积稳定性。

② 随先前的暴露条件和加工因素而定的特性　粒径、颗粒形状和表面织构。

③ 随化学矿物组成而定的特性　强度、硬度、弹性模量与所含的有害物质。

在进行混凝土配合比设计时，如何考虑集料性质对混凝土性能的影响，以下将从新拌混凝土的工作性、硬化混凝土的力学性能与混凝土耐久性 3 个方面进行讨论。

1.2.5.1 集料性质对新拌混凝土工作性的影响

集料的颗粒形状及其表面织构（集料表面的光滑和粗糙程度）是影响新拌混凝土工作性

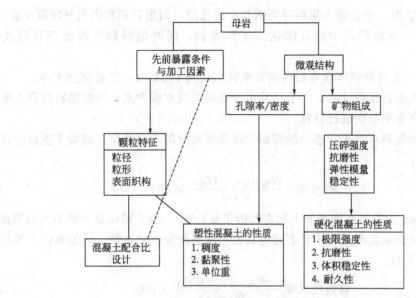

图 1-3　集料的微观结构、先前暴露条件和加工
因素对混凝土配合比设计以及新拌、硬化
混凝土性能的影响示意

的主要因素。细集料的颗粒形状和表面织构仅仅影响新拌混凝土的工作性，而粗集料的表面织构不仅影响新拌混凝土的工作性，而且由于与机械咬合力有关，还影响硬化混凝土的力学性能。

新拌混凝土工作性的优劣，取决于是否有足够的水泥浆包裹集料的表面，以提供润滑作用，减少搅拌、运输与浇灌时集料颗粒间的摩擦阻力，使新拌混凝土能保持均匀并不产生分层离析。因此，就新拌混凝土工作性而言，理想的集料应是表面比较光滑，颗粒外形近于球形的。天然河砂和砾石均属此种理想材料，而碎石、颗粒外形近似立方体以及扁平、细长的粗集料，由于其表面织构粗糙或由于其面积/体积比值较大，而需增加包裹集料表面的水泥浆量。

集料的粒径分布或颗粒级配，对混凝土所需的水泥浆量也有重大的影响。为得到良好的混凝土工作性，水泥浆量不仅需包裹集料颗粒的表面，还需填充集料颗粒间的空隙。当粗、细集料颗粒级配适当时，粗集料或大颗粒集料之间的空隙可由细集料或小颗粒集料填充，从而可减少混凝土所需的水泥浆量。因此，在混凝土配合比设计中，对细集料的细度模量、级配与砂率都提出了要求。

由于集料本身往往含有一些与表面贯通的孔隙，水可以进入集料颗粒的内部，也能保留在集料颗粒表面而形成水膜，使集料具有含水的性质。含水率不仅影响混凝土的水灰比，而且也影响新拌混凝土的工作性。因此，在配制混凝土计算组分材料时，必须首先精确测定集料的含水率，并根据集料的含水率，在配料计量时调整集料与水的配量。由于细集料的表面含水率远远高于粗集料，因此更需着重对细集料的含水率进行精确的测定。较高的细集料含水率，使颗粒间的水膜层增厚，由于水分所产生的表面张力会推动颗粒的分离而增加集料的表观体积，形成容胀现象。所以按体积比作混凝土配料或计算，则会产生显著的误差。

关于集料的含水率要注意到以下几种不同的吸水状态。

① 饱和面干状态 水分进入集料并充满其中的孔隙，而集料颗粒表面并没有水膜。

② 潮湿状态 集料颗粒中的孔隙达到了水饱和，同时集料颗粒表面仍有游离水分存在。

③ 烘干状态 集料颗粒所含有的可蒸发水在加热到100℃时，已被驱除干净。

在进行混凝土配合比设计时，为了计算由于集料的吸水或含水，须对集料的吸水率、有效吸水率与表面含水率分别进行计算。

吸水率是表示集料从烘干状态到饱和面干状态所吸收的水分总量。以烘干重量的百分数表示，见式(1-5)：

$$吸水率 = \frac{W_{饱和面干} - W_{烘干}}{W_{烘干}} \times 100 \tag{1-5}$$

式中，$W_{饱和面干}$ 为集料在饱和面干状态时的重量；$W_{烘干}$ 为集料在烘干状态时的重量。

有效吸水率是表示集料由气干状态到饱和面干状态所吸收的水量。以饱和面干重量的百分数表示，见式(1-6)：

$$有效吸水率 = \frac{W_{饱和面干} - W_{气干}}{W_{饱和面干}} \times 100 \tag{1-6}$$

式中，$W_{气干}$ 为集料在气干（在大气中干燥）状态时的重量。

表面吸水率是表示已超过饱和面干状态所含的水量，以饱和面干重量的百分数表示，见式(1-7)：

$$表面吸水率 = \frac{W_{湿} - W_{饱和面干}}{W_{饱和面干}} \times 100 \tag{1-7}$$

式中，$W_{湿}$ 为集料在潮湿状态时的重量。

在集料堆场上，由于气干和潮湿状态二者都有存在的可能性，因此，集料的含水率和含水量一般按式(1-8)计算：

$$集料含水率 = \frac{W_{堆} - W_{饱和面干}}{W_{饱和面干}} \times 100 \tag{1-8}$$

式中，$W_{堆}$ 为集料在堆场取样的重量。

$$集料含水量 = 集料含水率 \times W_{集料}$$

式中，$W_{集料}$ 为按混凝土配合比，每盘混凝土搅拌时的集料重量。

由于集料（特别是细集料）含水率的测定是否精确，不仅会影响新拌混凝土的工作性，还会影响硬化混凝土的强度，因此，国外已研制成微波砂子含水率测定仪，可以在搅拌过程中在线测定砂子含水率，并通过电脑在线自动调整细集料与水的配量。国内已有水泥制品生产企业引进了该仪器，配置于混凝土搅拌系统，十分有效地控制并保证了混凝土的质量。

1.2.5.2 集料对硬化混凝土力学性能的影响

影响硬化混凝土力学性能的主要因素是粗集料。粗集料的织构对硬化混凝土力学性能的影响，恰恰与对新拌混凝土工作性的影响相反。粗糙的粗集料表面，可以改善和增大粗集料与水泥浆体的机械黏结力而有利于提高混凝土的强度。因此，在考虑粗集料织构对混凝土性能的影响时，要全面衡量新拌混凝土工作性与硬化混凝土力学性能两方面的要求，根据工程的结构与施工做出权衡。

Kaplan曾对粗集料的3种不同特性对混凝土强度的影响，进行了试验，得出了粗集料3种不同特性对混凝土抗压强度与抗弯强度的影响百分数，见表1-18所列。

表 1-18 粗集料 3 种不同特性对混凝土强度的影响

混凝土性能	集料性能的相对影响百分数		
	形状	表面织构	弹性模量
抗弯强度	31	26	43
抗压强度	22	44	34

注：表中所列数值表示由集料的各个特性引起的方差与根据集料的 3 种特性计算所得之总方差之式，试验所用的 3 种拌和物是由 13 种集料配成的。

表 1-18 所列的粗集料特性，遗缺了粗集料的另一个特性——最大粒径。近年来，国内外许多学者通过大量的试验研究工作，指出粗集料最大粒径对硬化混凝土的力学性能有很大的影响。尤其是在配制富浆混凝土（水泥用量大的混凝土）时，增大粗集料的最大粒径会导致混凝土强度的降低，我们称之为粗集料粒径效应。

Cordon 和 Gillispie 早在 1963 年就揭示了这一规律。采用了 3 种水灰比和 5 种最大粒径的粗集料，得出了三者的关系曲线，如图 1-4 所示。

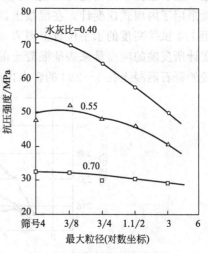

图 1-4 粗集料粒径和水灰比
对混凝土强度的影响

从图 1-4 可以看出：在配制较高强度（即低水灰比）混凝土时，混凝土的抗压强度随着粗集料最大粒径的增大而降低，当水灰比越低此现象越明显；当水灰比提高到一定值（低强度混凝土）时，粗集料的最大粒径对混凝土强度则没有很大的影响。因此，在配制高强混凝土时，不宜采用较大粒径的粗集料，而应采用最大粒径小于 20mm 的粗集料，国外有的学者甚至提出高强混凝土的粗集料最大粒径应小于 12mm。粗集料粒径效应对混凝土强度的影响，不仅存在于抗压强度，国内宣国良等通过试验，提出同样也存在于抗拉强度，而且对抗拉强度的影响比抗压强度更大。

至于粗集料粒径效应的机理，众说纷纭，归纳起来大致有以下几种论点。

① 由于粗集料粒径的增大，削弱了粗集料与水泥浆体的黏结，增加了混凝土材料内部结构的不连续性，从而导致混凝土强度的降低。

② 粗集料在混凝土中对水泥收缩起着约束作用。由于粗集料与水泥浆体的弹性模量不同，因而在混凝土内部产生拉应力，此内应力随粗集料粒径的增大而增大，导致混凝土强度的降低。

③ 随着粗集料粒径的增大，在粗集料界面过渡区的 $Ca(OH)_2$ 晶体的定向排列程度增大，使界面结构削弱，从而降低了混凝土的强度。

④ 随着粗集料粒径的增大，在不同荷载下的 σ/ε 所表征的混凝土弹性/塑性的比值有所降低。

为进一步探明粗集料粒径效应的机理，国家建筑材料工业局苏州混凝土水泥制品研究院曾进行了一些比较深入的试验研究。粗集料选用了不同粒径、单级配的砾石，水灰比固定为 0.4，水泥用量为 $400kg/m^3$。试验过程中，测定不同粗集料粒径所配制的混凝土的强度和内应力，对粗集料粒径变化在界面过渡区的反映特征与混凝土受荷载后的裂缝扩展进行了观察和测试，所得试验结果如下。

（1）粗集料粒径大小对混凝土强度与内应力的影响

砾石粒径与混凝土抗压强度的关系示于图1-5中。

从图1-5可以明显地看出，随着粗集料最大粒径的增大，混凝土棱柱体抗压强度呈降低的趋势。

为了验证不同最大粒径的粗集料所配制的混凝土，是否会由于其内应力的差异而形成粒径效应，试验采用了内埋式应变计，在混凝土棱柱体试件中各相距1/4试件高度的水平位置上埋入3片应变计，以应变计所反映的应变量来表征混凝土的内应力。不同粒径的砾石混凝土在1～28d的轴向内应变分别示于图1-6～图1-8中。

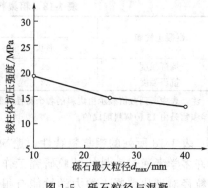

图 1-5　砾石粒径与混凝土抗压强度的关系

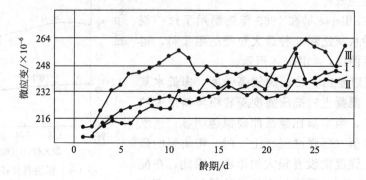

图 1-6　5～10mm砾石混凝土1～28d轴向内应变

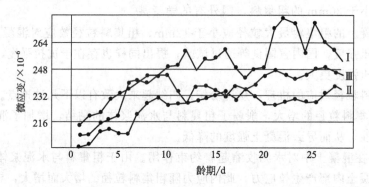

图 1-7　15～25mm砾石混凝土1～28d轴向内应变

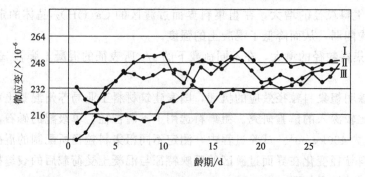

图 1-8　25～40mm砾石混凝土1～28d轴向内应变

表 1-19　混凝土内应力与粗集料粒径的关系

粗集料粒径	平均应变/$\times 10^{-6}$	平均应力/MPa
5～10	240	6.4
15～25	220	5.9
25～40	216	5.8

图 1-6～图 1-8 中的 Ⅰ、Ⅱ、Ⅲ 三条曲线分别代表混凝土棱柱体试件中的 3 个内埋式应变计在不同水平高度测点上所测得的轴向内应变曲线。从图 1-6～图 1-8 中可以看出：不同粒径粗集料所配制的混凝土，其平均内应变值及其变化规律都较相似。将应变值换算成应力后，应力值相差无几。可见粗集料粒径的变化对混凝土内应力的影响不大，见表 1-19 所列。

（2）粗集料粒径变化在界面区的反映特征

试验通过混凝土界面过渡区的显微硬度与扫描电镜观察，对不同粗集料粒径的混凝土界面区的特征进行分析与探讨。试验方案中，不仅对实体混凝土作了试验，还进行了单集料、多集料的模型试验。

混凝土试验结果表明：随着粗集料粒径的增大，界面过渡区的显微硬度值减小，界面过渡层变厚。而掺入膨胀剂后，不同粒径粗集料所配制的混凝土，其显微硬度值均比不掺膨胀剂有所提高，但大粒径粗集料混凝土界面过渡区的显微硬度仍低于小粒径粗集料所配制的混凝土。

通过扫描电镜观察，大粒径粗集料所配制的混凝土，其界面过渡层中 $Ca(OH)_2$ 晶体尺寸较大，结晶富集且垂直于集料表面生长，取向度较大，孔隙率也较高。

在混凝土承受荷载前，对不同粒径粗集料所作的混凝土试件进行切片，用立体显微镜观察其界面缝。结果表明：粒径为 15～25mm 粗集料周围的界面裂缝宽度为 0.1mm 左右，裂缝长度为集料周长的 2/3，而且界面裂缝与周围水泥砂浆中的裂缝连通的也较多；而粒径为 5～10mm 粗集料，界面裂缝宽度较均匀，仅 0.03mm，裂缝长度仅为集料周长 1/6。

粒径大小不同的粗集料在界面结构特征上所存在的种种差异，说明了粒径较小的粗集料界面过渡区优于大粒径粗集料，从而可以阐明粗集料粒径效应的机理主要在于其界面结构的变化。

在单集料与多集料的模型试验中发现，不论粗集料粒径的大小，粗集料的上部与下部界面的显微硬度分布曲线都存在着显著的差异。下界面的显微硬度分布曲线在粗集料附近有一个明显的低谷，即存在着一个较薄弱的界面过渡区。而上界面，此现象则不明显，且其显微硬度值显著高于下界面。粗集料上部与下部界面过渡区的差异，是由于水囊积聚所形成的。粒径大小不同的粗集料，下部水囊的积聚量也不相同，大粒径粗集料的下部比小粒径粗集料有更多的水富集，水囊中的水蒸发后，则在粗集料下界面产生界面缝，因此，大粒径粗集料下部的界面缝必然比小粒径粗集料的宽。

此外，根据吴中伟教授的"中心质假说"所提出的相邻的大中心质效应圈之间存在叠加作用，叠加作用的强弱与大中心质间距有关，间距越小，叠加作用越强。粗集料粒径的减小，使集料的间距减小，增加了效应圈的叠加作用，从而提高了混凝土的强度。这也是粗集料"粒径效应"的重要原因之一。

（3）不同粒径粗集料所配制的混凝土受荷载后的裂缝扩展

混凝土在压荷载作用下，其内在的微裂缝将不断扩展而导致混凝土的最终破损。因此，对不同粒径粗集料所配制的混凝土在压荷载作用下的界面裂缝扩展也进行了研究。通过试验

所得出的 σ-ε 曲线发现粗集料粒径大小对混凝土的临界应力有明显的影响，小粒径粗集料可以显著提高混凝土的临界应力而提高混凝土的强度。混凝土的临界应力与强度有十分密切的关系。

综上所述，在配制低水灰比的高强混凝土时，应尽可能选用较小粒径的粗集料。

此外，集料中的有害杂质对硬化混凝土的力学性能也有较大影响。主要有以下两类。

① 有机杂质　此种杂质通常是植物的腐烂物质，主要是鞣酸和它的衍生物，以腐殖土或有机土壤出现，常存在于细集料中。此种有机杂质会妨碍水泥的水化反应。该有害杂质可通过化学比色法来测定其有机物的含量。最好能通过混凝土试件的强度试验来验证其影响。

② 黏土或其他细粉料　在集料中含有的黏土或其他细粉料往往覆盖或聚集于集料的表面，都会削弱集料与水泥浆体之间的黏结力而降低混凝土的力学性能。因此，在配制混凝土时，必须严格遵守混凝土用集料的技术条件中所做出的相应规定。而在配制高强混凝土时，更为严格。

1.2.5.3　集料对混凝土耐久性的影响

由于集料在混凝土中所占的体积含量很大，因此，集料的耐久性也就必然影响混凝土的耐久性。集料的耐久性通常分为物理耐久性与化学耐久性两个类别。

物理耐久性主要表现在体积稳定性和耐磨性。集料体积随着环境的改变而产生的变化，导致了混凝土的损坏，称之为集料的不稳定性。集料体积稳定性的根本问题是抗冻融循环。粗集料对冻融循环与混凝土一样的敏感。集料的抗冻融循环能力决定于集料内部孔隙中水分冻结后引起体积增大时是否产生较大的内应力，内应力的大小与集料的内部孔隙连贯性、渗透性、饱水程度和集料的粒径有关。从集料的抗冻融性来分析，集料有一个临界粒径，临界粒径是集料内部水分流至外表面所需要的最大距离的度量。小于临界粒径的集料将不会出现冻融危机。大部分粗集料的临界粒径都大于粗集料本身的最大粒径，但某些固结差并具有高吸水性的沉积岩，如黑硅石（浅燧石）、杂砂岩、砂岩、泥板岩（页岩）和层状石灰石等，其临界粒径可能小于粗集料本身的最大粒径（在 12～25mm 范围内）。另外，混凝土在遭受磨耗及磨损时，集料必然起着主要作用。因此，有耐磨性要求的混凝土工程，必须选用坚硬、致密和高强度的优良集料。

集料的化学耐久性，最常见也是最主要的是碱-集料反应，除碱-集料反应外，集料有时也会对混凝土引起一些其他类型的化学性危害。例如黄铁矿和白铁矿在集料中是常见的膨胀性杂质，这些杂质中的硫化物能与水及空气中的氧起反应而形成硫酸铁，而后，当硫酸离子与水泥中的铝酸钙反应时，会分解生成氢氧化物。特别是在湿热条件下会引起膨胀，使水泥浆体胀崩、剥落。此外，集料中也不应含有石膏或其他硫酸盐，否则也会产生上述的后果。

1.3　水

水是混凝土的主要组分。水质不纯可能会影响到混凝土的凝结时间和强度，水中有害物质可能会影响钢筋锈蚀，也能使混凝土表面出现污斑或影响到混凝土的耐久性，混凝土拌和用水应符合标准规定的要求。

根据 JGJ 63—2006《混凝土用水标准》的规定，混凝土用水的定义及要求如下。

1.3.1　混凝土用水的定义

混凝土拌和水和混凝土养护用水的总称，包括饮用水、地表水、地下水、再生水、混凝土企业设备洗刷水和海水等。

（1）地表水

存在于江、河、湖、塘、沼泽和冰川等中的水。

（2）地下水

存在于岩石缝隙或土壤孔隙中可以流动的水。

（3）再生水

指污水经适当再生工艺处理后具有使用功能的水。

1.3.2　混凝土用水技术要求

1.3.2.1　混凝土拌和用水技术要求

混凝土拌和用水水质要求应符合表 1-20 规定。对于设计使用年限为 100 年的结构混凝土，氯离子含量不得超过 500mg/L；对使用钢丝或经热处理钢筋的预应力混凝土，氯离子含量不得超过 350mg/L。

表 1-20　混凝土拌和用水水质要求

项　　目	预应力混凝土	钢筋混凝土	素混凝土
pH 值	≥5.0	≥4.5	≥4.5
不溶物/(mg/L)	≤2000	≤2000	≤5000
可溶物/(mg/L)	≤2000	≤5000	≤10000
Cl^-/(mg/L)	≤500	≤1000	≤3500
SO_4^{2-}/(mg/L)	≤600	≤2000	≤2700
碱含量/(mg/L)	≤1500	≤1500	≤1500

注：碱含量按 $Na_2O+0.658K_2O$ 计算值表示，采用非活性集料时，可不检验碱含量。

另外，混凝土拌和用水还应符合如下要求。

① 地表水、地下水、再生水的放射性应符合现行国家标准《生活饮用水卫生标准》GB 5749 的规定。

② 被检验水样与饮用水进行水泥凝结时间对比试验。对比试验的水泥初凝时间差及终凝时间差均不应大于 30min；同时，初凝和终凝时间应符合现行国家标准 GB 175—2007《通用硅酸盐水泥》的规定。

③ 被检验水应与饮用水样进行水泥胶砂强度对比试验。被检验水样配制的水泥胶砂 3d 和 28d 强度不应低于饮用水配制的水泥胶砂 3d 和 28d 强度的 90%。

④ 混凝土拌和水不应有漂浮明显的油脂和泡沫，不应有明显的颜色和异味。

⑤ 混凝土企业设备洗刷水不宜用于预应力混凝土、装饰混凝土、加气混凝土和暴露于腐蚀环境的混凝土；不得用于使用碱活性或潜在碱活性集料的混凝土。

⑥ 未经处理的海水严禁用于钢筋混凝土和预应力混凝土。在无法获得水源的情况下，海水可用于素混凝土，但不宜用于装饰混凝土。

1.3.2.2　混凝土养护用水

混凝土养护用水可不检验不溶物、可溶物、凝结时间和水泥胶砂强度，其他检验项目应符合表 1-20 和《生活饮用水卫生标准》GB 5749 的规定。

1.4　矿物掺和料

为了节约水泥、改善混凝土性能，在混凝土拌制时掺入的掺量大于水泥质量 5％的矿物粉末称为矿物掺和料。其细度与水泥细度相同或比水泥更细。它参与了水泥的水化过程，对水化产物有所贡献。在配制混凝土时加入较大量的矿物掺和料，可降低温升，改善工作性能，增进后期强度，并可改善混凝土的内部结构，提高混凝土耐久性和抗腐蚀能力，尤其是对碱-集料反应的抑制作用引起了人们的重视。因此，国外将这种材料称为辅助胶凝材料，已成为高性能混凝土不可缺少的第六组分。常用混凝土矿物掺和料有粉煤灰、硅粉、偏高岭土、磨细矿渣及各种天然的火山灰质材料粉末（如凝灰岩粉、沸石粉等）。目前，混凝土矿物掺和料已是调节混凝土性能，配制大体积混凝土、碾压混凝土、高性能混凝土等不可缺少的组成部分，配合比设计中要计入矿物掺和料的影响。

1.4.1　矿物掺和料的分类

1.4.1.1　按原料来源分类

矿物掺和料根据其来源可分为天然的、人工的及工业废料三大类（表 1-21）。

表 1-21　矿物外加剂的分类

类　别	品　种
天然类	火山灰、凝灰岩、沸石粉、硅质页岩等
人工类	水淬高炉矿渣、煅烧页岩、偏高岭土等
工业废料类	粉煤灰、硅灰等

近年来，工业废渣矿物掺和料直接在混凝土中应用的技术有了新的进展，尤其是粉煤灰、磨细矿渣粉、硅灰等具有良好的活性，对节约水泥、节省能源、改善混凝土性能、扩大混凝土品种等方面有显著的技术经济效果和社会效益。硅灰、细磨矿渣及分选超细粉煤灰可用来生产 C100 以上的超高强混凝土、超高耐久性混凝土、高抗渗混凝土。虽然我国火山灰质硅酸盐水泥中火山灰质材料占 20％～40％，矿渣硅酸盐水泥中矿渣占 20％～70％，粉煤灰硅酸盐水泥中粉煤灰占 20％～40％，但这种掺有混合材的水泥配制的混凝土与用硅酸盐水泥掺入矿物掺和料配制的混凝土其性能并不完全相同，除了工作性能外，水化放热速率和强度发展速率亦有所不同。因此，矿物掺和料的使用给混凝土生产商更多的混凝土性能和经济效益的调整余地。

1.4.1.2　按其化学活性分类

根据其化学活性，矿物掺和料基本可分为 3 类。

（1）有胶凝性（或称潜在水硬活性）的

如粒化高炉矿渣，高钙粉煤灰，沸腾炉（流化床）燃烧脱硫排放的废渣等。

（2）有火山灰活性的

火山灰活性是指本身没有或极少有胶凝性，但在有水存在时，能与 $Ca(OH)_2$ 在常温下发生化学反应，生成具有胶凝性的组分。如粉煤灰，原状的或煅烧的酸性火山玻璃和硅藻土，某些烧页岩和黏土，以及某些工业废渣（如硅灰）。

（3）惰性的

如磨细的石灰岩、石英砂、白云岩以及各种硅质岩石的产物。

矿物掺和料在混凝土中的作用主要体现在 3 个方面。

① 形态效应　利用矿物掺和料的颗粒形态在混凝土中起减水作用。

② 微细集料效应　利用矿物掺和料的微细颗粒填充到水泥颗粒填充不到的孔隙中，使混凝土中浆体与集料的界面缺陷减少，致密性提高，大幅度提高混凝土的强度和抗渗性。

③ 化学活性效应　利用其胶凝性或火山灰性，将混凝土中尤其是浆体与集料界面处大量的 $Ca(OH)_2$ 晶体转化成对强度及致密性更有利的 C-S-H 凝胶，改善界面缺陷，提高混凝土强度。

1.4.2　常用矿物掺和料

1.4.2.1　粉煤灰

根据 GB/T 1596—2005《用于水泥和混凝土中的粉煤灰》规定，粉煤灰是电厂煤粉炉烟道气体中收集的粉末。

（1）粉煤灰的化学组成

粉煤灰是由煤粉经高温煅烧后生成的火山灰质材料，经化学分析，除含有少量未燃尽的煤粉外，其主要化学成分为 SiO_2、Al_2O_3 及少量 Fe_2O_3、CaO、MgO 和 SO_3 等氧化物，其中 SiO_2 和 Al_2O_3 含量可占总含量的 60% 以上。我国大多数粉煤灰的氧化物含量范围如下：SiO_2（40% ～ 60%），Al_2O_3（15% ～ 40%），CaO（2% ～ 8%），MgO（0.5% ～ 5%），Fe_2O_3（3% ～ 10%）（表 1-22）。

表 1-22　我国一些电厂粉煤灰的化学组成　　　　　　单位：%

电厂名称	烧失量	SiO_2	Al_2O_3	Fe_2O_3	CaO	MgO	SO_3	K_2O	Na_2O	合计
汉川	5.83	54.07	29.48	4.80	2.80	0.58	0.51	1.26	0.30	99.63
湘潭	1.10	55.09	28.18	8.74	2.00	0.98	0.38	1.54	0.68	98.69
青山	1.86	62.34	28.80	3.71	1.47	0.50	0.03			98.71
重庆	6.44	42.30	29.21	14.86	2.97	0.67	0.07	0.65	0.71	97.88
阳逻	3.68	50.65	28.66	6.00	7.34	0.91	0.13			97.37
平圩	1.39	57.28	33.54	3.44	1.52	0.58	0.14	0.77	0.39	99.05
松木坪	2.72	51.20	40.05	2.81	0.94	0.57	0.27			98.56
珞璜	2.69	43.77	27.37	17.20	4.09	0.51	1.17	0.82	0.67	98.29
南京	2.08	57.24	27.50	6.28	3.31	1.10	2.27			99.78
神头二电厂	1.10	45.97	42.87	3.24	3.13	0.23	0.43	0.43	0.18	97.58
元宝山	0.50	56.48	20.74	9.13	4.46	2.18	0.53	2.23	1.10	97.35
高碑店	2.74	38.20	14.68	9.39	25.25	2.14	0.96	1.18	0.43	94.98

（2）粉煤灰的分类

美国标准 ASTM C 618 中把粉煤灰分为 F 级和 C 级两个等级，F 级粉煤灰来自亚烟煤，C 级粉煤灰来源于美国西部各州的褐煤。C 级粉煤灰中含有大量的 CaO，其中大部分存在于玻璃体中。

我国 GB/T 1596—2005《用于水泥和混凝土中的粉煤灰》也把粉煤灰按照煤种分为 F 类和 C 类。F 类粉煤灰是由无烟煤或烟煤煅烧收集得到的粉末；而 C 类粉煤灰是由褐煤或次烟煤煅烧收集得到的粉末，其氧化钙含量一般大于 10%。把拌制混凝土和砂浆用的粉煤灰按其品质分为Ⅰ、Ⅱ、Ⅲ三个等级，具体要求见表 1-23 所列。

（3）粉煤灰的技术要求

拌制混凝土和砂浆用粉煤灰应符合表 1-23 中技术要求，且其放射性应符合 GB 6566《建筑材料放射性核素限量》规定。

表 1-23　GB/T 1596—2005 对粉煤灰的技术要求

项　目			技术要求		
			Ⅰ	Ⅱ	Ⅲ
细度（45μm 方孔筛的筛余）/% ≤		F 类	12.0	25.0	45.0
		C 类			
需水量比/% ≤		F 类	95	105	115
		C 类			
烧失量/% ≤		F 类	5.0	8.0	15.0
		C 类			
含水量/% ≤		F 类	1.0		
		C 类			
三氧化硫/% ≤		F 类	3.0		
		C 类			
游离氧化钙/% ≤		F 类	1.0		
		C 类	4.0		
安定性雷氏夹沸煮后增加距离/% ≤		C 类	5.0		

（4）粉煤灰的矿物组成与活性

粉煤灰中的矿物与母煤的矿物组成有关。母煤中所含的主要是铝硅酸盐矿物、氧化硅、黄铁矿、磁铁矿、赤铁矿、碳酸盐、硫酸盐、磷酸盐及氯化物等，其中主要是铝硅酸盐类的黏土质矿物和氧化硅。煤粉燃烧的过程中，这些原矿物会发生化学反应，冷却以后形成各种粉煤灰中的矿物和玻璃体。

粉煤灰中的晶体矿物有石英、莫来石、云母、长石、磁铁矿、赤铁矿、石灰、氧化镁、石膏、硫化物、氧化钛等。粉煤灰中含有大量的玻璃微珠和海绵状玻璃体，其含量最多可达85%，矿物结晶体较少，且燃烧不完全的粉煤灰中还有少部分炭粒。在晶体矿物中，石英通常是 α 型的，它在常温下没有发现明显的活性，只有在蒸养或压蒸的情况下才能与石灰进行反应。莫来石是惰性成分，它是在粉煤灰冷却过程中形成的微小针状晶体，实际上并不单独存在，而是黏附在玻璃微珠的表面上，或在微珠的玻璃体中，形成网状骨架。硫酸盐矿物有些以粉状形态存在于粉煤灰中，有些也附着在微珠的表面上。赤铁矿、磁铁矿等矿物夹杂在粉屑之中。此外，在高钙粉煤灰中还有 CaO 结晶体，也可以发现一些水泥熟料矿物 C_3A，甚至还可能有少量的 C_2S。

表 1-24 中给出粉煤灰中主要矿物组分的数量与特征，矿物组成对粉煤灰性质的影响主要表现在对粉煤灰活性的影响。低钙粉煤灰的活性主要取决于非晶态的玻璃体成分及其结构和性质。从矿物组成来说，玻璃体的含量越多，低钙粉煤灰的化学活性越高，而且富钙玻璃体活性比贫钙玻璃体的活性高。高钙粉煤灰中富钙玻璃体含量较多，又有 CaO 结晶体和各种水泥熟料矿物，故其活性高于低钙粉煤灰，并具有一定的自硬性。因此，高钙粉煤灰的活性不能不考虑这些结晶矿物的作用。

表 1-25 是几种粉煤灰需水量比和活性指数的测试结果，可以看出，优质Ⅰ级粉煤灰和磨细灰的需水量比均在 88%～100% 之间，7d 和 28d 胶砂的活性指数都较高。生产高强高性能混凝土时，选用Ⅰ级粉煤灰有利于降低混凝土的水胶比，提高化学外加剂的作用效果，提高混凝土的强度等级。

表 1-24　粉煤灰中主要矿物组分的数量与特征

矿物组成	矿物质量分数/%	特征
铝硅酸盐玻璃微珠	50～85	微珠粒径一般为 $0.5\sim250\mu m$，在玻璃体基质中及颗粒表面上可能有石英和莫来石微晶，表面上还可能有微粒状的硫酸盐
海绵状玻璃体（多孔玻璃体）	10～30	海绵状玻璃体是未能熔融成珠而形状不规则的多孔玻璃颗粒，常粗于微珠，也有部分较细的碎屑
石英	1～10	石英物质，大部分存在于玻璃基质中，也有一些是单独的 α 型石英颗粒
氧化铁	3～25	氧化铁物质大部分熔融于玻璃体中，玻璃微珠的氧化铁含量越多，颜色越深，部分以磁铁矿、赤铁矿的形式单独存在
炭粒	1～20	未燃尽的炭粒，原始状态有时呈珠状，即"炭珠"，易碎，一般情况下为不规则的多孔颗粒
硫酸盐	1～4	主要是钙和碱金属的硫酸盐化合物，粒径为 $0.1\sim0.3\mu m$，部分以粉状分散于粉煤灰中，部分黏附于玻璃微珠的表面

表 1-25　粉煤灰的需水量比和活性指数

产地	抗压强度比/%		需水量比/%
	7d	28d	
北京华能电厂Ⅰ级灰	107	117	88.8
广东华能电厂Ⅰ级灰	97	106	92.0
元宝山电厂Ⅰ级灰	93	101	91.1
元宝山电厂Ⅱ级灰	78	84	88
神头电厂粉煤灰	85	89	99.5

粉煤灰的活性效应是指混凝土中粉煤灰的活性成分（SiO_2 和 Al_2O_3）所产生的化学效应。活性效应的高低取决于反应的能力、速度及其反应产物的数量、结构和性质等。低钙粉煤灰的活性效应只是火山灰反应的硅酸盐化，高钙粉煤灰的活性效应包括一些属于结晶矿物的水化反应。活性反应中还包括水泥和粉煤灰中石灰和石膏等成分激发活性氧化铝较高的玻璃相，生成钙矾石晶体的反应以及后期的钙矾石晶体变化。粉煤灰火山灰反应的主要产物是Ⅰ型和Ⅱ型的 C-S-H 凝胶，它与水泥的水化产物类似。火山灰反应产物与水泥水化产物交叉连接，对促进强度增长（尤其是抗拉强度的增长）起了重要的作用。

（5）活性激发机理

粉煤灰的活性是指粉煤灰在和石灰、水混合后所显示出来的凝结硬化性能。粉煤灰的活性是潜在的，需要激发剂的激发才能发挥出来。具体作用方式包括两个方面：提供有效的氢氧根离子，以形成较强的碱性环境，促进活性 SiO_2、Al_2O_3 溶蚀，提高火山灰反应的速度；提供碱性较强的碱，直接参与反应，加快基本火山灰胶结产物的生成。常用的激发剂有石灰、石膏、水泥熟料等。如石灰对粉煤灰的激发机理为：

$$m\text{CaO}+n\text{H}_2\text{O}+\text{SiO}_2 \longrightarrow m\text{CaO}\cdot\text{SiO}_2\cdot n\text{H}_2\text{O}$$
$$m\text{CaO}+n\text{H}_2\text{O}+\text{Al}_2\text{O}_3 \longrightarrow m\text{CaO}\cdot\text{Al}_2\text{O}_3\cdot n\text{H}_2\text{O}$$

粉煤灰中含有较多的活性氧化物 SiO_2、Al_2O_3，它们能与氢氧化钙在常温下起化学反应，生成较稳定的水化硅酸钙和水化铝酸钙。因此粉煤灰和其他火山灰质材料一样，当与石灰、水泥熟料等碱性物质混合加水拌和成胶泥状态后，能凝结、硬化并具有一定强度。

粉煤灰的活性不仅决定于它的化学组成，而且与它的物相组成和结构特征有着密切的关系。高温熔融并经过骤冷的粉煤灰，含大量的表面光滑的玻璃微珠，这些玻璃微珠含有较高的化学内能，是粉煤灰具有活性的主要矿物相。玻璃体中含的活性 SiO_2 和活性 Al_2O_3 含量愈多，活性愈高。

除玻璃体外，粉煤灰中的某些晶体矿物，如莫来石、石英等，只有在蒸汽养护条件下才能与碱性物质发生水化反应，常温下一般不具有明显的活性。

1.4.2.2　矿渣粉

（1）矿渣粉的定义

根据 GB/T 18046—2008《用于水泥和混凝土中的粒化高炉矿渣粉》规定，以粒化高炉矿渣为主要原料，可掺加少量石膏磨制成一定细度的粉体，称作粒化高炉矿渣粉，简称矿渣粉。其中，所用粒化高炉矿渣应符合 GB/T 203《用于水泥中粒化高炉矿渣》规定，所用石膏应符合 GB/T 5483—1996《石膏和硬石膏》规定的 G 类或 M 类二级（含）以上的石膏或混合石膏，所用助磨剂应符合 JC/T 667《水泥助磨剂》规定，且其加入量不应超过矿渣粉质量的 0.5%。

矿渣粉用以配制高强、高性能混凝土。它是炼铁高炉排除的熔渣，当其经磨细后具有很高的活性和极大的表面能，可以弥补硅粉资源的不足，满足配制不同性能混凝土的需求。矿渣粉可等量替代 15%～50% 的水泥，其掺入混凝土中可有以下几方面的效果：①可配制出高强和超高强的混凝土；②改善新拌混凝土的和易性，可配制出大流动性且不离析的泵送混凝土；③所配制出的混凝土干缩率大大减小，抗冻、抗渗性能提高，从而提高混凝土的耐久性。

（2）矿渣粉的技术要求

矿渣粉应符合表 1-26 的技术指标规定。

表 1-26　矿渣粉技术指标

项　　目		级别		
		S105	S95	S75
密度/(g/cm³)　　　　　　　　　　　≥			2.8	
比表面积/(m²/kg)　　　　　　　　　≥		500	400	300
活性指数/%　　　　　　≥	7d	95	75	55
	28d	105	95	75
流动度比(质量分数)/%　　　　　　　≥			95	
含水量(质量分数)/%　　　　　　　　≤			1.0	
三氧化硫(质量分数)/%　　　　　　　≤			4.0	
氯离子(质量分数)/%　　　　　　　　≤			0.06	
烧矢量(质量分数)/%　　　　　　　　≤			3.0	
玻璃体含量(质量分数)/%　　　　　　≥			85	
放射性			合格	

（3）矿渣粉的化学组成与矿物组成

矿渣的化学成分与硅酸盐水泥相类似，主要含有 CaO、SiO_2、Al_2O_3、Fe_2O_3、MgO、FeO、MnO 等氧化物，其中 CaO、SiO_2、Al_2O_3 三者总和约占矿渣质量的 90% 以上，此外还含有少量硫化物（CaS、MnS、FeS）。矿物组成包括水淬时形成的大量玻璃体、钙镁铝黄长石、假硅灰石、硅钙石和少量硅酸一钙或硅酸二钙等矿物。

矿渣的活性取决于它的化学成分、矿物组成及冷却条件。若矿渣中 CaO、Al_2O_3 含量高，SiO_2 含量低时，矿渣活性高。此外，矿渣粉的活性还与其粉磨细度有关，通常矿渣粉的比表面积越大，其活性越高。不同细度矿渣的活性指数与龄期的关系如图 1-9 所示。矿渣越细，早龄期的活性指数越大，但细度对后期活性指数的影响较小。

（4）矿渣粉活性激发机理

由于矿渣粉的活性与化学组成有一定的关系，因此，根据化学组成可以对矿渣粉的活性作一个粗略的评定。用化学组成评定矿渣粉的活性通常采用活性系数和碱性系数两个指标。活性系数是指矿渣粉中 Al_2O_3 含量（%）与 SiO_2 含量（%）之比，即：

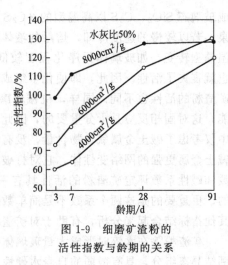

图 1-9　细磨矿渣粉的
活性指数与龄期的关系

$$活性系数 = \frac{Al_2O_3 \ 含量}{SiO_2 \ 含量}$$

碱性系数是指磨细矿物中碱性氧化物含量（%）与酸性氧化物含量（%）之比，即：

$$碱性系数 \ K = \frac{CaO \ 含量 + MgO \ 含量}{SiO_2 \ 含量 + Al_2O_3 \ 含量}$$

根据碱性系数，将矿渣粉分为碱性矿渣粉（$K>1$）、中性矿渣粉（$K=1$）、酸性矿渣粉（$K<1$）三类。

在硅酸盐玻璃结构中，SiO_2 和 Al_2O_3 是网络形成体，这些氧化物在硅酸盐玻璃中以四面体或八面体的形式存在，这些四面体或八面体互相连接，形成硅酸盐玻璃的网状结构。而 CaO 等一些碱性氧化物则是网络变性体，这些氧化物的进入，打破了硅酸盐玻璃中一些 Si-O 键和 Al-O 键，使网状结构解体。正是由于碱性氧化物的这种破键作用，使得矿粉表现出较高的活性。另外，这些碱性氧化物进入玻璃网络结构，并可以通过与水反应形成水化硅酸钙、水化铝酸钙等水化产物，使矿渣粉表现出胶凝性。因此，碱性系数不能简单地看成是矿渣粉酸碱度的表征，而是矿渣粉胶凝性的表征。如果用这一指标来分析粉煤灰等火山灰材料，则火山灰材料的碱性系数比矿粉低得多，这表明了火山灰材料中的玻璃网状结构比矿渣粉中的网状结构较完整。这就从结构上说明了为什么火山灰材料的活性远不及矿渣粉。

从表面上看，活性系数是矿渣粉中 Al_2O_3 含量与 SiO_2 含量的比值，但实际上反映了矿渣粉中铝酸盐矿物与硅酸盐矿物的相对数量关系。一般而言，铝酸盐矿物的活性比硅酸盐矿物的活性高，特别是在碱性氧化物较少的情况下，矿渣粉中 Al_2O_3 几乎都与碱性氧化物结合形成铝酸盐矿物，而 SiO_2 仅仅是部分地与碱性氧化物结合形成硅酸盐矿物，其余部分则以无定形 SiO_2 存在，其活性相对来说较低，也不具有胶凝性。因此，活性系数从另一个侧面反映了矿渣粉活性的高低。对于碱性活性较低的矿渣粉，活性系数对矿渣粉活性的反映较敏感，对于碱性系数较高的矿渣粉，SiO_2 基本上都形成了活性较高的 $\beta\text{-}C_2S$，没有无定形的 SiO_2 存在，硅酸盐矿物的活性与铝酸盐矿物相差不大，因而活性系数对矿渣粉活性的反映不太敏感。

值得注意的是，活性系数和碱性系数仅仅是从化学组成上反映了矿渣粉的活性，但矿渣粉的活性不仅取决于化学组成，还与冷却速度、粉磨细度有着密切的关系。在高温下，矿渣粉以熔融状态存在，或者形成高温型的矿物，若以较快的速度冷却，这些熔融的液体则转变成高度无序的无定形物质，一些高温型的矿物则保持着高温下的晶型，如 SiO_2 熔融体冷却

成玻璃态 SiO_2，C_2S 以高温型的 $\beta\text{-}C_2S$ 形式存在。这种高温型的状态，才是矿渣粉活性的源泉。若以较慢的速度冷却，熔融的液体则由无序状态向有序状态转变，高温型的矿物也向低温晶型转变，如玻璃体无序化程度较低，$\beta\text{-}C_2S$ 转变成 $\gamma\text{-}C_2S$，这些转变丧失了高温形态，也就丧失了活性。因此，即使化学组成相同，以不同的冷却速度所得到的具有不同矿物形态矿渣粉的活性也不同。同样，机械粉磨作用提高了矿渣粉的比表面积，提高了颗粒的表面能，这对固相反应是十分重要的，因此，不同细度的矿渣粉活性也不同。此外，在碱性系数中仅考虑了碱土金属氧化物含量，没有考虑碱金属氧化物的含量。实际上，碱金属离子是比碱土金属更强的网络变性体，它对打破网络结构具有更强的作用。从这些方面看，用活性系数和碱性系数评定矿渣粉的活性具有一定的局限性。但尽管如此，这一方法还是比较简便的，更重要的是这两个系数不是简单数据处理，而是有较深刻内涵的。如果将这两个系数与其他指标结合起来分析，有助于对矿渣粉的性能有一个更深刻的认识。

矿渣粉除在水淬时形成大量玻璃体外，还含有钙镁铝长石和很少量的硅酸一钙或硅酸二钙结晶态组分，具有微弱的自身水硬性。又由于其在碱激发、硫酸盐激发或复合激发下具有反应活性，与水泥水化所产生的 $Ca(OH)_2$ 发生二次水化反应，生成低钙型的水化硅酸钙凝胶，在水泥水化过程中激发、诱增水泥的水化程度，加速水泥水化的反应进程。需要说明的是，不同产地的矿渣，因化学组成或淬冷条件的差异，矿渣的活性差异较大。

1.4.2.3　天然沸石粉

（1）天然沸石粉的定义

根据 JG/T 3048—1998《混凝土和砂浆用天然沸石粉》规定，天然沸石粉是以天然沸石为原料，经磨细制成的粉状物料。并根据其技术要求将其分为Ⅰ、Ⅱ、Ⅲ三个质量等级。

（2）天然沸石粉的技术要求

混凝土和砂浆用天然沸石粉应符合表 1-27 的技术指标规定。

表 1-27　沸石粉的技术要求

技术指标	质量等级		
	Ⅰ	Ⅱ	Ⅲ
吸铵值/(mmol/100g)　≥	130	100	90
细度(80μm 方孔水筛筛余)/% ≤	4	10	15
沸石粉水泥胶砂需水量比/% ≤	125	120	120
沸石粉胶砂 28 天抗压强度比/% ≥	75	70	62

（3）天然沸石粉的化学组成和矿物组成

天然沸石粉的化学组成因产地不同有所差异，一般来说，各种成分的含量大约为：SiO_2（61%～69%），Al_2O_3（12%～14%），Fe_2O_3（0.8%～1.5%），CaO（2.5%～3.8%），MgO（0.4%～0.8%），K_2O（0.8%～2.9%），Na_2O（0.5%～2.5%），烧失量（10%～15%）。从化学组成上看，天然沸石粉中是 SiO_2 和 Al_2O_3 含量较高，占 3/4 以上，而碱性氧化物较少，特别是碱土金属氧化物很少。因此，天然沸石粉属于火山灰质材料。

天然沸石粉的矿物组成主要为骨架铝硅酸盐结构的沸石族矿物，具有稳定的正四面体硅（铝）酸盐骨架，骨架内含有可交换的阳离子和大量的孔穴和通道，其直径为 0.3～1.3nm，因此，具有很大的内比表面积。沸石结构中通常含有一定数量的水，这种水在孔穴和通道内可以自由进出，空气也可以自由进出这些孔穴和通道。

天然沸石粉颗粒一般为多孔的多棱角颗粒，正是由于天然沸石粉这种多孔和多棱角的颗粒特征，导致了天然沸石粉通常具有较大的需水量。

（4）天然沸石粉在水泥基材料中的作用

尽管天然沸石粉与粉煤灰都是一种火山灰质材料，但由于组成和结构的差异，在水泥基材料中表现出不同的行为，也将发挥不同的作用。

① 天然沸石粉的需水行为和减水作用　影响矿物掺和料需水行为的3个基本要素是颗粒大小、颗粒形态和比表面积。颗粒大小决定其填充行为，影响填充水的数量；颗粒形态影响决定其润滑作用；比表面积决定其表面水的数量。对于天然沸石粉，颗粒大小是由粉磨细度决定的，细度越高，越有利于填充在水泥颗粒堆积的空隙中，从而减少填充水的数量。天然沸石粉是通过粉磨而成的，具有不规则的颗粒形状，这种颗粒运动阻力较大，因此，不具有润滑作用。天然沸石粉具有很大的内比表面积，能吸附大量的水。综合这3个基本要素的作用，天然沸石粉不具有减水作用。粒度越细，可以更好地填充减少颗粒堆积的空隙，减少填充水量。但是，在提高细度的同时，却增大了比表面积，相应地增加了表面水量。因此，即使增大粉磨细度，也不能使天然沸石粉表现出减水作用。

② 天然沸石粉的活性行为和胶凝作用　天然沸石粉一般比粉煤灰等其他一些火山灰材料的活性行为和胶凝作用高。天然沸石粉之所以具有较高的火山灰活性是因为在它的骨架内含有可交换的阳离子以及较大的内比表面积。结构中存在着活性阳离子是胶凝材料具有活性的一个本质因素。活性阳离子的存在，使它具有较高的火山灰反应能力。硅酸盐矿物的水化反应是一种固相反应，天然沸石粉结构中的孔穴为水和一些阳离子的进入提供了通道，而较大的内比表面积为水和阳离子提供较多与固体骨架接触和反应的面，使反应能够较快地进行。由于这两方面的因素，天然沸石粉常常表现出较高的活性。

③ 天然沸石粉的填充行为和致密作用　天然沸石粉的填充行为取决于它的细度。一般来说，天然沸石粉表现出较好的填充行为，能使硬化水泥石结构致密。这也是它常常用于高强混凝土的一个重要原因。

④ 天然沸石粉的稳定行为和益化作用　矿物掺和料的稳定行为包括在新拌混凝土中的稳定行为和在硬化混凝土中的稳定行为两个方面。在新拌混凝土中，由于天然沸石粉对水的吸附作用，使水不容易泌出，因而表现出较好的稳定行为。天然沸石粉具有较好的保水作用，这是它的一个重要特征，是其他矿物掺和料所不及的。此外，由于掺入天然沸石粉后，水泥浆较黏稠，增大了集料运动的阻力，因而有效地防止了离析。天然沸石粉的这种稳定作用对混凝土的施工有着较大的帮助，特别是在较大压力下泵送时，更能体现出这一作用的重要性。此外，天然沸石粉的这种稳定作用对硬化混凝土的性能也有着潜在的影响，这种影响表现在两个方面。

天然沸石粉的稳定性为混凝土的均匀性提供了保证。在混凝土的浇注过程中，离析和泌水将导致各部位混凝土不均匀，从而导致性能不均匀。

天然沸石粉的稳定行为减少混凝土中缺陷形成的可能性。众所周知，当混凝土泌水时，由于集料的阻碍作用，水在集料下富集，形成水囊，这些缺陷对混凝土的性能有非常大的影响。然而，天然沸石粉的稳定行为避免或减少了泌水，也就减少了这些缺陷形成的可能性。

总之，天然沸石粉与粉煤灰的差异主要表现在3个方面：它的火山灰活性通常比粉煤灰高；它的需水量也比粉煤灰高，但具有较强的保水作用；体积稳定性较差。这些差异必将对混凝土的性能产生一系列的影响，必须引起注意。

1.4.2.4 偏高岭土

（1）高岭土、偏高岭土的基本性质

偏高岭土（metakaolin，简称 MK）是以高岭土（$Al_2O_3 \cdot 2SiO_2 \cdot 2H_2O$）为原料，在适当温度下（600～900℃）经脱水形成的无水硅酸铝（$Al_2O_3 \cdot 2SiO_2$）。高岭土属于层状硅酸盐结构，由四面体配位的氧化硅和八面体配位的氧化铝层交替组成，层与层之间由范德瓦耳斯力结合，OH^- 在其中结合得较牢固。它在空气中受热时会发生结构变化，约 600℃时，高岭土的层状结构因脱水而破坏，形成结晶度很差的过渡相——偏高岭土，反应式如下：

$$2Al_2Si_2O_5(OH)_4 \longrightarrow 2Al_2Si_2O_7 + 4H_2O$$

偏高岭土中有大量无定形二氧化硅和氧化铝，原子排列不规则，呈热力学介稳状态，在适当激发下具有胶凝性。温度升至 925℃以上，偏高岭土开始结晶，转化为莫来石和方石英，失去水化活性。从理论上讲，当高岭石煅烧至其中的 OH^- 完全脱去，偏高岭石结构无序程度最大又无新的结晶相形成时活性最高，但实际对高岭土的热处理过程，很难得到完全理想结构。高岭土经过煅烧后，结构发生了很大的变化，高岭土结构中的 6 配位铝绝大部分转化成具有反应活性的 4 配位铝，并且绝大部分的矿物结晶也发生了转变。

（2）偏高岭土的水化产物

偏高岭土是一种高活性火山灰材料，在水泥水化产物 $Ca(OH)_2$ 的作用下发生火山灰反应，生成的水化产物与水泥类似，起辅助胶凝材料的作用，是优质的活性矿物掺和料。M. Murate 等研究了偏高岭土作为混凝土矿物掺和料时水化反应，是偏高岭土、氢氧化钙与水的反应。随着偏高岭土 $Al_2O_3 \cdot 2SiO_2$（简式 AS_2）与 $Ca(OH)_2$（简式为 CH）比率和反应温度的不同，其水化产物亦不同，包括托勃莫来石（CSH-I）、水化钙铝黄长石（C_2ASH_8）及少量水化铝酸钙（C_4AH_{13}）。不同 AS_2/CH 比率下的反应式如下：

$$AS_2/CH = 0.5，\quad AS_2 + 6CH + 9H \longrightarrow C_4AH_{13} + 2CSH$$
$$AS_2/CH = 0.6，\quad AS_2 + 5CH + 3H \longrightarrow C_3AH_6 + 2CSH$$
$$AS_2/CH = 1.0，\quad AS_2 + 3CH + 6H \longrightarrow C_2ASH_8 + CSH$$

（3）偏高岭土的作用机理

偏高岭土之所以能提高混凝土的强度及其他性能，主要在于它的加速水泥水化反应、填充效应和火山灰效应。S. Wild 等认为加速水泥水化是它能大幅度提高混凝土强度的重要原因，填充效应居次，火山灰效应则发生在 7～14d 之间。

① 加速水泥水化效应　偏高岭土是介稳态的无定形硅铝化合物，在碱激发下，硅铝化合物由解聚到再聚合，形成一种硅铝酸盐网络结构。偏高岭土掺入混凝土中，其 Al_2O_3 和 SiO_2 迅速与水泥水化生成的 $Ca(OH)_2$ 发生反应，促进水泥的水化反应进行。

② 填充效应　混凝土可视为连续级配的颗粒堆积体系，粗集料的间隙由细集料填充，细集料的间隙由水泥颗粒填充，水泥颗粒之间的间隙则要更细的颗粒来填充。细磨的偏高岭土在混凝土中可起这种细颗粒的作用。另外，水化反应生成具有填充效应的水化硅酸钙及水化硫铝酸钙，优化了混凝土内部孔结构，降低了孔隙率并减小了孔径，使混凝土形成密实充填结构和细观层次自紧密堆积体系，从而有效地改善了混凝土的力学性能及耐久性。

③ 火山灰效应　偏高岭土的加入能改善混凝土中浆体与集料间的界面结构。混凝土中浆体与集料间的界面区由于富集 $Ca(OH)_2$ 晶体而成为薄弱环节，偏高岭土有大量断裂的化

学键，表面能很大，迅速吸收部分 $Ca(OH)_2$ 产生二次水化反应，促进 AFt 和 C-S-H 凝胶生成，从而改善了界面区 $Ca(OH)_2$ 的取向度，降低了它的含量，减小了它的晶粒尺寸。这不仅有利于混凝土力学性能的提高，也改善了耐久性。

1.4.2.5 硅灰

硅灰，又叫硅微粉，也叫微硅粉或二氧化硅超细粉，一般情况下统称硅灰，它是在冶炼硅铁合金和工业硅时产生的 SiO_2 和 Si 气体与空气中的氧气迅速氧化并冷凝而形成的一种超细硅质粉体材料。其外观为灰色或灰白色粉末，耐火度大于 1600℃，容重为 200～250kg/m³。

（1）硅灰的化学组成

硅灰的主要成分是 SiO_2，一般占 85%～96%，而且绝大多数是无定形二氧化硅。此外，还有少量的 Fe_2O_3、Al_2O_3、CaO、SO_3 等，其含量随矿石的成分不同而稍有变化，一般不超过 1%，硅灰的烧失量约为 1.5%。虽然硅灰中 SiO_2 含量极高，但在生产不同的合金产品时，所得硅灰的 SiO_2 含量也不同，通常混凝土中使用的硅灰是指生产硅单质和 75 硅铁时的工业副产品。

（2）硅灰的矿物组成

由于硅灰的化学组成比较简单，主要是 SiO_2，其他成分较少，因此，硅灰的矿物组成也比较简单，主要是一些无定形的 SiO_2 矿物和少量的高温型 SiO_2 矿物。

（3）硅灰的水化活性

硅灰的活性是指硅灰的火山灰性质。由于硅灰的化学组成以 SiO_2 为主，CaO 含量极低，其矿物组成主要是玻璃体，几乎没有水泥熟料矿物，因此，硅灰不具有自硬性。一般认为，较高的形成温度和相当大的比表面积是硅灰活性的主要来源，且硅灰的活性远比粉煤灰高。

将二氧化硅还原成硅单质需要在 2000℃ 的温度下进行，在该温度下，部分的硅转化为蒸气，蒸气冷凝而形成硅灰。在蒸气中不可能存在着有序的排列，在冷凝过程中，这种高度无序的结构保存下来，形成无定形的二氧化硅。因此，硅灰的结构特征是高度无序性，具有较高的能量和较高的活性。

硅灰相当细，颗粒直径通常小于 $1\mu m$，平均粒径在 $0.1\mu m$ 左右。硅灰的比表面积大约为 10000～20000m²/kg，是粉煤灰的 10～20 倍，由于表面力场的不均匀性，使表面物质处于更高的能量状态，因而硅灰比粉煤灰的活性高。

由于水泥熟料矿物的水化反应与硅灰中活性组分和 $Ca(OH)_2$ 的火山灰反应之间的相互关联，硅灰较快的火山灰反应速度必将对水泥熟料的水化反应过程起到更大的促进作用，这是硅灰活性效应的另一个重要方面。严格地说，硅灰在非常高温度下形成的无定形结构和表面高能量结构是真正意义上的活性，而较小颗粒所导致的较快的反应速度及由此产生的对水泥水化的促进作用仅仅是一种表现形式。

思 考 题

1. 组成混凝土的主要原材料是什么？其中通用水泥的定义、技术要求是什么？
2. 集料的分类？集料的主要技术性质的含义？
3. 粗、细集料的定义及其技术要求？
4. 简述级配、级配曲线的含义，细砂、中砂和粗砂的细度模数范围。
5. 请根据下表数据计算砂的细度模数。

砂试样筛分结果

筛孔尺寸/mm	5	2.5	1.2	0.6	0.3	0.15
累计筛余/%	0	15	30	50	70	95

6. 集料对混凝土耐久性有哪些影响？

7. 矿物掺和料的分类？各类矿物外加剂的性能和活化机理是什么？

参 考 文 献

[1] ［美］梅泰（Mehta, P. K.）著. 混凝土的结构、性能与材料. 祝永年等译. 上海：同济大学出版社，1991.
[2] 沈春林. 商品混凝土. 北京：中国标准出版社，2007.
[3] ［英］. H. 瓦尔森. 聚合物乳液基础及其在胶黏剂中的应用. 北京：化学工业出版社，2004.
[4] 姚燕，王玲，田浩. 高性能混凝土. 北京：化学工业出版社，2006.
[5] ［美］库马·梅塔（P. Kumar Mehta），保罗 J. M. 蒙特罗（Paulo J. M. Monteiro）著. 混凝土微观结构、性能和材料. 覃维祖，王栋民，丁建彤译. 北京：中国电力出版社，2008.
[6] ［英］J. 本斯迪德（J. Bensted），P. 巴恩斯（P. Barnes）著. 水泥的结构和性能. 第 2 版. 廖欣译. 北京：化学工业出版社，2009.
[7] 吴中伟，廉慧珍著. 高性能混凝土. 北京：中国铁道出版社，1999.
[8] 重庆建筑工程学院，南京工学院编著. 混凝土学. 北京：中国建筑工业出版社，1981.
[9] 黄士元等编著. 近代混凝土技术. 西安：陕西科学技术出版社，1998.
[10] 宋少民，孙凌编著. 土木工程材料. 武汉：武汉理工大学出版社，2006.
[11] 赵洪义编著. 绿色高性能生态水泥的合成技术. 北京：化学工业出版社，2007.
[12] GB 175—2007 通用硅酸盐水泥. 2007（11）：1-4.
[13] GB/T 1596—2005 用于水泥和混凝土中的粉煤灰. 2005（01）：1-5.
[14] GB/T 14685—2001 建筑用卵石、碎石. 2001（07）：1-4.
[15] GB/T 14684—2001 建筑用砂. 2001（07）：1-5.
[16] 中国建筑科学研究院主编. JGJ 63—2006 混凝土用水标准. 北京：中国建筑工业出版社，2006.
[17] GB/T 18046—2008 用于水泥和混凝土中的粒化高炉矿渣粉. 2008（01）：1-4.
[18] JG/T 3048—1998 混凝土和砂浆用天然沸石粉. 1998（05）：1-3.

2 混凝土和砂浆外加剂

2.1 化学外加剂的发展概况

混凝土外加剂是混凝土改性的一种重要方法和技术，已成为混凝土配比中不可缺少的第五组分。掺少量外加剂可以改善新拌混凝土的工作性能、提高硬化混凝土的物理力学性能和耐久性。同时，外加剂的研究和应用不仅促进了混凝土和砂浆生产工艺、施工工艺的发展，而且推动了新型混凝土品种的出现和发展，如自流平混凝土、水下混凝土施工技术、喷射混凝土、商品混凝土和泵送混凝土。可以预料，外加剂在未来的混凝土技术中将起到越来越重要的作用。

2.1.1 外加剂的发展历史

混凝土外加剂的发展已有近百年的历史。最早出现的混凝土外加剂是减水剂和塑化剂，并于1910年成为工业产品。20世纪30年代，混凝土外加剂开始了较大规模的发展，其代表产品是美国以松香树脂为原料生产的一种引气剂。50年代，国外又以亚硫酸纸浆废液经发酵脱糖工艺等途径生产阴离子表面活性剂来提高混凝土塑性，从而开辟了现代混凝土减水剂的历史纪元。60年代，日本的萘磺酸甲醛缩合物高效减水剂和德国蜜胺磺酸甲醛缩合物高效减水剂的研制成功，使混凝土技术得到了划时代的发展。到了80年代末90年代初，随着商品混凝土的普及应用，反应性高分子化合物在日本的研制，成功地解决了大流动性混凝土坍落度经时损失大的问题。目前，国际上具有代表性的高性能外加剂主要有氨基磺酸盐高效减水剂、聚羧酸系高效减水剂（包括烯烃-马来酸盐共聚物和聚丙烯酸多元聚合物）。

我国的混凝土外加剂发展起始于20世纪50年代，当时的主要产品有松香皂类引气剂、以亚硫酸纸浆废液为原料生产的减水剂、氯盐防冻剂和早强剂等。70年代和80年代是我国混凝土外加剂科研、生产、应用比较活跃的时期，以煤焦油中各馏分，尤其是萘及其同系物为主要原料生产减水剂得到迅速发展；用亚硫酸纸浆废液提取酒精后生产木质素磺酸钙，并在土木工程中得到了推广应用；并且蜜胺磺酸甲醛缩合物高效减水剂也有了一定的发展；同时，其他各类外加剂（包括复合外加剂）在建筑工程中也得到应用。90年代以来，外加剂的研究、生产、应用有了突飞猛进的发展，相继研制成功了徐放型反应性高分子外加剂、聚羧酸盐减水剂、氨基磺酸盐减水剂、脂肪族减水剂等，修订了国家标准和行业标准。进入21世纪，随着我国基础建设的发展、中西部的开发以及"十一五规划"的实施，外加剂的生产也必将进入高速发展期。

2.1.2　混凝土外加剂的定义

根据 GB/T 8075—2005《混凝土外加剂定义、分类、命名与术语》规定，混凝土外加剂是一种在混凝土搅拌之前或拌制过程中加入的、用以改善新拌混凝土和（或）硬化混凝土性能的材料。常用外加剂定义如下。

（1）普通减水剂

在混凝土坍落度基本相同的条件下，能减少拌和用水量的外加剂。

（2）高效减水剂

在混凝土坍落度基本相同的条件下，能大幅度减少拌和用水量的外加剂。

（3）缓凝剂

可延长混凝土凝结时间的外加剂。

（4）早强剂

可加速混凝土早期强度发展的外加剂。

（5）促凝剂

能缩短拌和物凝结时间的外加剂。

（6）引气剂

在混凝土搅拌过程中能引入大量均匀分布、稳定而封闭的微小气泡且能保留在硬化混凝土中的外加剂。

（7）防水剂

能提高水泥砂浆、混凝土抗渗性能的外加剂。

（8）膨胀剂

在混凝土硬化过程中因化学作用能使混凝土产生一定体积膨胀的外加剂。

（9）速凝剂

能使混凝土迅速凝结硬化的外加剂。

（10）保水剂

能减少混凝土或砂浆失水的外加剂。

（11）增稠剂

能提高混凝土拌和物黏度的外加剂。

（12）保塑剂

在一定时间内，减少混凝土坍落度损失的外加剂。

（13）防冻剂

能使混凝土在负温下硬化，并在规定养护条件下达到预期性能的外加剂。

（14）泵送剂

能改善混凝土拌和物泵送性能的外加剂。

（15）早强减水剂

兼有早强和减水功能的外加剂。

（16）缓凝减水剂

兼有缓凝和减水功能的外加剂。

（17）缓凝高效减水剂

兼有缓凝功能和高效减水功能的外加剂。

(18) 引气减水剂

兼有引气和减水功能的外加剂。

(19) 加气剂

混凝土制备过程中因发生化学反应，放出气体，使硬化混凝土中有大量均匀分布气孔的外加剂。

(20) 阻锈剂

能抑制或减轻混凝土中钢筋和其他金属预埋件锈蚀的外加剂。

(21) 着色剂

能制备具有彩色混凝土的外加剂。

2.1.3 外加剂的分类

混凝土外加剂的特点是品种多，目前常见的分类方法如下。

(1) 按其主要功能分

根据 GB/T 8075—2005《混凝土外加剂定义、分类、命名与术语》规定，混凝土外加剂按其主要功能分为 4 类，即改善混凝土拌和物流变性能的外加剂，包括各种减水剂和泵送剂等；调节混凝土凝结时间、硬化性能的外加剂，包括缓凝剂、促凝剂和速凝剂等；改善混凝土耐久性的外加剂，包括引气剂、防水剂、阻锈剂和矿物掺和料等；改善混凝土其他性能的外加剂，包括膨胀剂、防冻剂、着色剂等。

(2) 按化学成分分

混凝土外加剂按化学成分分为有机外加剂、无机外加剂和有机无机复合外加剂。其中，减水剂是用途最广的外加剂，按其化学成分可分为木质素磺酸盐系、磺化煤焦油系、蜜胺磺酸甲醛缩合物系、糖蜜系、腐殖酸系、复合减水剂及其他。

(3) 按使用效果分

混凝土外加剂按使用效果分为减水剂、调凝剂、引气剂、加气剂、防水剂、阻锈剂、膨胀剂、防冻剂、着色剂、泵送剂以及复合外加剂（如早强减水剂、缓凝减水剂、缓凝高效减水剂等）。

2.1.4 外加剂的作用

混凝土外加剂的掺量虽小，但在混凝土改性中却起着非常重要的作用。其主要作用如下。

(1) 改善新拌混凝土、砂浆、水泥浆的性能

① 在和易性不变条件下减少用水量，或用水量不变条件下大幅度提高和易性。

② 提高拌和物的黏聚性和保水能力。

③ 减少体积收缩、沉陷或产生微量膨胀。

④ 改变泌水率或泌水量，或两者同时改变。

⑤ 减小离析。

⑥ 提高拌和物的可泵性，减少泵阻力。

⑦ 减小拌和物坍落度的经时损失。

⑧ 延长或缩短拌和物的凝结时间。

⑨ 提高拌和物的含气量。

(2) 改善硬化混凝土、砂浆、水泥浆的性能

① 延缓或减少水化热。

② 加速早期强度的增长率，提高强度。

③ 提高耐久性或抵抗严酷的暴露条件。

④ 减小毛细管水的流动，降低液体渗透力。

⑤ 控制碱-集料反应。

⑥ 提高混凝土和钢筋的黏结力。

⑦ 阻止混凝土中钢筋（或预埋件）的锈蚀。

⑧ 配制多孔混凝土和配制彩色混凝土或砂浆。

⑨ 增加新老混凝土黏结力，改善抗冲击与抗磨损的能力。

2.2　混凝土外加剂的基本原理

目前，许多学者在研究外加剂对混凝土作用时发现，外加剂本身并不与水泥起化学反应生成新的水化产物，而只是起表面物理化学作用。也就是说，减水剂本身不会提高混凝土的强度，但它可以改善混凝土的性状，使水泥的水化过程及水泥石内部结构产生变化，从而显著地影响和改变混凝土的一系列物理力学性能，因此表面现象对减水剂的作用是至关重要的。而混凝土外加剂大多数都是表面活性剂，因此要想很好地研究混凝土外加剂，首先必须了解表面现象对混凝土的作用，也即外加剂的基本原理。

2.2.1　表面现象的概念

表面应是物体的分界面。通常把两个物相或不同物质的接触面称为界面，由于在界面上物质内部的均匀性遭到破坏，从这一物质到另一物质的过渡产生了质的飞跃，所以产生了许多独特的现象。

表面概念是相对的，它是物质的物理、化学性质明显区分的界面。通常的界面有以下几种：固-气、固-液、气-液、液-液界面。在界面两边的物相各显示其不同的性质，界面是这两种不同性质的物质的物理、化学性质明显区别的分界面。常见的各种界面如图2-1所示。

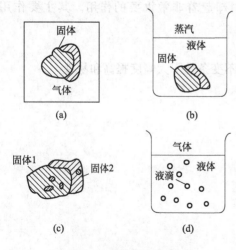

图 2-1　各种界面示意

同一相的物质处于内部与处于界面的状态是不一样的，物质在其内部是处于平衡状态，而界面则处于一种不平衡状态，由此而产生一些变化，如作用力场的不平衡状态、物质结构的不连续状态、物质密度（浓度）的非均一性等。

表面的这些特殊性质彼此既联系又相互影响，造成了表面现象。表面现象是自然界常见的现象，研究表面现象对许多近代技术有很大意义。它不仅涉及矿石浮选、焊接、催化、润滑等人们所熟知的技术领域，而且在近代电子技术、水泥混凝土材料科学中都有很重要的价值。特别需要指出的是，掌握表面（界面）现象的规律对深入探讨物质的物理化学变化、混凝土减水剂对水泥水化硬化过程的某些规律有很大意义。

2.2.2　表面活性剂的种类和结构特点

（1）表面活性剂的结构特点

表面活性物质是一种可溶于液相中并且吸附在相界面上能显著改变液体表面张力或两相间界面张力的物质。

表面活性剂的基本作用，是降低分散体系中两相界面的界面自由能，提高分散体系的稳定性。表面活性剂具有多种分子结构，因而也带来各自性能的差异。因此研究表面活性剂性质时，必须注意它与分子结构间的关系，以及它们在水泥水化这一非均相反应中的影响。

表面活性剂的种类很多，但是它们的分子构造基本上都是由两部分组成：一端含有亲水基团（极性基团），另一端含有憎水基团即憎水基、亲油基（非极性基团），如图 2-2 所示。

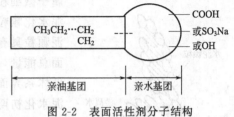

图 2-2　表面活性剂分子结构

表面活性剂分子的憎水基一般是由长链的烃基构成的，而亲水部分的原子团种类繁多。表面活性剂的性质差异除与憎水基的大小形状有关外，主要与亲水基团的不同有关。因而表面活性剂的分类一般也就以亲水基团的结构为依据。

（2）表面活性剂的种类

表面活性剂的分类方法很多，可按化学结构、合成方法、性能、用途、所采用的主要原料或其组合情况来分类。但最常用和最方便的方法是按离子的类型分类。表面活性剂溶于水时，亲水基团在溶液中，凡能电离生成离子的称为离子型表面活性剂，凡不能电离生成离子的称为非离子型表面活性剂。

$$
\text{表面活性剂}\begin{cases}\text{离子型表面活性剂}\begin{cases}\text{阴离子表面活性剂}\\\text{阳离子表面活性剂}\end{cases}\\\text{非离子型表面活性剂}\\\text{两性表面活性剂}\end{cases}
$$

① 阴离子表面活性剂　阴离子表面活性剂的亲水基一端能解离出阳离子，使亲水基团上带负电荷。混凝土中所使用的减水剂主要是阴离子表面活性剂，如羧酸酯、烷基芳香族磺酸盐、木质素磺酸盐等。

② 阳离子表面活性剂　阳离子表面活性剂的亲水基团能解离出阴离子，使其亲水基团带正电荷。它的另一个特点是易吸附于固体表面，从而有效地改变固体性质。此类表面活性剂中，绝大部分是含氮化合物、有机胺衍生物。

③ 两性表面活性剂　两性表面活性剂的亲水基一端，既能解离出阴离子又能解离出阳离子。这种活性剂是具有两种亲水基团的表面活性剂。两性表面活性剂的酸性基主要有羧酸盐型和磺酸盐型两种，碱性基主要是氨基或季铵。两性表面活性剂易溶于水，在较浓的酸、碱液中，甚至在无机盐溶液中也能溶解，但不易溶于有机溶剂中。

④ 非离子表面活性剂　非离子表面活性剂在水溶液中不电离，其亲水基主要是由具有一定数量的含氧基团（一般为醚基和羟基）构成，因而在溶液中不电离，所以不容易受强电解质、无机盐类存在的影响，也不受介质 pH 值的影响，在溶液中的稳定性高。它与其他类型表面活性剂相容性好，能很好混合使用，在水及有机溶剂中都有好的溶解性，一般在固体

表面不易强烈吸附。

非离子型的亲水基主要由聚乙二醇基与多元醇基构成。此类活性剂是近年来发展较快的品种,因其无毒而可用于食品及医药。其中聚乙二醇型可用于水泥分散剂。

2.2.3 表面活性剂的作用机理

由于表面活性剂的种类不同,其作用的机理也不尽相同,下面就以减水剂为例,介绍一下表面活性剂的基本性质,也即其作用机理。

水泥的比表面积一般为 $317\sim350 m^2/kg$,90%以上的水泥颗粒粒径在 $7\sim80\mu m$ 范围内,属于微细粒粉体颗粒范畴。对于水泥-水体系,水泥颗粒及水泥水化颗粒表面为极性表面,具有较强的亲水性。微细的水泥颗粒具有较大的比表面能(固-液界面能),为了降低固液界面总能量,微细的水泥颗粒具有自发凝聚成絮团趋势,以降低体系界面能,使体系在热力学上保持稳定性。同时,在水泥水化初期,C_3A 颗粒表面带正电,而 C_3S 和 C_2S 颗粒表面带负电,正负电荷的静电引力作用也促使水泥颗粒凝聚形成絮凝结构(图 2-3)。

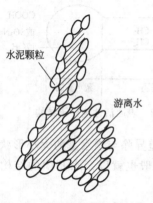

图 2-3 水泥颗粒的絮凝结构

混凝土中水的存在形式有 3 种,即化学结合水、吸附水和自由水。在新拌混凝土初期,化学结合水和吸附水少,拌和水主要以自由水形式存在,但是,由于水泥颗粒的絮凝结构会使 10%~30%的自由水包裹其中,从而严重降低了混凝土拌和物的流动性。减水剂掺入的主要作用就是破坏水泥颗粒的絮凝结构,起到分散水泥颗粒及水泥水化颗粒的作用,从而释放絮凝结构中的自由水,增大混凝土拌和物的流动性。虽然减水剂的种类不同,其对水泥颗粒的分散作用机理也不尽相同,但是概括起来,减水剂分散减水机理基本上包括以下 5 个方面。

(1)降低水泥颗粒固液界面能

减水剂通常为表面活性剂,表面活性剂最重要的性质是降低表面自由能。从热力学原理可知,任何一个体系都有向着自由能减少方向自发进行的过程。对于气-液界面来说,液体分子内部引力要远远大于气体分子对它的引力,因而在界面上液体分子尽可能要缩小其界面面积,这种力就叫表面张力。液体在不受重力作用时,总是要保持表面最小的球形就是这个道理。对固-液界面来说,由于固体表面不能改变其固有的形状,因此其表面能降低常常表现为对液体中表面活性剂的吸附,吸附的结果使其表面能降低,从而产生一系列的表面效应,诸如分散、湿润、起泡、乳化、洗涤和润滑等作用。

一般把两相界面上溶质浓度和溶液内部浓度不同的现象称为吸附。当溶液中的溶质被粉体(水泥)粒子吸附后,如果表面层中溶质的浓度大于溶液内部溶质的浓度,则结果使表面张力降低,这种吸附称为正吸附;反之,称为负吸附,表面张力反而增加。因此,吸附现象与表面张力有着密切的关系。

水泥颗粒对减水剂的吸附。由于水泥水化过程中不同矿物对阴离子表面活性剂的吸附性不同,如水泥水化初期 C_3A 吸附性最强,其次是 C_4AF、C_3S 和 C_2S。不少学者通过实验证实,水泥胶粒表面在水化初期带正电荷,随着水化的延续,逐渐转变成带负电荷。因此,水泥若接触水,就会促使较多的阴离子表面活性剂相聚到带异号电荷的水泥颗粒的表面,造成整个溶液中表面活性剂浓度迅速下降。减水剂是一种聚合物电解质,它在水泥浆碱性介质中

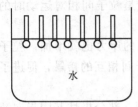
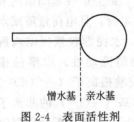

憎水基 亲水基

图 2-4 表面活性剂在水界面上的排列

解离成带电荷的阴离子和金属阳离子，如 $R—SO_3^- +Na^+$。同时，大分子量的阴离子（$R—SO_3^-$）被水泥颗粒表面所吸附，并在水泥颗粒表面形成一层溶剂化的单分子膜，使水泥颗粒间的凝聚作用减弱，颗粒间的摩擦阻力减小，因而使水泥颗粒分散，水泥浆体的黏度下降，流动性得到改善。

任一种表面活性剂，均是开始时表面张力随表面活性剂浓度的增加而急剧下降，以后则大体保持不变。表面活性剂在水溶液中的浓度达临界胶束浓度为界限，若高于或低于此临界浓度，其水溶液的表面张力及其他性质都会有较大的差别。因此，减水剂（也是表面活性剂）在水泥-水体系中的浓度若等于或稍高于临界胶束浓度时，就能充分地显示其减水作用。

另外，表面活性剂在界面上的吸附具有一定的方向性，称为定向排列。在水界面上的排列，如图 2-4 所示。

对表面活性剂来说，吸附现象及吸附后的定向排列，对两相界面的性质将起决定性的作用。

因此，性能优良的减水剂在水泥-水界面上具有很强的吸附能力。减水剂吸附在水泥颗粒表面，能够降低水泥颗粒的固液界面能，降低水泥-水分散体系的总能量，提高分散体系的热力学稳定性，从而有利于水泥颗粒的分散。因此，减水剂的极性基种类、数量、非极性基的结构特征、碳氢链长度等均影响减水剂的性能。

（2）静电斥力作用

表面活性剂一般都具有亲水和憎水两个基团。在水溶液中，固体表面若是亲水性的（有极性），则表面活性剂的亲水基朝向固体表面；固体表面为憎水性（非极性），则表面活性剂的憎水基朝向固体表面。这种吸附的结果，在固体表面形成了具有一定机械强度的表面吸附层，阻碍了粒子间的凝聚作用。液体表面层也减小了粒子间的摩擦阻力，更有利于粒子的分散。

如果表面活性剂是电解质溶液，通过吸附作用，将在固体的表面产生双电层，如图 2-5 所示。固-液相靠近固体表面一侧是固定双电层，靠近溶液一侧是扩散双电层。

两个双电层的形成，是由于固体粒子表面具有活性，使其周围的表面活性剂溶液中的离子处于静电的影响及分子热运动两种力的作用下。静电力企图使粒子周围集中相反电荷的离子，使电性分布两极化。而分子热运动力又使离子在溶液中扩散，均匀分布。达到平衡时，就形成了与粒子所带电荷电性相反的离子浓度，随着离子逐渐远离粒子表面而减少。按这种规律分布的离子层，形成了吸附在固体表面不动的固定双电层与扩散双电层。在液体和固体进行相对运动时，固定层和扩散层之间，也有相对运动。进行相对运动的两层之间的电位差，称

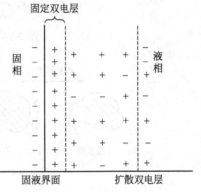
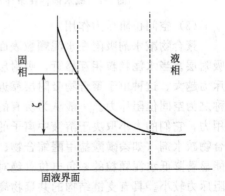

图 2-5 扩散双电层及 ζ-电位示意

为ξ-电位。ξ-电位值的大小，表示出两层相对运动的势能大小，也就是粒子间相对运动时的电性斥力的大小。

表面活性剂被粒子吸附后，ξ-电位将明显的增加，因此，粒子间的斥力也就增加，粒子表面的溶剂化层也加厚，这就等于拉开了粒子间的距离，减少了粒子间相互的接触，促进了粒子间的分散。

新拌混凝土掺入减水剂后，减水剂分子定向吸附在水泥颗粒表面，部分极性基团指向液相。由于亲水极性基团的电离作用，使水泥颗粒表面带上电性相同的电荷，且电荷量随减水剂浓度的增大而增大直至饱和，从而使水泥颗粒之间产生静电斥力，水泥颗粒絮凝结构解体，颗粒相互分散，释放出包裹于絮团中的自由水，增大拌和物的流动性。带磺酸根（—SO_3^-）的离子型聚合物电解质减水剂，静电斥力作用较强；带羧酸根离子（—COO^-）的聚合物电解质减水剂，静电斥力作用次之；带羟基（—OH）和醚基（—O—）的非离子型表面活性减水剂，静电斥力作用最小。以静电斥力作用为主的减水剂（如萘磺酸盐甲醛缩合物、三聚氰胺磺酸盐甲醛缩合物等）对水泥颗粒的分散减水机理如图2-6所示。减水剂存在条件下水泥颗粒间的电性斥力和溶剂化水膜示意如图2-7所示。

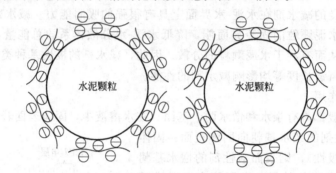

图2-6　减水剂静电斥力分散机理示意

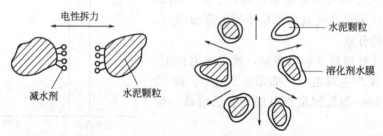

图2-7　减水剂存在条件下水泥颗粒间的电性斥力和溶剂化水膜示意

（3）空间位阻斥力作用

聚合物减水剂吸附在水泥颗粒表面，在水泥颗粒表面形成一层有一定厚度的聚合物分子吸附层。当水泥颗粒相互靠近，吸附层开始重叠，即在颗粒之间产生斥力作用，重叠越多，斥力越大。这种由于聚合物吸附层靠近重叠而产生的阻止水泥颗粒接近的机械分离作用力，称之为空间位阻斥力。一般认为所有的离子聚合物都会引起静电斥力和空间位阻斥力两种作用力，它们的大小取决于溶液中离子的浓度以及聚合物的分子结构和摩尔质量。线型离子聚合物减水剂（如萘磺酸盐甲醛缩合物、三聚氰胺磺酸盐甲醛缩合物）吸附在水泥颗粒表面，能显著降低水泥颗粒的ξ-负电位（绝对值增大），以静电斥力为主分散水泥颗粒，其空间位阻斥力较小。具有支链结构的共聚物高效减水剂（如交叉链聚丙烯酸、接基丙烯酸与丙烯酸酯共聚物、含接枝聚环氧乙烷的聚丙烯酸共聚物等）吸附在水泥颗粒表面，虽然使水泥颗粒

的 ξ-负电位降低较小，静电斥力较小，但其主链与水泥颗粒表面相连，支链则延伸进入液相形成较厚的聚合物分子吸附层，具有较大的空间位阻斥力作用，所以在掺量较小的情况下便对水泥颗粒具有显著的分散作用。以空间位阻斥力作用力为主的典型接枝梳状共聚物对水泥颗粒的分散减水机理如图 2-8 所示。

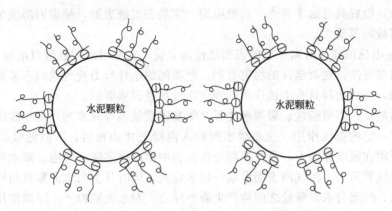

图 2-8 减水剂空间位阻斥力分散机理示意

（4）水化膜润滑作用

当表面活性剂被吸附在固体表面层后，其亲水基团的一端往往会吸附一层水分子。水分子在表面活性剂的亲水基面形成一层水膜，使相邻的两个固相表面很容易被水分湿润而分开，从而改变了固体表面相互接触之间的摩擦力，使原来固相间摩擦力因水化层的润滑作用而减小，这就叫润滑作用，也叫立体保护作用。利用表面活性剂的立体保护作用可以使被保护的一相不能相互接近而被分开。

减水剂大分子含有大量极性基团，如木质素磺酸盐含有磺酸基（—SO$_3^-$）、羟基（—OH）、醚基（—O—）；萘酸盐甲醛缩合物和三聚氰胺磺酸盐甲醛缩合物含有磺酸基；氨基磺酸盐甲醛缩合物含有磺酸基、氨基（—NH$_2$）和羟基（—OH）；聚羧酸盐减水剂含有羧基（—COO$^-$）和醚基等。这些极性基团具有较强的亲水作用，特别是羟基、羧基和醚基等均可与水形成氢键，其亲水性更强。因此，减水剂分子吸附在水泥颗粒表面后，由于极性基团的亲水作用，使水泥颗粒表面形成一层具有一定机械强度的溶剂化水膜。水化膜的形成可破坏水泥颗粒的絮凝结构，释放包裹于其中的拌和水，水泥颗粒充分分散，提高水泥颗粒表面的润湿性，同时对水泥颗粒及集料颗粒的相对运动起到润滑作用，在宏观上表现为新拌混凝土流动性的增大。

（5）起泡作用（即引气隔离"滚珠"作用）

起泡作用是表面活性剂的重要作用之一。起泡是气相分散于液相中，气泡之间隔有液体不能彼此相通，纯液体不能形成稳定的泡沫。而一些表面活性物质，则是理想的起泡剂，起泡剂的主要作用表现如下。

① 降低表面张力 在形成泡沫时，气液两相体系的表面积增加较大，且体系的自由能也随之增加。要使体系稳定在气液界面上，必须有低的表面自由能。表面活性剂的起泡作用，在于它的分子被吸附到了气液界面上，降低了表面张力，因而能得到较为稳定的泡沫。

② 在气泡周围形成一层牢固的膜 仅有表面张力的降低，还不足以使泡沫稳定。因此，要使泡沫稳定，在气泡的周围，应有一层牢固的薄膜，并具有一定机械强度。一般，长链分子的表面活性剂，具有较好的机械强度。因为在分子内部，碳氢链愈长的分子，范德瓦耳斯

力愈大，膜的机械强度就愈高。

③ 具有适当的表面黏度　在气泡之间的液膜，都要受到地心引力与曲面压力两种力的作用，结果促使气泡间的液体流走，使膜愈来愈薄，直到破裂。因此，膜应具有一定的黏度。但黏度过大，会使气泡的产生困难。因此，液体黏度要小，而膜的表面黏度要大。对表面活性剂来说，恰好具有这个特点，它被吸附、富集在气液表面，使表面溶液浓度大，黏度也相应地比溶液内部要大。

④ 膜的 ξ-电位值高　对离子型的表面活性剂来说，它所形成的吸附双电层（膜）带电，并且 ξ-电位值要升高，这对泡沫的稳定有利。电荷间的电性斥力使气泡间不易连接。对引气型外加剂来说，适当选择具有上述作用的表面活性剂是很重要的。

木质素磺酸盐、腐殖酸盐、聚羧酸盐系及氨基磺酸盐系等减水剂，由于能降低液气界面张力，故具有一定的引气作用。这些减水剂掺入混凝土拌和物后，不但能吸附在固液界面上，而且能吸附在液气界面上，易使混凝土拌和物中形成许多微小气泡。减水剂分子定向排列在气泡的液气界面上，使气泡表面形成一层水化膜，同时带上与水泥颗粒相同的电荷。气泡与气泡之间，气泡与水泥颗粒之间均产生静电斥力，对水泥颗粒产生隔离作用，阻止水泥颗粒凝聚。而且气泡的滚珠和浮托作用，也有助于新拌混凝土中水泥颗粒、集料颗粒之间的相对滑动。因此，减水剂所具有的引气隔离"滚珠"作用可以改善混凝土拌和物的和易性。

2.2.4　表面分散剂对水泥分散体系性质的影响

水泥分散体系中掺入分散剂（减水剂、超塑化剂、引气剂等表面活性剂），在其分散作用下，使水泥分散体系的流动性和稳定性得到改善。

（1）水泥分散剂的分散作用

水泥与水接触立即发生水化反应。机械搅拌过程能使水泥分散成碎片。仅水泥分散体是极不稳定的体系，特别是小粒径的粒子更容易成絮凝（或凝聚）状态。由于一部分游离水被包裹在絮凝水泥粒子团中间，因此水泥分散度越大，其本身的持水量就越大。实验证明，水泥的极限持水量取决于水泥的物理和化学性质、水泥的矿物组成和水泥的分散度。

水泥分散剂能够提高水泥凝聚体的分散度、改变结合水、吸附水和游离水的比例，提高游离水量，从而提高水泥浆的流动性和稳定性。水泥分散剂的主要作用机理如下。

① 在固-液界面产生吸附，降低表面能，降低水泥分散体的热力学不稳定性，获得相对稳定性。

② 增大水泥粒子表面的动电电位（ξ-电位），增大水泥粒子之间的静电斥力，从而破坏水泥粒子的絮凝（或凝聚）结构，使水泥粒子分散。

③ 吸附在粒子的表面形成溶剂化（或水化）膜阻止凝聚结构的形成，产生空间保护作用。

④ 由于在水泥粒子表面形成吸附层，产生对水泥初期水化的抑制作用，从而提高游离水量，提高水泥浆的流动性。

⑤ 引入稳定均匀的微小气泡，减小水泥粒子之间的摩擦，从而提高水泥浆的分散性和稳定性。

⑥ 掺入的固体粉末（如粉煤灰、矿渣、硅藻土等）吸附在水泥粒子表面，改变表面电位，产生稳定作用。

水泥分散体系是固-液分散体系，同时伴随着水泥水化过程和相变过程，上述的分散作用因素都是随水化过程的进行处于变动状态中，分散体系的分散和凝聚处在相对的矛盾之中。水泥水化的初期（几十分钟或 1～2h）要求分散体系具有相对的分散稳定性，而后又期望较快的凝结和硬化，获得高的水泥石强度。这样就要求外加剂必须具有强的分散作用，但又不能过于阻碍水泥水化，给水泥石的物理力学性质带来不利的影响。因此，对水泥分散剂的分子结构和掺量有一定要求。

高效减水剂对水泥分散体系有强的分散作用。这是由于减水剂分子在水中离解成大分子的阴离子吸附在水泥粒子上，降低其表面能，并只在水泥粒子表面形成强电场的吸附层，使 ξ-电位绝对值提高。这样，粒子之间就产生强的静电斥力，阻碍或破坏水泥凝胶体的凝聚结构的形成，使游离水量相对增多，产生分散作用。另外，高分子的吸附层对粒子凝聚形成空间障碍。高效减水剂对水泥凝聚体的分散作用可用图 2-9 和图 2-10 说明。

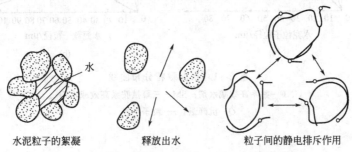

水泥粒子的絮凝　　　　　　释放出水　　　　　　粒子间的静电排斥作用

图 2-9　表面活性剂对水泥粒子絮凝体的分散作用

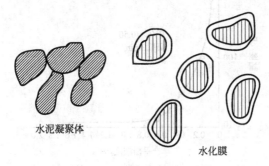

水泥凝聚体

水化膜

图 2-10　抗絮凝作用示意

以上示意图分别说明表面活性剂吸附在水泥粒子上形成吸附层，产生电保护作用（静电斥力）和空间保护作用（水化膜），使水泥凝胶体分散的机理。

分散作用提高了水泥分散体系的分散度。沉降分析测得的水泥悬浮体中水泥粒子的颗粒分布曲线（图 2-11）说明，不掺外加剂的水泥悬浮体中粒子直径大部分在 $50\mu m$ 以上，而掺 2% 的高效减水剂萘磺酸盐甲醛缩聚物（UNF-2）和磺化三聚氰胺甲醛树脂（SM）后，由于分散作用使水泥悬浮体大部分粒子直径在 $40\mu m$ 以下（主要是 $10～20\mu m$）。

如果进一步提高水泥分散体系的分散度，使半径在 $0.1\mu m$ 以下，那么将得到动力学稳定的体系（布朗运动为主要因素），这对水泥的凝结和硬化是不利的。对水泥分散体来说只需要得到暂时的相对分散稳定性，以满足工艺要求，减水剂的作用就是如此。

根据服部健一研究水泥粒子对减水剂的吸附作用以及 ξ-电位与水泥分散体系的黏度的关系证明，掺一定量（水泥重量 0.75% 以上）萘系高效减水剂就能使水泥浆的黏度下降到稳定的值（图 2-12）。这时，大分子的阴离子在水泥粒子上产生单分子层吸附（图 2-13），使水泥的 ξ-电位从 +9.7mV 变到 -35mV（图 2-14）。其最佳掺量都接近极限吸附量 0.75%（水泥重量），进一步增加掺量并不能明显提高分散效果。

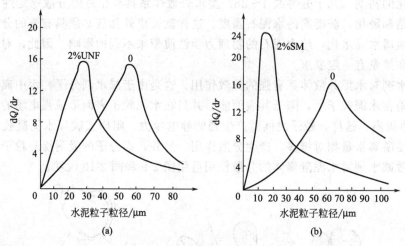

图 2-11　水泥颗粒分布曲线

UNF—萘系高效减水剂；SM—三聚氰胺系高效减水剂；

Q—沉降量；r—粒子半径

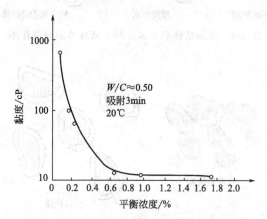

图 2-12　高效减水剂对水泥浆黏度的影响

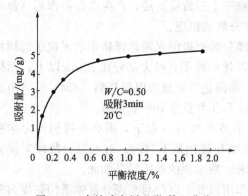

图 2-13　高效减水剂吸附-等温曲线

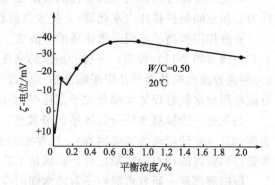

图 2-14　高效减水剂对水泥 ζ-电位的影响

减水剂的品种和掺量对水泥浆的流动性影响各不相同。普通减水剂的掺量为水泥重量的
0～0.3％，高效减水剂为 0.5％～1.0％。

减水剂是通过对水泥浆的分散作用来提高其流动度的。减水剂的分子结构不同具有不同的分散作用机理，对水泥浆的流动度呈现不同的影响。若采用不同分散作用机理的外加剂组成复合外加剂，能进一步提高对水泥的分散作用。

水泥分散体分散的同时伴随着水泥水化反应，当液相的粒子过饱和程度提高，双电层的扩散被压缩，ξ-电位绝对值下降。当ξ-电位达到一定临界值［一般为±(25～30)mV］时就产生凝聚，从而使水泥浆发生凝结和硬化。

(2) 水泥凝胶体的流变性质

流变学是研究材料流动和变形的一门学科，属于力学的分支。与力学不同的是它关系到物体本身的结构和因结构的差异而导致性能上的不同。

流动和变形实际都反映了物体变形和相应力的关系随时间而发展的规律。不同的是流动的对象是液体，而变形的对象是固体。用流变学的观点解释，流动和变形实际上是类似的。所谓流动，是物体在不变的剪切应力作用下随时间产生的连续变形，是一种特殊的变形。

当液体在某个流速范围内并以层流形式运动时，在靠近容器边壁的地方和中心部位，液体的流速是不同的，这种差别可以用"流速梯度"来描述。流速梯度就是在垂直于流速方向上的一段无限近的距离 dx 内，流速由 v 变为 $v+dv$，则比值 dv/dx 是流速梯度，它表示在垂直于流速方向上的单位距离内流速的增量。流速梯度又称"剪切速率"，它的单位是秒$^{-1}$。

液体中各层的流速不同，层间产生相对运动。由于液体内部分子间存在着作用力，所以流速不同的各层之间要产生内摩擦力，它将阻滞液体的层间相对运动，这种特性被称为液体的黏滞性。

在恒压条件下，液体层间的内摩擦力 (F)、接触面积 (A) 和流速梯度 (dv/dx) 之间存在着下列关系：

$$F=\eta A \cdot \frac{dv}{dx} \tag{2-1}$$

式中，η 为黏滞系数，代表单位流速梯度的切应力，$dyn \cdot s/cm^2$。

式(2-1)又称作牛顿内摩擦定律。遵守牛顿内摩擦定律的液体称为牛顿液体，不遵守牛顿定律的液体则称为非牛顿液体。

对于泥浆、水泥浆及新拌混凝土，有一些黏度反常现象，即为非牛顿液体。新拌混凝土的流变特性基本上可以用宾汉姆方程来描述：

$$\tau=\tau_0+\eta \frac{dv}{dx} \tag{2-2}$$

式中，τ 为单位液面上的内阻力；τ_0 为极限剪应力。

对分散系施加外力达一定值 (τ_0) 时，分散系才开始流动。这种流动开始产生时，所加的外力就叫屈服值。屈服值越小，分散越好，对于凝聚体系来说，屈服值将增大。

流动性混凝土混合料接近于非牛顿液体 (B)，而通常的混凝土混合料或较干硬性的混合料接近一般宾汉姆体 (D)，如图 2-15 所示。

当某些表面活性剂类外加剂掺入水泥浆体中后，测得其流变曲线如图 2-16 所示。从图中所表示的流变曲线可以看到，掺减水剂的水泥浆体的黏度和纯水泥浆体的黏度不同，前者的黏度随减水剂掺量增大而降低，且降低到一定程度后趋于不变。

大量研究表明，加入表面活性剂类外加剂的水泥浆体的屈服值和黏度都是减小的，且随所加入的外加剂的浓度的增加而减小，掺有表面活性剂的水泥浆体更接近牛顿流型的流变特性。

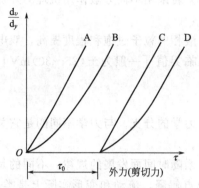

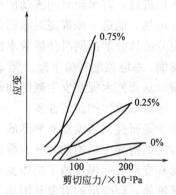

图 2-15　黏性体速度梯度与剪切力的关系　　　　　图 2-16　掺减水剂浆体流变曲线

　　另外，新拌混凝土还具有触变性能。由于混凝土混合料是黏性结构，悬浮体在静止状态是胶体，呈网状絮凝结构，没有流动性，通过外力可破坏其静止状态和结构，从而出现流动性。若再静置又能重新出现网状结构，这种现象就称为触变现象。掺表面活性剂以后，混凝土混合料具有更为显著的触变现象，更易振动使浆体密实。

2.3　化学外加剂

　　外加剂是混凝土在搅拌时加入的组分，它赋予新拌混凝土和硬化混凝土优良的性能，如提高抗冻性和耐久性、调节凝结和硬化、改善工作性、提高强度等，为制造各种高性能混凝土和特种混凝土提供了必不可少的条件。可以说，近二三十年混凝土技术的发展与外加剂的开发和使用是密不可分的。因此，了解和掌握各种常用外加剂的分子结构、性能和作用机理对混凝土技术的研究和应用至关重要，下面我们就简要介绍一下各种常用的化学外加剂。

2.3.1　减水剂

　　混凝土减水剂是最常用的外加剂之一。早在 20 世纪 30 年代初，美国就使用亚硫酸盐纸浆废液作混凝土，以改善混凝土的和易性、强度和耐久性。1937 年，E. W. 斯克里彻获得此项美国专利，开始了现代减水剂的开发研究。20 世纪 40～50 年代，木质素系的减水剂和具有同等效果的各种减水剂的开发和研究工作发展起来。20 世纪 60 年代初，随着日本和联邦德国 3 种高效减水剂或超塑化剂的发明问世，使混凝土外加剂进入了现代科学时代。高效减水剂的研究和应用推动了混凝土向高强化、流态化和高性能方向发展。

　　混凝土减水剂是在保持新拌混凝土和易性相同的情况下，能显著降低用水量的外加剂，又称为分散剂或塑化剂，它是最常用的一种混凝土外加剂。按照我国混凝土外加剂最新标准 GB 8076—2008 规定，将减水率等于或大于 8% 的减水剂称为普通减水剂或塑化剂；减水率等于或大于 14% 的减水剂则称为高效减水剂或超塑化剂（也称流化剂）。

　　减水剂用在混凝土拌和物中，可以起到 3 种不同的作用：在不改变混凝土组分，特别是不减少单位用水量的条件下，改变混凝土施工工作性，提高流动性；在给定工作性条件下减少拌和用水量和降低水灰比，提高混凝土强度，改善耐久性；在给定工作性和强度的条件下，减少水和水泥用量，从而节约水泥，减少干缩、徐变和水泥水化引起的热应力。

2.3.1.1 减水剂的分类

（1）按功能分类

按其减水率（指在不改变水泥用量，不增加混凝土和易性和工作性条件下，掺入减水剂后所减少的单位用水量与基准混凝土单位用水量之比）的不同，可分为普通减水剂和高效减水剂，按混凝土中引入的空气量的多少分为引气减水剂和非引气减水剂；按其对混凝土凝结时间和早期强度的影响分为标准型、缓凝型和早强型。

（2）按成分分类

减水剂按其化学成分可分为以下几类：木质素磺酸盐类及其衍生物；高级多元醇；羟基羧酸及其盐；萘磺酸盐甲醛缩合物；聚氧乙烯醚及其衍生物；多元醇复合体；多环芳烃磺酸盐甲醛缩合物；三聚氰胺磺酸盐甲醛缩聚物；聚丙烯酸盐及其共聚物；其他。

2.3.1.2 减水剂的作用机理

减水剂的作用机理在上一节已经详细介绍，在此不再重复。

2.3.1.3 高效减水剂

高效减水剂，几乎都是聚合物电解质。早在50多年前，日本和联邦德国就开始在混凝土中使用高效减水剂。我国在20世纪70年代开始研制高效减水剂，并且能生产相应品种的产品。高效减水剂对水泥颗粒具有很高的分散作用，其推广应用使混凝土工业发生了革命性的变化。掺入占水泥质量0.5%～1.5%的高效减水剂，可以大大提高混凝土拌和物的流动性，或者在保持相同流动性的情况下大幅度减少混凝土拌和物的用水量（减水率为18%～30%）。另外，高效减水剂的应用范围也在不断扩大，除使用高效减水剂配制高流动性混凝土、高强混凝土和高密实混凝土以外，还可制得一些新型混凝土品种与材料，如自流平砂浆和混凝土、水下不分散混凝土、宏观无缺陷混凝土及高性能混凝土等。高效减水剂的应用对大体积混凝土工程、海上建筑设施、轻质高强混凝土构件与制品等均具有十分重大的意义。

近30年来，高效减水剂的研究与应用迅速发展。一方面，研究开发了许多新型高效减水剂，如磺化聚苯乙烯、马来酸磺酸盐聚氧乙烯酯、多元醇磺酸盐与环氧乙烷和环氧丙烷共聚物、磺化脂肪酸聚氧乙烯酯、接枝聚羧酸盐等；另一方面，为了满足混凝土的工作性以及对硬化混凝土各种性能的要求，以高效减水剂为基础，结合使用其他类型外加剂，研究开发各种高效多功能复合外加剂，进一步扩大了高效减水剂的应用范围。

高效减水剂种类很多，并且还在进一步扩大。目前较为广泛使用的高效减水剂，按化学成分分类，主要有5种类型，即：改性木质素磺酸盐高效减水剂；稠环芳烃磺酸盐甲醛缩合物，以萘磺酸盐甲醛缩合物即萘系高效减水剂为主；三聚氰胺磺酸盐甲醛缩合物，即蜜胺树脂系高效减水剂；氨基磺酸盐甲醛缩合物，即氨基磺酸盐系高效减水剂以及聚羧酸盐系高效减水剂。

（1）聚羧酸系高效减水剂

聚羧酸系减水剂是由不同的不饱和单体，在一定条件的水相体系中，在引发剂（如过硫酸盐）下，接枝共聚而成的高分子共聚物，它是一种新型的高性能减水剂。合成聚羧酸系减水剂常选用的单体主要有以下4种类型：不饱和酸——马来酸、马来酸酐、丙烯酸和甲基丙烯酸；聚链烯基物质——聚链烯基烃、醚、醇及磺酸；聚苯乙烯磺酸盐或酯；（甲基）丙烯酸盐或酯、丙烯酰胺。

因此，实际的聚羧酸系减水剂可由二元、三元、四元等单体共聚而成。所选单体不同，则分子组成不同。但是，无论组成如何，聚羧酸系减水剂分子大多呈梳形结构。其特点是主链上带有多个活性基团，并且极性较强；侧链上带有亲水性活性基团，并且数量多；疏水基的分子链较短、数量少。不同品种的聚羧酸系减水剂，其化学结构式有所不同，比较通用的化学结构可表示如下：

$$[\underset{\underset{SO_3M}{X}}{[C}-CH_2]_a-\underset{\underset{OM}{C=O}}{[C}-CH_2]_b-\underset{\underset{OCH_3}{C=O}}{[C}-CH_2]_c-\underset{\underset{O(CH_2CH_2O)_m-R}{Y}}{[C}-CH_2]_d-\underset{\underset{OOOM}{CH}}{[CH}-CH-CH_2]_e]_n$$

X：CH_2，$CH_2-O-\bigcirc$ ；Y：CH_2，$C=O$；

R：H，CH_3，CH_2CH_3；M：H^+，Na^+。

① 聚羧酸系减水剂作用机理特点　聚羧酸系减水剂吸附在水泥颗粒表面，使水泥颗粒表面的 ξ-负电位降低幅度远小于萘系、三聚氰胺系及氨基磺酸盐系等高效减水剂，因此，吸附有该类减水剂的水泥颗粒之间的静电斥力作用相对较小。但是，聚羧酸系减水剂在较低掺量的情况下，对水泥颗粒就具有强烈的分散作用，减水效果明显，这是因为：该类减水剂呈梳状吸附在水泥颗粒表面，侧链伸入液相，从而使水泥颗粒之间具有显著的空间位阻斥力作用；同时，侧链上带有许多亲水性活性基团（如—OH、—O—、—COO⁻ 等），它们使水泥颗粒与水的亲和力增大，水泥颗粒表面溶剂化作用增强，水化膜增厚。因此，该类减水剂具有较强的水化膜润滑减水作用。由于聚羧酸系减水剂分子中含有大量羟基（—OH）、醚基（—O—）及羧基（—COO⁻），这些极性基具有较强的液-气界面活性，因而该类减水剂还具有一定的引气隔离"滚珠"减水效应。

综上所述，聚羧酸系高效减水剂的分散减水作用机理以空间位阻斥力作用为主，其次是水化膜润滑作用和静电斥力作用，同时还具有一定的引气隔离"滚珠"效应和降低固-液界面能效应。

② 聚羧酸系减水剂的性能　聚羧酸系减水剂由于合成时所选单体不同，其产品种类很多，不同品种的分子组成、结构及性能也不一样，故我们在此仅讨论该类减水剂的一些共有性能。

聚羧酸系高效减水剂液状产品的固体含量一般为 18%～25%。与其他高效减水剂相比，由于它的分散减水作用机理独具特点，所以其掺量低、减水率高。按有效成分计算，该类减水剂掺量一般为 0.05%～0.3%，掺量为 0.1%～0.2%的该类减水剂减水率高于掺量为 0.5%～0.7%萘系高效减水剂的减水率。聚羧酸系减水剂的减水率对掺量的特性曲线更趋线性化，其减水率一般为 25%～35%，最高可达 40%。

该类减水剂含有许多羟基（—OH）、醚基（—O—）和羧基（—COO⁻）等亲水性基团，故具有一定的液-气界面活性作用。因此聚羧酸系减水剂具有一定的引气性和轻微的缓凝性。

除了掺量小，对水泥颗粒的分散作用强，减水率高等优点外，保塑性强是聚羧酸系高效减水剂最大的优点，在对混凝土硬化时间影响不大的前提下，能有效地控制混凝土拌和物的坍落度经时损失。聚羧酸系减水剂对混凝土不但具有良好的增强作用，而且具有抗缩性，能更有效地提高混凝土的抗渗性、抗冻性。

（2）氨基磺酸盐系高效减水剂

氨基磺酸盐系高效减水剂，即氨基磺酸盐甲醛缩合物，一般由带氨基、羟基、羧基、磺酸（盐）等活性基团的单体，如氨基磺酸、对氨基苯磺酸、三聚氰胺、尿素、苯酚、水杨酸、苯磺酸、苯甲酸等，通过滴加甲醛，在水溶液中温热或加热缩合而成。该类减水剂以芳香族氨基磺酸盐甲醛缩合物为主，其主要原料为对氨基苯磺酸、苯酚、甲醛及碱（如NaOH）。芳香族氨基磺酸盐系高效减水剂，由多种不同结构和分子量的聚合体构成，其中主要的、有代表性的化学结构式为：

其中，M 为金属离子，如 Na$^+$ 等；

X 为：

R，H，CH_2——〇——OH 。

氨基磺酸盐系减水剂，是固体重量百分含量为 25%～55% 的液状产品以及浅黄褐色粉末状的粉剂产品。该类减水剂的主要特点之一是 Cl$^-$ 含量低（约为 0.01%～0.1%）和 Na_2SO_4 含量低（约为 0～4.2%）。

氨基磺酸盐系高效减水剂的掺量低于萘系及三聚氰胺系高效减水剂。按有效成分计算，氨基磺酸盐系减水剂掺量一般为水泥质量的 0.2%～1.0%，最佳掺量为 0.5%～0.75%，在此掺量下，对流动性混凝土的减水率为 28%～32%，对塑性混凝土的减水率为 17%～23%。该类减水剂在水泥颗粒表面呈环状、引线状和齿轮状吸附，能显著降低水泥颗粒表面的 ξ-电位，因此其分散减水作用机理仍以静电斥力为主，并具有较强的空间位阻斥力作用。同时，由于减水剂具有强亲水性羟基（—OH），能使水泥颗粒表面形成较厚的水化膜，故具有较强的水化膜润滑分散减水作用。

氨基磺酸盐系减水剂无引气作用，但其分子结构中具有羟基（—OH），故具有轻微的缓凝作用，该类减水剂减水率高，与萘系及三聚氰胺系高效减水剂一样，具有显著的早强和增强作用，掺该类减水剂的混凝土，其早期强度比掺萘系及三聚氰胺系的混凝土早期强度增长更快。

氨基磺酸盐系减水剂对混凝土性能的影响，与萘系及三聚氰胺系高效减水剂相似，具有萘系及三聚氰胺系高效减水剂的优点。与萘系及三聚氰胺系减水剂相比，具有更强的空间位阻斥力作用及水化膜润滑作用，所以，氨基磺酸盐系减水剂对水泥颗粒的分散效果更强，能明显提高对水泥的适应性，不但减水率高，而且保塑性好。掺该类减水剂的混凝土，在初始流动性相同的条件下，混凝土坍落度经时损失明显低于掺萘系及三聚氰胺系减水剂的混凝土，但是与其他高效减水剂相比，当掺量过大时，混凝土更易泌水。总的来说，氨基磺酸盐系高效减水剂是一种比较理想的新型高性能减水剂。

（3）萘系减水剂

萘系减水剂为芳香族磺酸盐醛类缩合物。此类减水剂主要成分为萘或萘的同系物磺酸盐与甲醛的缩合物，属阴离子表面活性剂，其结构通式如下：

萘系高效减水剂是阴离子型高分子表面活性剂，具有较强的固液界面活性作用，其吸附在水泥颗粒表面后，能使水泥颗粒的 ξ-负电位大幅度降低（绝对值增大），因此萘系高效减水剂分散减水作用机理是以静电斥力作用为主，兼有其他作用力；萘系减水剂的气-液界面活性小，几乎不降低水的表面张力，因而起泡作用小，对混凝土几乎无引气作用；不含羟基（—OH）、醚基（—O—）等亲水性强的极性基因，对水泥无缓凝作用。

萘系高效减水剂掺量为水泥质量的 0.3%～1.5%，最佳掺量为 0.5%～1.0%，减水率为 15%～30%。由于萘系高效减水剂能提高拌和物的稳定性和均匀性，故能减少混凝土的泌水。在混凝土中掺入萘系高效减水剂，在水泥用水量及水灰比相同的情况下，混凝土坍落度值随其掺量的增加而明显增大，但混凝土的抗压强度并不降低。在保持水泥用量及坍落度值相同的条件下，减水率及混凝土抗压强度将随减水剂掺量的增大而增大，开始时增大速度较快，但当掺量达到一定值以后，增大速度则迅速降低。

萘系减水剂对不同品种水泥的适应性强，可配制早强、高强和蒸养混凝土，也可配制免振捣自密实混凝土。保持混凝土的坍落度与强度不变，掺入水泥质量 0.75% 的萘系减水剂，可节约水泥约 20%。

采用萘系减水剂配制的混凝土，不但抗压强度有明显提高，而且抗拉强度、抗折强度、棱柱体强度和弹性模量等均有相应提高，并且对钢筋无锈蚀作用，同时具有早强作用。

萘系高效减水剂用于减少混凝土用水量而提高强度或节约水泥时，混凝土收缩值小于不掺的空白混凝土；用于增大坍落度而改善和易性时，收缩值略高于或等于未掺的空白混凝土，但不会超过技术标准规定的极限值 $1×10^{-4}$。同时，萘系高效减水剂对混凝土徐变的影响与对收缩影响的规律相同，只是当掺高效减水剂而不节约水泥时，抗压强度明显提高，而徐变明显减小。另外，萘系高效减水剂不仅能显著提高混凝凝土的抗渗性能，而且对抗冻性能、抗碳化性能均有所提高。

2.3.2　凝结与硬化调节剂

水泥和水一经拌和，水化产物就开始形成，混凝土拌和物便逐渐失去流动性，最终凝结硬化，内部结构随龄期的增长越来越致密，混凝土的强度也就不断提高。混凝土的凝结时间是混凝土工程施工中需要控制的重要参数，它与混凝土的运输、浇注、振动等工艺密切相关。而混凝土的早期强度还与混凝土脱模时间、养护等工艺有关。不同的工程对混凝土的凝结时间有不同的要求，土建工程中往往都希望能尽早脱模，以便进行下一道工序；大体积混凝土要求减缓水泥水化速度，以便降低水化热，推迟达到水化放热温峰的时间；喷射混凝土则要求混凝土拌和物能迅速凝结硬化。此外，施工的气候条件不同，对混凝土的凝结时间和早期强度的要求也不同。例如在北方，冬季施工时为避免混凝土遭到冰冻破坏，就要求混凝土能尽早达到临界强度；在南方炎热地区，夏季施工时又希望延长凝结时间，以便有充足的时间运输、浇注、振捣成型。为了满足这些要求，就需要对混凝土凝结时间加以调控。

能对水泥、混凝土的凝结速度加以调节的外加剂称为"调凝剂"，其中包括速凝剂、早强剂、缓凝剂等。

2.3.2.1　速凝剂

速凝剂是调节混凝土（或砂浆）凝结时间和硬化速度的外加剂，它能加速水泥的水化作用，并显著缩短凝结时间。我国对速凝剂的研究工作始于 1965 年。在 20 世纪 60 年代初，喷射混凝土施工工艺被广泛应用于道路、隧道、矿山井巷和地下支护衬砌，其基本特点是将水泥、砂、石、速凝剂和水借助于高速气流通过混凝土喷射机的喷嘴直接喷射于喷面，迅速凝结硬化，在喷面上形成有一定厚度（50～300mm）的混凝土衬砌。喷面（岩面、模板、旧建筑物）使用喷射混凝土代替浇筑混凝土支护，具有工艺简单，可加快施工速度、节省材料、减少开挖断面、提高衬砌承载能力等优点。

（1）速凝剂的种类

能够使水泥迅速凝结硬化的外加剂品种较多，如 $CaCl_2$、$AlCl_3$、$CaSO_4 \cdot 0.5H_2O$、Na_2SO_4、$Al_2(SO_4)_3$、K_2CO_3、$CaCO_3$、$K_2Cr_2O_7$ 和丙烯酸盐等。这些外加剂相互组合或与其他外加剂复合使用，能使水泥迅速凝结，满足工程要求。

速凝剂的品种和牌号很多，国内外都有不少品种，但按其主要成分分类，大致可以分为铝氧熟料、碳酸盐系，铝氧熟料、明矾石系，水玻璃系及其他类型。

（2）速凝剂的性能特点

速凝剂的作用是使混凝土喷射到工作面上后很快就能凝结，因此速凝剂必须具备以下几种性能：使混凝土在喷出后 3～5min 内初凝，10min 之内终凝；有较高的早期强度，后期强度降低不能太大（小于 30%）；使混凝土具有一定的黏度，防止回弹过高；尽量减小水灰比，防止收缩过大，提高抗渗性能；对钢筋无锈蚀作用。

（3）速凝剂的作用机理

由于速凝剂是由复合材料制成，同时又与水泥的水化反应交织在一起，其作用机理较为复杂，这里仅就其主要成分的反应加以阐述。

① 铝氧熟料、碳酸盐型作用机理 该类速凝剂的作用机理如下：

$$Na_2CO_3 + CaO + H_2O \longrightarrow CaCO_3 + 2NaOH$$
$$NaAlO_2 + 2H_2O \longrightarrow Al(OH)_3 + NaOH$$
$$2NaAlO_2 + 3CaO + 7H_2O \longrightarrow 3CaO \cdot Al_2O_3 \cdot 6H_2O + 2NaOH$$
$$2NaOH + CaSO_4 \longrightarrow Na_2SO_4 + Ca(OH)_2$$

碳酸钠、铝酸钠与水作用都生成 NaOH，氢氧化钠与水泥浆中石膏反应，生成 Na_2SO_4，降低浆体中 SO_4^{2-}。石膏起缓凝作用，由于石膏被消耗而使水泥中的 C_3A 成分迅速溶解进入水化反应，C_3A 的水化又迅速生成钙矾石而加速了凝结硬化。另外大量生成的 NaOH、$Al(OH)_3$、Na_2SO_4 都具有促凝、早强作用。速凝剂中的铝氧熟料及石灰，在水化初期就产生强烈的放热反应，使整个水化体系温度大幅度升高，促进了水化反应的进程和强度的发展。此外在水化初期，溶液中生成的 $Ca(OH)_2$、SO_4^{2-}、$Al_2O_3^{2-}$ 等组分结合而生成高硫型水化硫铝酸钙（钙矾石），降低 $Ca(OH)_2$ 浓度，促进 C_3S 的水解，C_3S 迅速生成水化硅酸钙凝胶。迅速生成的水化产物交织搭接在一起形成网络结构的晶体，即混凝土开始凝结。

② 铝氧熟料、钙矾石型作用机理 铝氧熟料、钙矾石型速凝剂的作用机理如下：

$$Na_2SO_4 + CaO + H_2O \longrightarrow CaSO_4 + 2NaOH$$
$$CaSO_4 + 2NaOH \longrightarrow Ca(OH)_2 + Na_2SO_4$$
$$NaAlO_2 + 2H_2O \longrightarrow Al(OH)_3 + NaOH$$
$$2NaAlO_2 + 3CaO + 7H_2O \longrightarrow 3CaO \cdot Al_2O_3 \cdot 6H_2O + 2NaOH$$

大量生成的 NaOH，消耗了溶液中 SO_4^{2-}，促进了 C_3A 的水化反应，大量放热反应促进了水化物的形成和发展。$Al(OH)_3$、Na_2SO_4 具有促进水化作用，使 C_3A 迅速水化生成钙矾石而加速凝结硬化，进一步降低了液相中 $Ca(OH)_2$ 的浓度，促使 C_3S 水化，生成水化硅酸钙凝胶，因而产生强度。故这种速凝剂分类为铝氧熟料、钙矾石型，主要是早期形成钙矾石而促进凝结。

③ 水玻璃型作用机理 以硅酸钠型为主要成分的速凝剂，主要是硅酸纳与氢氧化钙

反应：

$$Na_2O \cdot nSiO_2 + Ca(OH)_2 \longrightarrow (n-1)SiO_2 + CaSiO_3 + 2NaOH$$

反应中生成大量 NaOH，如前所述促进了水泥水化，从而迅速凝结硬化。

2.3.2.2　早强剂

能加速混凝土早期强度发展的外加剂叫做早强剂。早强剂的主要用途有两种：提高混凝土早期强度，提前拆除模板，增加混凝土构件产量或加快混凝土工程进度；用于冷天混凝土施工，提高低温下混凝土的早期强度，避免混凝土遭受冻害，减少防护费用，保证施工正常进行。

（1）早强剂的品种与性能

早强剂可分成无机盐类、有机物类、复合型早强剂 3 大类。无机盐类主要有氯化物、硫酸盐、硝酸盐及亚硝酸盐、碳酸盐等。有机物主要是指三乙醇胺、三异丙醇胺、甲酸、乙二醇等。复合型是指有机与无机盐复合型早强剂。

① 无机盐类早强剂　无机盐类早强剂主要有氯化钙、氯化钠、氯化铁、硫酸钠、硫酸钙、硝酸盐类早强剂和碳酸盐类早强剂等，各有其自己的特点，如氯化钙具有明显的早强作用，特别是低温早强和降低冰点作用。在混凝土中掺氯化钙后能加快水泥的早期水化，提高早期强度。当掺 1% 以下时对水泥的凝结时间无明显影响，掺 2% 时凝结时间约提前 $0.67 \sim 2h$，掺 4% 以上就会使水泥速凝。而硫酸钠很容易溶解于水，在水泥硬化时，与水泥水化时产生的 $Ca(OH)_2$ 发生下列反应：

$$Na_2SO_4 + Ca(OH)_2 + 2H_2O \longrightarrow CaSO_4 \cdot 2H_2O + 2NaOH$$

所生成的二水石膏颗粒细小，它比水泥熟料中原有的二水石膏能更快地参加水化反应：

$$CaSO_4 \cdot 2H_2O + 3CaO \cdot Al_2O_3 + 12H_2O \longrightarrow 3CaO \cdot Al_2O_3 \cdot CaSO_4 \cdot 14H_2O$$

更快地生成水化产物硫铝酸钙，加快水泥的水化硬化速度。由于早期水化物结构形成较快，结构致密程度较差一些，因而后期 28d 强度会略有降低，早期强度愈是增加的快后期强度就愈容易受影响，因而硫酸钠掺量应有一个最佳控制量，一般在 1%～3%，掺量低于 1% 早强作用不明显，掺量太大后期强度损失也大，一般在 1.5% 左右为宜。

② 有机物类早强剂　有机醇类、胺类以及一些有机酸均可用做混凝土早强剂，如甲醇、乙醇、乙二醇、三乙醇胺、三异丙醇胺、二乙醇胺、尿素等，常用的是三乙醇胺。

三乙醇胺早强剂因掺量小，低温早强作用明显，而且有一定的后期增强作用，因此在与无机早强剂复合作用时效果更好。

三乙醇胺的早强作用是由于能促进 C_3A 的水化。在 $C_3A\text{-}CaSO_4\text{-}H_2O$ 体系中，它能加快钙矾石的生成，有利于混凝土早期强度的发展。三乙醇胺分子中因有 N 原子，它有一对未共用电子，很容易与金属离子形成共价键，发生络合，形成较为稳定的络合物。这些络合物在溶液中形成了许多的可溶区，从而提高了水化产物的扩散速率，缩短水泥水化过程中的潜伏期，提高早期强度。

当三乙醇胺掺量过大时，水泥矿物中 C_3A 与石膏在它的催化下迅速生成钙矾石而缩短了凝结时间。三乙醇胺对 C_3S、C_2S 水化过程则有一定的抑制作用，这又使得后期的水化产物得以充分地生长、致密，保证了混凝土后期强度的提高。

三乙醇胺作为早强剂时，掺量为 0.02%～0.05%，当掺量大于 0.1% 时则有促凝作用。

③ 复合早强剂　各种外加剂都有其优点和局限性。例如氯化物有腐蚀钢筋的缺点，但其早强效果好、能显著降低冰点，如果与阻锈剂复合使用则能发挥其优点，克服其缺点；有些无机化合物有使混凝土后期强度降低的缺点，而一些有机外加剂，虽能提高后期强度但单掺早强

作用不大，如果将两者合理组合，则不但能显著提高早期强度，而且后期强度也得到提高，并且能大大减少无机化合物的掺入量，这有利于减少无机化合物对水泥石的不良影响。因此使用复合早强剂不但可显著提高混凝土早强效果，而且可大大拓展早强剂的应用范围。

复合早强剂可以是无机材料与无机材料的复合，也可以是有机材料与无机材料的复合或有机材料与有机材料的复合。复合早强剂往往比单组分早强剂具有更优良的早强效果，掺量也可以比单组分早强剂有所降低。众多复合型早强剂中以三乙醇胺与无机盐型复合早强剂效果较好，应用最广。

工程中常用复合早强剂的配方见表 2-1 所列。

表 2-1　常用复合早强剂的配方

复合早强剂的组分	掺量（占水泥质量）/%
三乙醇胺＋氯化钠	(0.03～0.05)＋0.5
三乙醇胺＋氯化钠＋亚硝酸钠	0.05＋(0.3～0.5)＋(1～2)
硫酸钠＋亚硝酸钠＋氯化钠＋氯化钙	(1～1.5)＋(1～3)＋(0.3～0.5)
硫酸钠＋氯化钠	(0.5～1.5)＋(0.3～0.5)
硫酸钠＋亚硝酸钠	(0.5～1.5)＋1.0
硫酸钠＋三乙醇胺	(0.5～1.5)＋0.05
硫酸钠＋二水石膏＋三乙醇胺	(1～1.5)＋2＋0.05
亚硝酸钠＋二水石膏＋三乙醇胺	1.0＋2＋0.05

2.3.2.3　缓凝剂

缓凝剂是一种能延迟水泥水化反应，延长混凝土的凝结时间，使新拌混凝土能较长时间保持塑性，方便浇注，提高施工效率，同时对混凝土后期各项性能不会造成不良影响的外加剂。缓凝剂按性能可分为仅起延缓凝结时间作用的缓凝剂和兼具缓凝与减水作用的缓凝减水剂两种。

缓凝剂和缓凝减水剂正随着复杂条件下的混凝土施工技术的发展而不断拓展其应用领域。在夏季高温环境下浇注或运输预拌混凝土时，采取缓凝剂与高效减水剂复合使用的方法可以延缓混凝土的凝结时间，减少坍落度损失，避免混凝土泵送困难，提高工效，同时延长混凝土保持塑性的时间，有利于混凝土振捣密实，避免蜂窝、麻面等质量缺陷。在大体积混凝土施工，尤其是重力坝、拱坝等重要水工结构施工中掺用缓凝剂可延缓水泥水化放热，降低混凝土绝对温升，并延迟温峰出现，避免因水化放热产生温度应力而使混凝土产生裂缝，危及结构安全。缓凝剂和缓凝减水剂除了在大跨度、超高层结构等预应力混凝土构件中使用之外，还在填石灌浆施工法或管道施工的水下混凝土，滑模施工的混凝土以及离心工艺生产混凝土排污管等混凝土制品中得到广泛的应用。

近年来，又出现了超缓凝剂，可以使普通混凝土缓凝 24h，甚至更长时间，且对混凝土后期各项性能无不良影响。超缓凝剂的开发与应用，为混凝土的多样化施工提供了新的技术手段，并促进了新工艺的出现。特别是对于超长、超高泵送混凝土施工，避免了泵送效率的降低，减少了中间设置的"接力泵"，使摩天大楼的混凝土施工更为容易。在持续高温（最高气温 40℃以上）条件下施工高性能混凝土，使用超缓凝剂可以避免混凝土过快凝结、二次抹面困难、混凝土表面干缩裂缝等现象的出现，更为重要的是可以减小由高水泥用量引起的高温升、高温差、高温度应力，从而有利于控制大体积混凝土出现温度应力缝。另外，超缓凝剂还为解决混凝土接搓冷缝以及高抗渗性、高气密性和防辐射混凝土施工困难等问题提供了一条新的途径。

（1）缓凝剂的分类

缓凝剂主要功能在于延缓水泥凝结硬化速度，使混凝土拌和物在较长时间内保持塑性。

缓凝剂种类较多，按其化学成分可分为无机缓凝剂和有机缓凝剂；按其缓凝时间可分为普通缓凝刘和超缓凝剂。

无机缓凝剂包括：磷酸盐、锌盐、硫酸铁、硫酸铜、硼酸盐、氟硅酸盐等。

有机缓凝剂包括：羟基羧酸及其盐，多元醇及其衍生物，糖类及碳水化合物等。

缓凝减水剂是兼具缓凝和减水功能的外加剂。主要品种有木质素磺酸盐类、糖蜜类及各种复合型缓凝减水剂等。

（2）缓凝剂作用机理

一般来讲，多数有机缓凝剂有表面活性，它们在固-液界面上产生吸附，改变固体粒子表面性质，或是通过其分子中亲水基团吸附大量水分子形成较厚的水膜层，使晶体间的相互接触受到屏蔽，改变了结构形成过程；或是通过其分子中的某些官能团与游离的 Ca^{2+} 生成难溶性的钙盐吸附于矿物颗粒表面，从而抑制水泥的水化进程，起到缓凝效果。大多数无机缓凝剂能与水泥水化产物生成复盐（如钙矾石），沉淀于水泥矿物颗粒表面，抑制水泥水化。缓凝剂的机理较为复杂，通常是以上多种缓凝机理综合作用的结果。

① 无机缓凝剂作用机理　水泥凝胶体凝聚过程的发展取决于水泥矿物的组成和胶体粒子间的相互作用，同时也取决于水泥浆体中电解质的存在状态。如果胶体粒子之间存在相当强的斥力，水泥凝胶体系将是稳定的，否则将产生凝聚。电解质能在水泥矿物颗粒表面构成双电层，并阻止粒子的相互结合。当电解质过量时，双电层被压缩，粒子间的引力大于斥力时，水泥凝胶体开始凝聚。

此外，高价离子能通过离子交换和吸附作用来影响双电层结构。胶体粒子外界的高价离子可以进入胶体粒子的扩散层中，甚至紧密层中，置换出低价离子，导致双电层中反号离子数量减少，扩散层减薄，动电电位的绝对值也随之降低，水泥浆体的凝聚作用加强，产生凝聚现象；同样道理，若胶体粒子外界低价离子浓度较高时，可以将扩散层中的高价离子置换出来，从而使动电电位绝对值增大，水泥颗粒间斥力增大，水泥浆体的流动能力提高。

绝大多数无机缓凝剂都是电解质盐类，可以在水溶液中电离出带电离子。阳离子的置换能力随其电负性的大小、离子半径以及离子浓度不同而变化。而同价数的离子的凝聚作用取决于它的离子半径和水化程度。一般来讲，原子序数越大，凝聚作用越强。

难溶电解质的溶度积也会对水泥浆体系的稳定状态产生影响。无机电解质的加入（尤其在水泥水化初期）会影响 $Ca(OH)_2$、C—S—H 的析出成核及 C—A—S—H 的形成过程，进而对水泥的凝结硬化产生重要的作用。例如，铁、铜、锌的硫酸盐，由于溶度积较小，易于在水泥矿物粒子表面形成难溶性的膜层，阻止水泥的水化，产生缓凝效果。图 2-17 为不同磷酸盐对硅酸盐水泥水化热的延缓作用。

② 有机缓凝剂作用机理　羟基羧酸、氨基羧酸及其盐对硅酸盐水泥的缓凝作用主要在于它们的分子结构中含有络合物形成基（—OH、—COOH、—NH_2）。Ca^{2+} 为二价正离子，配位数为 4，是弱的结合体，能在碱性环境中形成不稳定的络合物。羧基在水泥水化产物的碱性介质中与游离的 Ca^{2+} 反应生成不稳定的络合物，在水化初期控制了液相中的 Ca^{2+} 的浓度，产生缓凝作用。随着水化过程的进行，这种不稳定的络合物将自行分解，水化将继续正常进行，并不影响水泥后期水化；其次，羟基、氨基、羧基均易与水分子通过氢键缔合，再加上水分子之间的氢键缔合，使水泥颗粒表面形成了一层稳定的溶剂化水膜，阻止了水泥颗粒间的直接接触，阻碍水化的进行；另外，含羧基或羧酸盐基的化合物也易与游离的 Ca^{2+} 生成不溶性的钙盐，沉淀在水泥颗粒表面，从而延缓了水泥的水化速度。

糖类、多元醇类及其衍生物缓凝剂的缓凝机理：醇类化合物对硅酸盐水泥的水化反应具

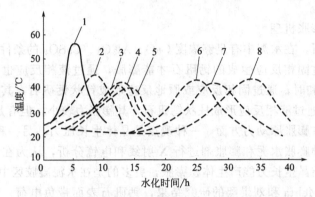

图 2-17 不同磷酸盐对硅酸盐水泥水化热的延缓作用

1—不掺；2—H_3PO_4；3—$NaH_2PO_4 \cdot 2H_2O$；4—$Na_2HPO_4 \cdot 2H_2O$；5—$Na_3PO_4 \cdot 10H_2O$；

6—$Na_6P_3O_{13}$；7—$Na_5P_3O_{10}$；8—$Na_4P_2O_7$（2~8 掺量以 P_2O_5 占水泥重量的 0.3% 计）

有程度不同的缓凝作用，其缓凝作用在于羟基吸附在水泥颗粒表面与水化产物表面上 O^{2-} 形成氢键。同时，其他羟基又与水分子通过氢键缔合，同样使水泥颗粒表面形成了一层稳定的溶剂化水膜，从而抑制水泥的水化进程。在醇类的同系物中，随其羟基数目的增加，缓凝作用逐渐增强。

③ 木质素磺酸盐缓凝减水剂作用机理　木质素磺酸盐类表面活性剂是典型的阴离子表面活性剂，平均相对分子质量在 20000 左右，属于高分子表面活性剂。另外，木质素磺酸盐中还含有相当数量的糖，由于糖类是多羟基碳水化合物，亲水性强，吸附在矿物颗粒表面可以增厚溶剂化水膜层，起到缓凝的作用。

2.3.3　膨胀剂

众所周知，工程中由于混凝土收缩造成的工程事故屡见不鲜。为此，关于裂缝的产生、防治以及修补等问题，一直深受工程界的关注。为了弥补这种工程问题，自从 1964 年美国学者 Klein 利用硫铝酸钙的膨胀性获得了制造膨胀水泥的专利权后，日本首先开始将膨胀剂作为单独成分从膨胀水泥中分出来，随后世界各国都开始了对膨胀剂的研究和应用。

膨胀剂是指与水泥、水拌和后经水化反应生成钙矾石，或钙矾石和氢氧化钙，或氢氧化钙产物，从而使混凝土产生膨胀的物质。

2.3.3.1　膨胀剂的种类

按化学成分的不同可将膨胀剂分为硫铝酸盐系膨胀剂、石灰系膨胀剂、氧化镁型膨胀剂、铁粉系膨胀剂、复合型膨胀剂等。

按膨胀率和限制条件可将膨胀剂分为补偿收缩型膨胀剂和自应力型膨胀剂。表 2-2 是我国主要的硫铝酸盐膨胀剂。

表 2-2　我国主要的硫铝酸盐膨胀剂

膨胀剂品种	代号	基本组成	膨胀源
CSA 型膨胀剂	CSA	硫铝酸钙熟料、石灰石、石膏	钙矾石
U 型膨胀剂	UEA	硫铝酸盐熟料、明矾石、石膏	钙矾石
U 型高效膨胀剂	UEA-H	硫铝酸盐熟料、明矾石、石膏	钙矾石
复合膨胀剂	CEA	石灰系熟料、明矾石、石膏	CaO、钙矾石
铝酸钙膨胀剂	AEA	铝酸钙熟料、明矾石、石膏	钙矾石
明矾石膨胀剂	EA-L	明矾石、石膏	钙矾石

2.3.3.2 膨胀机理

（1）钙矾石的膨胀机理

膨胀相是钙矾石，在水泥中有足够浓度 CaO、Al_2O_3、$CaSO_4$ 的条件下均可生成成钙矾石，并非一定要通过固相反应生成的钙矾石才能膨胀，通过液相反应也可以产生钙矾石膨胀。在液相 CaO 饱和时，通过固相反应或原地反应形成针状钙矾石，其膨胀力放大；在液相 CaO 不饱和时，通过液相反应形成柱状钙矾石，其膨胀力较小；但有足够数量钙矾石时，也产生体积膨胀。在膨胀原动力方面，一种观点是晶体生长压力，另一种观点是吸水膨胀。而游宝坤通过对几种膨胀水泥和膨胀剂进行 X 射线和电镜分析，认为在水泥石孔缝中存在钙矾石结晶体，其结晶生长力能产生体积膨胀，更多的是在水泥凝胶区中生成难以分辨的凝胶状钙矾石。根据 Mehta 和刘崇熙的研究结果，钙矾石表面带负电荷，它们吸水肿胀是引起水泥石膨胀的主要根源。由于凝胶状钙矾石吸水肿胀和结晶状钙矾石对孔缝产生的膨胀压力的共同作用，使水泥石产生体积膨胀，而前一种膨胀驱动力比后一种大得多。这一观点可以把结晶膨胀学说和吸水肿胀学说统一起来，使钙矾石膨胀机理得到了较为合理的解释。

（2）石灰系膨胀剂的膨胀机理

石灰系膨胀剂（石灰脂膜膨胀剂、氧化钙膨胀剂）是以 CaO 为膨胀源，由普通石灰和硬脂酸按一定比例共同磨细而成。在粉磨石灰（氧化钙）的过程中加入硬脂酸，一方面起助磨剂作用，另一方面在球磨过程中使石灰表面黏附了硬脂酸从而形成一层硬脂酸膜，起到了憎水隔离作用，使 CaO 不能立即与水作用，而是在水化过程中膜逐渐破裂，延缓了 CaO 的水化速度，从而控制膨胀速率。其膨胀反应为：

$$CaO + H_2O \longrightarrow Ca(OH)_2$$

体积比　16.8　　18　　　　33.2

关于 CaO 的膨胀机理，目前还没有确切的定论。R. H. Bogue 认为，水泥中的游离石灰的膨胀不是因溶解于液相再结晶为 $Ca(OH)_2$，而是由于固相反应生成 $Ca(OH)_2$ 所致。而 S. Chatterji 认为，CaO 的膨胀分为两个阶段，首先，微细的胶体状 $Ca(OH)_2$ 在水化初期的水泥颗粒间隙中形成，产生膨胀；其再结晶过程是第二阶段膨胀的开始，这一膨胀在 CaO 水化反应结束后仍能继续进行。

石灰系膨胀剂目前主要用于设备灌浆，制成灌浆料，用于大型设备的基础灌浆和地脚螺栓的灌浆，减少混凝土收缩，增加体积稳定性和提高其强度。这种材料在安装工程中已大量使用，另外它也常用作为无声爆破时的静态破碎剂。

（3）铁粉系膨胀剂

铁粉做膨胀剂主要是利用铁屑和一些氧化剂、催化剂、分散剂混合制成，在水泥水化时以 Fe_2O_3 形式形成膨胀源。由 Fe 变成 $Fe(OH)_2$ 而产生体积膨胀。目前这种膨胀剂用量很少，仅用于二次灌浆的有约束的工程部位。如设备底座与混凝土基础之间的灌浆、已硬化混凝土的接缝、地脚螺栓的锚固、管子接头等。

2.3.4 引气剂

在混凝土搅拌过程中能引入大量均匀分布、稳定而封闭的微小气泡，起到改善混凝土和易性，提高混凝土抗冻性和耐久性的外加剂，叫做混凝土引气剂。引气剂的掺量通常为水泥质量的 $0.002\% \sim 0.01\%$，掺入后可使混凝土拌和物中引气量达 $3\% \sim 5\%$。引入的大量微小气泡对水泥颗粒及集料颗粒具有浮托、隔离及"滚珠"作用，因而引气剂具有一定的减水作用。一般地，引气剂的减水率 $6\% \sim 9\%$，而当减水率达到 10% 以上时，则称之为引气减水剂。

2.3.4.1　引气剂的种类和化学性质

引气剂也属于表面活性剂，同样可以分为阴离子、阳离子、非离子与两性离子等类型，但使用较多的是阴离子表面活性剂。以下是几种使用比较广泛的引气剂。

（1）松香类引气剂

松香类引气剂是目前国内外最常使用的引气剂。该引气剂性能可靠，制备方法简便，价格也较为便宜。松香类引气剂又分为松香皂类与松香热聚物类两种引气剂。

① 松香皂类引气剂　松香是由松树采集的松树脂制得。松香的主要成分是一种松香酸：

松香酸遇碱后产生皂化反应生成松香酸酯，又称松香皂。

这种引气剂是最早生产并用于砂浆及混凝土中的引气剂，如微沫剂、KF 微孔塑化剂等。

② 松香热聚物类引气剂　将松香与苯酚（俗称石炭酸）、硫酸和氢氧化钠以一定比例在反应釜中加热，松香中的羧基与苯酚中的羟基进行脂化反应：

同时还会发生分子间的缩聚反应：

所形成的大分子再经过氢氧化钠处理变为缩聚物的钠盐。该产品也为膏状物。

松香热聚物性能与松香皂化物差不多，无明显优点，成本略高于松香皂化物，且在生产过程中要使用对环境有污染的苯酚，该产品多用于水工混凝土。

③ 马来酸松香皂引气剂　马来酸松香皂引气剂是用马来酸与松香皂合成的共聚物，由清华大学研究成功，尚未应用到工业生产中。

（2）烷基苯磺酸盐类引气剂

该类引气剂最具代表性的产品为十二烷基苯磺酸盐，属于阴离子表面活性剂，易溶于水而产生气泡。另外，此类产品还包括烷基苯酚聚氧乙烯醚（OP）、烷基磺酸盐等。

（3）其他类型引气剂

① 皂角苷类引气剂　多年生乔木皂角树果实皂角中含有一种味辛辣刺鼻的物质，其主要成分为三萜皂苷，具有很好的引气性能。三萜皂苷的结构简式如下：

三萜皂苷由单糖基、苷基和苷元基组成。苷元基由两个相连接的苷元组成，一般情况下一个苷元可以连接 3 个或 3 个以上单糖，形成一个较大的五环三萜空间结构。

单糖基中的单糖有很多羟基（—OH），能与水分子形成氢键，因而具有很强的亲水性，而苷元基中的苷元具有亲油性是憎水基。三萜皂苷属非离子型表面活性剂。当三萜皂苷溶于水后，大分子被吸附在气液界面上，形成两条基团的定向排列，从而降低了气液界面的张力，使新界面的产生变得容易。若用机械方法搅动溶液，就会产生气泡，且由于三萜皂苷分子结构较大，形成的分子膜较厚，气泡壁的弹性和强度较高，气泡能保持相对的稳定。

② 脂肪酸及其盐类引气剂　凡是动物脂肪经皂化后生成的脂肪酸盐均具有引气性质，但引气量不大。这类脂肪酸其碳链的碳原子个数一般在 12～20 之间。如硬脂酸、动物油脂、椰子油等均属此类。它们具有引气性质，但并未形成引气剂产品。

2.3.4.2　引气剂的作用机理

（1）界面活化作用

引气剂的界面活化作用，即引气剂在水中被界面吸附，形成憎水化吸附层，降低界面能，使混凝土拌和过程中引入的气泡能够稳定存在。

（2）起泡作用

引气剂在混凝土中形成的气泡，属于溶胶性气泡，彼此独立存在，其周围被水泥浆体、集料等包裹而不易消失。

2.3.5　聚合物改性剂

用于水泥混凝土（砂浆）改性的聚合物有四类，即水溶性聚合物、聚合物乳液（或分散体）、可再分散的聚合物粉料和液体聚合物。具体分类如图 2-18 所示。

通常，用于改性的聚合物应该具有如下性能：对水泥水化无负面影响；对水泥水化过程中释放的高活性离子如 Ca^{2+} 和 Al^{3+} 有很高的稳定性；有很高的机械稳定性，比如说在计量、输送和搅拌时的高剪切作用之下不会破乳；很好的储存稳定性；低的引气性；在混凝土或砂浆中能形成与水泥水化产物和集料有良好黏结力的膜层，且最低成膜温度较低；所形成的聚合物膜应具有极好的耐水性、耐碱性和耐候性。

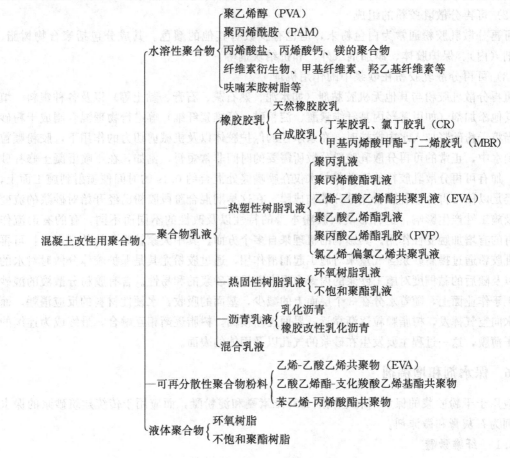

图 2-18　混凝土改性用聚合物分类

2.3.5.1　聚合物乳液

关于聚合物乳液对水泥砂浆和混凝土的改性作用，目前比较一致的看法是：改性作用是通过聚合物在水泥浆与集料间形成具有较高黏结力的膜，并堵塞砂浆内的孔隙来实现的。水泥水化与聚合物成膜同时进行，最后形成水泥浆与聚合物膜相互交织在一起的互联网络结构，具有可反应基团的聚合物可能会与固体氢氧化钙表面或集料表面的硅酸盐发生反应，这种化学反应能改进水泥水化产物与集料之间的黏结，从而改善混凝土和砂浆的性能。

2.3.5.2　可再分散性乳胶粉

可再分散性乳胶粉是水泥或石膏基等干粉预拌砂浆的主要添加剂。它是醋酸乙烯-乙酯的聚合体，经喷雾干燥，从起初的 $2\mu m$ 聚集在一起，形成 $80\sim1002\mu m$ 的球形颗粒。因为这些粒子表面被一种无机的抗硬结构的粉末包裹，所以我们得到的是聚合物粉末。当粉末与水、水泥或石膏为底材的砂浆混合时便可再分散，其中的基本粒子（$2\mu m$）会重新形成与原来胶乳相当的状态，故称之为可再分散性乳胶粉。

（1）可再分散乳胶粉的性能

可再分散性乳胶粉具有良好的可再分散性，与水接触时重新分散成乳液，并且其化学性能与初始乳液完全相同。通过在水泥基或石膏基干粉预拌砂浆中添加可再分散乳胶粉，可以改善砂浆的多种性能，如提高材料的黏结力，降低材料的吸水性和材料的弹性模量，增强材料的抗折强度、抗冲击性、耐磨性和耐久性，提高材料的施工性能等。

（2）可再分散乳胶粉的组成

可再分散乳胶粉通常为白色粉末，但也有少数有其他的颜色。其成分包括聚合物树脂、添加剂（内）、保护胶体、添加剂（外）和抗结块剂等。

（3）可再分散乳胶粉在砂浆中的作用机理

可再分散乳胶粉与其他无机胶黏剂（如水泥、熟石灰、石膏、黏土等）以及各种集料、填料和其他添加剂（如甲基羟丙基纤维素醚、淀粉醚、纤维素纤维）等进行物理混合制成干粉砂浆。当将干粉砂浆加入水中搅拌时，在亲水性的保护胶体以及机械剪切力的作用下，胶粉颗粒分散到水中，正常的可再分散乳胶粉分散所需要的时间非常短暂，例如，在干喷混凝土修补砂浆中，加有可再分散乳胶粉的干砂浆与水仅在喷嘴终处混合约 0.1s 的时间便喷射到施工面上，这已经足以使可再分散乳胶粉充分分散和成膜。在这早期混合阶段胶粉已经开始对砂浆的流变性以及施工性产生影响，这种影响因胶粉本身的特性以及改性的不同而不同，有的有助流作用，有的有增加触变性作用。其影响的机理来自多个方面，其中大家较为公认的观点是：可再分散乳胶粉通过提高砂浆含气量来对施工起润滑作用，通过胶粉尤其是保护胶体分散时对水的亲和以及随后的黏稠度对施工砂浆的内聚力提高而提高砂浆的和易性。含有胶粉分散液的湿砂浆施工于作业面上，随着水分在 3 个层面上的减少，基面的吸收，水硬性材料的反应消耗，面层的水向空气挥发，树脂颗粒逐渐靠近，界面逐渐模糊，树脂逐渐相互融合，最终成为连续的高分子薄膜，这一过程主要发生在砂浆的气孔以及固体的表面。

2.3.6　保水剂和增稠剂

应用于干粉砂浆的保水剂和增稠剂为纤维素醚和淀粉醚，而应用于传统建筑砂浆的保水增稠剂为石灰膏和微沫剂。

2.3.6.1　纤维素醚

（1）纤维素醚的基本概念

纤维素醚是由纤维素制成的具有醚结构的高分子化合物。在干粉砂浆中，纤维素醚的添加量很低，但能显著改善湿砂浆的性能，是影响砂浆施工性能的一种主要添加剂。

纤维素醚的生产主要采用天然纤维通过碱溶、接枝反应、水洗、干燥、研磨等工序加工而成。天然纤维作为主要原材料可分为棉花纤维、杉树纤维等，聚合度的不同将影响其产品的最终强度。目前，主要的纤维素厂家都使用棉花纤维作为主要原材料。

（2）纤维素醚的分类

纤维素醚可分为离子型和非离子型。离子型主要有羧甲基纤维素，非离型主要有甲苯纤维素、甲基羧乙基（丙基）纤维素、羟乙基纤维素等。

（3）纤维素醚的性能

纤维素醚具有如下几点性能。

① 保水性　保水性是甲基纤维素醚的一个重要性能，也是国内很多干粉厂家，特别是南方气温较高地区的厂家关注的性能。纤维素醚的添加量、黏度、颗粒的细度及使用环境的温度等均影响砂浆的保水效果。砂浆的保水性一般随纤维素醚掺量的提高、黏度的增加而增加；纤维素醚的颗粒越细其砂浆的保水性越好，但砂浆的保水性却随环境温度的升高而降低。

② 纤维素醚的黏度 黏度是纤维素醚性能的重要参数，一般来说，黏度越高，保水效果越好；黏度越高，对砂浆的增稠效果越明显，但并不是正比的关系。但黏度越高，砂浆的分子量越高，其溶解性能将相应降低，这对砂浆的强度和施工性能有负面的影响。黏度越高，湿砂浆会越黏，施工时，表现为粘刮刀和对基材的黏着性高，但对湿砂浆本身的结构强度的增加帮助不大。施工时，表现为抗下垂性能不明显。相反，一些中低黏度但经过改性的甲基纤维素醚则在改善湿砂浆的结构强度有优异的表现。

③ 纤维素醚的细度 细度也是纤维素醚的重要性能指标。用于干粉砂浆的纤维素醚要求为粉末，水含量低，而且细度要求 $20\%\sim60\%$ 的粒径小于 $63\mu m$。细度影响到纤维素醚的溶解性、较粗的纤维素醚通常为颗粒状，在水中很容易分散溶解而不结块，但溶解速度很慢，不易在干粉砂浆中使用。另外，细度对其保水性也有影响，一般情况下，在黏度和掺量相同的条件下，细度越细，其保水性越好。

④ 纤维素醚的溶解性能 纤维素本身是不溶于水的，它是具有高度结晶性的天然聚合物。但纤维素分子链上的羟基能够形成分子间的氢键，羟基被取代后，分子链间的氢键被破坏，分子链间距拉大，从而赋予其水溶性。其水溶性与取代基的种类、大小和取代度有关。

(4) 纤维素醚在水泥基材料中的应用

纤维素醚在混凝土和砂浆以及抹灰灰浆中应用广泛。它用于水泥瓷砖胶黏剂以及抹灰灰浆，能提高保水性，避免砂浆中的水被基材过快吸收，使水泥有足够的水进行水化，砂浆的保水性随纤维素醚的掺量增加而提高。纤维素醚还可以提高砂浆的可塑性，改善流变性能，延长瓷砖胶黏利的调整时间和开放时间。当纤维素醚用于高流动性可泵送混凝土和自密实混凝土中时，可以提高水相的黏度，减少或防止泌水和离析。另外，纤维素醚也可用于水下不分散混凝土。

2.3.6.2 淀粉醚

(1) 淀粉醚的基本概念

淀粉醚是从天然植物中提取的多糖化合物，与纤维素相比具有相同的化学结构和类似的性能。淀粉醚用于建筑砂浆中，能影响以石膏、水泥和石灰为基料的砂浆的稠度，改变砂浆的施工性和抗流变性能。淀粉醚通常与非改性及改性纤维素醚配合使用，它对中性和碱性体系都适合，能与石膏和水泥制品中的大多数添加剂相容（如表面活性剂、纤维素醚、淀粉等水溶性聚合物）。

用于水泥砂浆和混凝土的淀粉是经过化学改性的淀粉，可以溶解于冷水中。某些改性淀粉可以赋予改性砂浆特殊的流变性能，用这种淀粉改性的瓷砖胶黏剂具有非常好的抗下垂性能。

(2) 淀粉醚的分类

淀粉醚是改性淀粉的一种，主要包括羧甲基淀粉、羟烷基淀粉、烃基淀粉和阳离子淀粉。

(3) 淀粉醚的性能

淀粉醚特性主要有改善砂浆的抗流变性、提高施工性等。其基本性质见表 2-3 所列。

表 2-3 纤维素醚的基本性质

项　　目	冷 水 溶	项　　目	冷 水 溶
黏度	300～800Pa·s	颗粒度	≥98%(80 目筛)
颜色	白色或浅黄色	水分	≤10%

（4）淀粉醚在建筑上的主要用途

淀粉醚在建筑行业中可以用做以水泥和石膏为基料的手工或机喷砂浆、嵌缝料和胶黏剂、瓷砖胶黏剂和砌筑砂浆等。

2.3.6.3 石灰膏以及微沫剂

石灰膏在水泥砂浆中用做增稠材料，具有保水性好、价格低廉的优点，在使用中，有效避免了砌体如砖的高吸水性而导致的砂浆起壳脱落现象，是传统的建筑材料，广泛用做砌筑砂浆与抹面砂浆。但由于石灰耐水性差，加之质量不稳定，导致所配制的砂浆强度低、黏结性差，影响砌体工程质量，而且由于石灰粉掺加时粉尘大，施工现场劳动条件差，环境污染严重，不利于文明施工。

自 20 世纪 70 年代末开始，我国某些地方开始采用微沫剂来改善砂浆的和易性，即在水泥砂浆中掺入松香皂等引气剂来代替部分或全部石灰。微沫剂的掺入，使浆体体积增加，和易性得到改善，用水量得到减少，并且搅拌后产生的适量微气泡使拌和物集料颗粒间的接触点大大减少，降低了颗粒间的摩擦力，砂浆内聚性好，便于施工。但微沫剂掺加量过多将明显降低砂浆的强度和黏结性。

2.3.7 其他外加剂

2.3.7.1 防水剂

（1）防水剂的定义及特点

混凝土防水剂是一种能减少孔隙和堵塞毛细通道，降低混凝土的吸水性和在静水压力下透水性的外加剂。防水剂能显著提高混凝土的抗渗性，增加其防水憎水作用，减少渗水和吸水量，提高混凝土的耐久性。

混凝土防水剂一般由无机、有机、高分子等多种材料组成，拌和在水泥或混凝土中，起到减水、密实、憎水、防止渗漏的作用，被广泛用于水塔、水池、屋面、地下室、隧道、桥梁等防水工程内部或外部密封防水。它具有如下特点。

① 能改善拌和物的和易性、保水性，减少用水量，增加密实度。

② 加快水泥水化速度，使水化生成物数量增多，结晶变细。

③ 提高建筑物的强度及防水、抗渗、抗风化、抗冻融、耐腐蚀等性能。

④ 无毒，无污染，使用方便，可在潮湿基面施工。

（2）防水剂的品种

防水剂的品种很多，主要有如下几类。

① 无机化合物类防水剂　如氯化铁、锆化合物等。

② 有机化合物类防水剂　如脂肪酸及其盐类、有机硅表面活性剂（甲基硅醇钠、乙基硅醇钠、聚乙基羟基硅氧烷）、石蜡、地沥青、橡胶及水溶性树脂乳液等。

③ 混合物类防水剂　无机类混合物、有机类混合物、无机类与有机类混合物。

④ 复合类防水剂　上述各类防水剂与引气剂、减水剂、调凝剂等外加剂的复合。

2.3.7.2 阻锈剂

混凝土的碱度降低和混凝土中电解质（尤其是 Cl^-）的影响是引起混凝土中钢筋或预埋铁件发生锈蚀的主要原因。而阻锈剂就是为了防止或减免混凝土中钢筋锈蚀的问题而诞生的。能阻止或减小混凝土中钢筋或金属预埋铁件发生锈蚀作用的外加剂叫阻锈剂。

常用的阻锈剂按所用物质可分为有机与无机两大类，亦可根据阻锈机理的不同，可将阻锈剂分为阳极型阻锈剂、阴极型阻锈剂和复合型阻锈剂 3 种。

（1）阳极型阻锈剂

阳极型阻锈剂最广泛使用的材料有亚硝酸钠、亚硝酸钙、硝酸钙、苯甲酸钠、铬酸钠和氯化亚锡等。在钢筋表面所发生的电化学反应中存在阳极区和阴极区。阳极型阻锈剂主要作用是提高钝化膜抵抗 Cl^- 的渗透性，从而达到保护钢筋不被锈蚀的目的。

（2）阴极型阻锈剂

常用的阴极型阻锈剂主要有表面活性剂类的高级脂肪酸铵盐、磷酸酯等和无机盐类的碳酸钠、磷酸氢钠、硅酸盐等。阴极型阻锈剂主要作用于阴极区，其作用机理是这类物质大都是表面活性物质，它们选择性吸附在阴极区，形成吸附膜，从而阻止或减缓电化学反应。

（3）复合型阻锈剂

复合型阻锈剂对阴极、阳极反应均有抑制作用，它的作用是提高了阴、阳极间的电阻，使电化学反应受到抑制，使阴、阳极腐蚀作用减缓甚至中止。如苯甲酸钠＋亚硝酸钠、亚硝酸钙＋亚硝酸钠＋甲酸钙等。

2.3.7.3　发泡剂

（1）发泡剂的概念

发泡剂是能使其水溶液在机械作用力引入空气的情况下，产生大量泡沫的一类物质，这一类物质就是表面活性剂或者表面活性物质。前者如阴离子表面活性剂、阳离子表面活性剂、非离子表面活性剂等，后者如动物蛋白、植物蛋白、纸浆废液等。发泡剂均具有较高的表面活性，能有效降低液体的表面张力，并在液膜表面双电子层排列而包围空气，形成气泡，再由单个气泡组成泡沫。

发泡剂有广义与狭义两个概念。广义的发泡剂是指所有其水溶液能在引入空气的情况下大量产生泡沫的表面活性剂或表面活性物质。由于大多数表面活性剂与表面活性物质均有大量起泡的能力，所以广义的发泡剂包含了大多数表面活性剂与表面活性物质，因而其范围很大，种类很多，其性能品质相差很大，具有非常广泛的选择性。

狭义的发泡剂是指那些不但能产生大量泡沫，而且泡沫具有优异性能，能满足各种产品发泡的技术要求，真正能用于生产实际的表面活性剂或表面活性物质。它与广义发泡剂的最大区别就是其应用价值，体现其应用价值的是其发泡能力特别强，单位体积产泡量大，泡沫非常稳定，可长时间不消泡，泡沫细腻，和使用介质的相容性好等优异性能。狭义的发泡剂就是工业上实际应用的发泡剂，一般人们常说的发泡剂就是指这类狭义发泡剂。

（2）混凝土发泡剂

混凝土发泡剂属于狭义发泡剂的一个类别，而不是所有的狭义发泡剂。在狭义发泡剂中，由于泡沫混凝土的特性及技术要求，只有很小的一部分才能用于泡沫混凝土。混凝土发泡剂是针对制备泡沫混凝土所需的特种发泡剂所提出的新概念，它属于表面活性剂或者表面活性剂中的一种。

混凝土发泡剂通过机械设备充分发泡，制备出的所需泡沫应该具备以下 3 个特征：必须与水泥等胶凝材料相适应，即所谓的不消泡；必须高稳定，能承载一定的重力和压力，即所谓的不塌模；必须细腻，泡径一般控制在 0.1mm 以下。

（3）混凝土发泡剂的发泡机理

混凝土发泡剂的发泡机理主要是表面活性剂或者表面活性物在溶剂水中形成一种双电子层的结构，包裹住空气形成气泡。表面活性剂和表面活性物的分子微观结构由性质截然不同的两部分组成，一部分是与油有亲和性的亲油基；另一部分是与水有亲和性的亲水基，溶解于水中后，亲水基受到水分子的吸引，而亲油基则受到水分子的排斥。为了克服这样的不稳定状态，表面活性剂或者表面活性物只有占据到溶液的表面，亲油基伸向气相中，亲水基伸入到水中，如图 2-19 所示。混凝土发泡剂溶于水后，经机械搅拌引入空气形成气泡（图 2-20），再由单个的气泡组成泡沫。

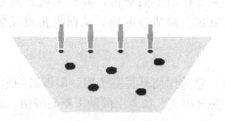

图 2-19　活性分子水中示意

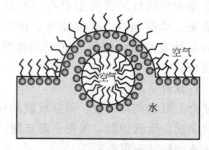

图 2-20　气泡结构示意

另外，混凝土发泡剂浓度过高或过低均影响泡沫的稳定性。表面活性剂和表面活性物质经过机械方式引入气体形成气泡，气泡的泡壁（图 2-20）是个双电子层，双电子层是否稳定直接关系到气泡的稳定性。如果混凝土发泡剂浓度很大，活性物质会在泡壁中形成胶束，增大泡壁的重量和厚度，严重影响泡壁的稳定，会出现泌水和气泡串通现象，直接影响泡沫的稳定性，无形中提高了泡沫混凝土的成本。如果混凝土泡沫剂使用浓度很小，气泡会出现发泡率低和形成的泡沫量减少、泡壁的双电子层由于活性物质的不足、单位体积内活性物质的不足等问题，使用这样的泡沫剂会影响泡沫混凝土的各种性能。

2.3.7.4　养护剂

养护剂又称保水剂，是一种喷涂在新浇混凝土或砂浆表面能有效阻止内部水分蒸发的混凝土外加剂。

新浇筑的混凝土必须保持表面湿润才能保证水泥颗粒的充分水化，从而满足强度、耐久性等技术指标。

一般地，混凝土拌和物用水量要大于水泥水化的需水量，当混凝土初凝之后，由于蒸发或其他原因造成的水分损失会影响水泥的充分水化，尤其在混凝土的表面层，当混凝土干燥到相对湿度 80% 以下时，水泥水化就趋于停止，使混凝土各项性能受到损害。而表层混凝土对混凝土结构的耐久性、耐磨性和外观相当重要，因此表面混凝土的养护十分重要。

为此，人们使用养护剂进行养护，在被养护的混凝土表面喷洒或涂刷一层成膜物质，使混凝土表面与空气隔绝，以防止混凝土内部水分蒸发，保持混凝土内部湿度，达到长期养护的效果。

混凝土养护剂大致可以分为树脂型、乳胶型、乳液型和硅酸盐型四种。国外常用树脂型和乳胶型，而国内采用的养护剂常为乳液型和硅酸盐型。硅酸盐型是以水玻璃为主要成分的养护剂。

（1）水玻璃型

水玻璃养护剂的作用机理主要是利用水玻璃能与水化产物 $Ca(OH)_2$ 迅速反应生成硅酸钙的胶体。混凝土表面的这层胶体膜阻碍了内部水分的蒸发，其主要反应如下：

$$Ca(OH)_2 + Na_2O \cdot nSiO_2 \longrightarrow 2NaOH + (n-1)SiO_2 + CaSiO_3$$

（2）乳液型

乳液型养护剂主要有矿物油乳液和石蜡乳液等品种。这种乳化液喷洒在混凝土表面，逐渐形成一层脂膜，阻止了混凝土水分外逸，起到保水作用。乳液型养护剂保水率可以达到70％～80％，性能优于水玻璃型，但由于油脂膜对进一步装饰有不利影响，故这种养护剂多用于公路、机场地道、停车场等混凝土层较薄、面积很大又不需进一步装饰的混凝土表面，而水玻璃多用于工业、民用建筑混凝土的养护。

2.3.7.5 脱模剂

随着混凝土新技术、新工艺的不断发展，不仅对混凝土工作性、耐久性等性能的要求愈来愈高，而且对混凝土外观质量的要求也越来越高。从混凝土的成型工艺来看，不管是预制构件，还是现浇混凝土，为了保证硬化后混凝土表面的光滑平整，不出现蜂窝麻面，除了要求混凝土具有良好的和易性、保水性和高密实性以外，还要求混凝土模板内表面光滑，与混凝土黏结性弱，模板吸水率低。因此工程中往往采用一种能涂抹在模板上，减少混凝土与模板的粘着力，使模板易于脱离，从而保证混凝土表面光洁的外加剂，称之为脱模剂。

（1）脱模剂定义

涂抹在各种模板内表面，能产生一层隔离膜并且不影响模内混凝土凝结硬化以及硬化混凝土的力学性能，又能减少混凝土与模板之间黏附力的外加剂称为脱模剂。

（2）脱模剂的脱模机理

脱模是克服模板和混凝土之间的黏结力或表层混凝土自身内聚力，使之脱离模板的结果。其作用机理表现为下列几方面。

① 隔离膜作用　脱模剂涂于模板后迅速干燥成膜，在混凝土与模板之间起隔离作用而达脱模。

② 机械润滑作用　脱模剂在模板与混凝土之间起机械润滑作用，从而克服了两者间的黏结力而达脱模。

③ 反应作用　化学活性脱模剂涂于模板后，首先使模板表面具有憎水性，然后与模内新拌混凝土中的游离氢氧化钙起皂化反应，生成具有物理隔离作用的非水溶性皂，既起润滑作用，又阻碍或延缓接触面上很薄一层混凝土凝固，拆模时表层混凝土内聚力被破坏而达脱模。

（3）脱模剂的种类

脱模剂的种类较多，常可分为纯油类脱膜剂、乳化油类脱模剂、皂化油类脱模剂、石蜡类脱模剂、化学活性剂类脱模剂、油漆类脱模剂、合成树脂类脱模剂和其他用纸浆废液、海藻酸钠等配制而成的脱膜剂等。

（4）脱模剂在工程中应用

脱模剂主要用于混凝土大模板施工、滑模施工和预制构件生产。随着我国混凝土工程量的不断增加，脱模剂的使用量越来越多，原有各种脱模剂的性能方面也在不断改进。一般认为，脱模剂作为混凝土与模板之间的界面物质，既要与混凝土接触，又要与模板接触，是气-液-固三相体系。其中气是指具有一定含气量的混凝土在入模振动密实作用过程中，向混凝土表面富聚而形成的气泡，与涂有脱模剂的钢模板接触后，气泡难以选出，停留在表面，当模板拆除后，混凝土表面出现蜂窝麻面，影响了表面质量。液是指水溶性脱模剂中的液体。固是指钢模板。降低液气界面张力，有利于气泡脱离固相表面而吸附逸出或破灭，因此在脱模剂中加入消泡剂制成消泡脱模剂不失为脱模剂的新品种之一。

试验结果已表明，涂抹消泡脱模剂可减少混凝土表面大孔，避免蜂窝麻面现象，改善混凝土表面质量。

随着公路、桥梁建设的发展，大型公路桥梁、桥柱等现浇构件的表面质量要求也越来越高，正确选择、合理使用不同性质的脱模剂，既可以保证施工质量，又能提高混凝土外观质量。

2.3.7.6　减缩剂

能显著减小混凝土硬化过程中产生的干缩值而不影响混凝土其他性能的外加剂称为减缩剂。减缩剂是性能优异的水的表面活性剂，其主要组成通常是聚醚或聚醇有机物或聚醚或聚醇的衍生物。一些减缩剂的化学组成见表 2-4 所列。

表 2-4　减缩剂的化学组成

化 学 组 成	说　　　明
$HO(C_3H_6O)_4H$	聚丙烯二醇
$CH_3O(C_2H_4O)_3H$	环氧乙烷甲醇附加物
$C_2H_6O(C_2H_4O)_4(C_2H_6O)_4H$	环氧乙烷环氧丙烷嵌段聚合物
$H(C_2H_4O)_{15}(C_3H_6O)_5H$	环氧乙烷环氧丙烷随机聚合物
$H-O-(C_2H_4O)_4H$	环氧乙烷环烷基附加物
$CH_3O(C_2H_4O)_4CH_3$	环氧乙烷甲基附加物
$O(C_2H_4O)_2H$	环氧乙烷苯基附加物
$[CH_3O(C_2H_4O)_2]_2CH_2$	两端附加环氧的工业甲醇
$(CH_3)_2-N-(C_2H_4O)_3H$	环氧乙烷二甲醇基附加物

减缩剂的掺入，虽然能大大降低混凝土的干缩变形，且降低幅度随混凝土龄期增长而逐渐减少，但也将使混凝土的抗压和抗折强度得到降低，降低幅度最高可达 20%，所以使用时应特别注意。

2.3.7.7　复合外加剂

目前，混凝土中使用单一品种外加剂的情况已很少见，逐渐向着高效能、多功能的方向发展。大量试验资料及工程实践表明，将两种或两种以上的外加剂复合，配制成具有多功能或单一功能更优、稳定性更高的复合型外加剂是外加剂应用技术发展的趋势。外加剂的复合有两种方式，一种是外加剂生产厂在生产过程中的复合，另一种是外加剂使用者在现场进行配制。

（1）复合外加剂的基本原理

复合外加剂通常由表面活性剂或高效减水剂与无机电解质组成。通过各种外加剂以适当的成分和比例复合，能以最有效的方式影响固相和液相的反应性能以及水泥石结晶结构的物理力学性质。因此复合外加剂应当具备如下作用。

① 排除吸附在水泥粒子上的空气，使水泥水化完全。

② 短时间内屏蔽水泥粒子间的引力和斥力使水泥塑化。

③ 加速水泥结晶形成过程，产生离子链结合。

④ 强化离子变换过程，而不影响水泥水化的诱导期。

（2）复合外加剂的种类

常用的复合外加剂主要有以下几种。

① 早强减水剂　早强减水剂是一种兼有早强和减水功能的外加剂，它由早强剂和减水剂复合而成。因为高效减水剂一般本身就具有早强作用，而普通减水剂一般都有缓凝效果，且早期强度较差，因此，出于技术经济效果的考虑，早强减水剂大多数由普通减水剂与早强

剂复合而成。

常见的早强减水剂主要是木钙与硫酸钠、硫酸钙、三乙醇胺的复合剂，也有木钙与硝酸盐亚硝酸盐的复合。木钙与早强剂复合以后除具有早强、减水作用外，还有缓凝与引气作用，可改善混凝土的耐久性。

② 缓凝减水剂　缓凝减水剂是兼具缓凝和减水功能的外加剂。主要品种有木质素磺酸盐类、糖蜜类及各种复合型缓凝减水剂等。

③ 混凝土泵送剂　众所周知，泵送混凝土是将搅拌好的混凝土，利用混凝土输送泵沿管道实行垂直及水下输送的混凝土。由于泵送混凝土这种特殊的施工方法要求，混凝土除满足一般的强度、耐久性等要求外，还必须要满足泵送工艺的要求，即要求混凝土有较好的可泵性，在泵送过程中具有良好的流动性、摩擦阻力小、不离析、不泌水、不堵塞管道等性能。为此，在拌制混凝土时一般需要掺入泵送剂，增大混凝土黏聚性、降低泌水性，并减小混凝土坍落度经时损失，从而改善混凝土的可泵性。

一般情况下，泵送剂都是几种常用外加剂按一定配比的复合，可供选择的复合方案很多，但都含有下列组分。

a. 减水组分　如减水剂或高效减水剂，其作用是在不增大或略降低水灰比的条件下，增大混凝土的流动性，即基准混凝土的坍落度为 6～8cm，而加泵送剂后增大到 12～22cm，并且在不增加水泥用量的情况下，28d 抗压强度不低于基准混凝土。

b. 引气组分　其作用是在混凝土中引入大量的微小气泡，提高混凝土的流动性和保水性，减小坍落度损失，提高混凝土的抗渗性及耐久性。

c. 缓凝组分　其主要作用是减小运输和停泵过程中的坍落度损失，降低大体积混凝土的初期水化热。常用的是糖蜜。

d. 其他组分　如早强组分、防冻组分、膨胀组分、矿物超细掺和料等，其作用是加速模板周转、防止冻害、改善混凝土级配，防止泌水离析，增加体积稳定性，增加混凝土耐久性，防止碱-集料反应。

因此，根据其组成，混凝土泵送剂具有减水率高、坍落度损失小、不泌水、不离析、保水性好、有一定的缓凝作用和引气性、内摩擦小等特点。

④ 防冻剂　能使混凝土在负温下硬化，并在规定时间内达到足够防冻强度的外加剂叫防冻剂。在混凝土中掺入防冻剂是混凝土冬季施工最常用的技术措施之一。

加入防冻剂，能降低液相冰点，并能在负温下促进混凝土和建筑砂浆的强度增长。防冻剂绝大部分采用氯盐、亚硝酸盐、硝酸盐、碳酸钾、尿素、氨水以及它们的复合物。

防冻剂绝大多数是复合外加剂，由防冻组分、早强组分、减水组分、引气组分、载体等材料组成。

思　考　题

1. 化学外加剂的定义和作用，了解化学外加剂的品种、定义及性能等内容。
2. 减水剂的作用机理？
3. 高效减水剂主要有哪些类型？每种类型的特点是什么？
4. 缓凝剂的分类及其作用机理？
5. 引气剂的分类及其特点？

参　考　文　献

[1]　钟世云 . 聚合物在混凝土中的应用 . 北京：化学工业出版社，2003.

[2]　[英].H. 瓦尔森 . 聚合物乳液基础及其在胶黏剂中的应用 . 北京：化学工业出版社，2004.

[3]　王新民 . 干粉砂浆添加剂的选用 . 北京：中国建筑工业出版社，2007.

[4]　[英] J. 本斯迪德 (J. Bensted)，P. 巴恩斯 (P. Barnes) 著 . 水泥的结构和性能 . 廖欣译 . 第 2 版 . 北京：化学工业出版社，2009.

[5]　蒋亚清主编 . 混凝土外加剂应用基础 . 北京：化学工业出版社，2004.

[6]　何廷树主编 . 混凝土外加剂 . 西安：陕西科学技术出版社，2003.

[7]　熊大玉，王小虹编著 . 混凝土外加剂 . 北京：化学工业出版社，2002.

[8]　陈建奎主编 . 混凝土外加剂的原理与应用 . 第 2 版 . 北京：中国计划出版社，2004.

[9]　阮承祥主编 . 混凝土外加剂及其工程应用 . 南昌：江西科学技术出版社，2008.

[10]　游宝坤，李乃珍著 . 膨胀剂及其补偿收缩作用 . 北京：中国建材工业出版社，2005.

[11]　阎振甲，何艳君编著 . 泡沫混凝土实用生产技术 . 北京：化学工业出版社，2006.

[12]　沈春林主编 . 聚合物水泥防水砂浆 . 北京：化学工业出版社，2007.

[13]　张冠伦主编 . 混凝土外加剂原理与应用 . 第 2 版 . 北京：中国建筑工业出版社，1996.

[14]　刘红飞主编 . 建筑外加剂 . 北京：中国建筑工业出版社，2006.

[15]　谢慈仪主编 . 混凝土外加剂作用机理及合成基础 . 重庆：西南师范大学出版社，1993.

[16]　吴中伟，廉慧珍著 . 高性能混凝土 . 北京：中国铁道出版社，1999.

[17]　姚燕，王玲，田浩 . 高性能混凝土 . 北京：化学工业出版社，2006.

[18]　[美] 库马·梅塔 (P. Kumar Mehta)，保罗 J. M. 蒙特罗 (Paulo J. M. Monteiro) 著 . 混凝土微观结构、性能和材料 . 覃维祖，王栋民，丁建彤译 . 北京：中国电力出版社，2008.

[19]　李良 . 关于泡沫混凝土发泡剂的研究探讨 . 混凝土世界，2010 (05)：38-40.

[20]　李森兰，王建平，路长发等 . 泡沫混凝土发泡剂评价指标及其测定方法探讨 . 混凝土，2009 (10)：71-73.

[21]　GB/T 8075—2005《混凝土外加剂定义、分类、命名与术语》.

[22]　GB 50119—2003《混凝土外加剂应用技术规范》.

[23]　GB 8076—2008《混凝土外加剂》.

3 新拌混凝土的性能

混凝土原材料加水拌和后形成混凝土拌和物，这一拌和物具有一定的流动性、黏聚性和可塑性。随着时间的推移，胶凝材料的反应不断进行，水化产物不断增加，形成凝聚结构，此时混凝土开始凝结硬化，逐步失去流动性和可塑性，最终形成具有一定强度的水泥石。凝结硬化前的混凝土拌和物通常称为新拌混凝土，凝结硬化后的混凝土则称为硬化混凝土。

混凝土作为结构材料其硬化前的性能对工程质量的影响非常重要。新拌混凝土的性质既影响到浇筑施工质量，又影响混凝土性质的发展。因此，新拌混凝土必须具有良好的工作性和合适的凝结时间，以便于施工，确保获得良好的浇筑质量。

新拌混凝土可以看成是一种由水和分散粒子组成的体系，具有弹性、黏性、塑性等特性。水泥加水拌和后立即溶解出一种可溶性的成分，开始水化反应，所以尚未凝固的混凝土中的液体部分是一种强碱性的溶液；固体部分则为微米级的微小水化物颗粒到厘米级的粗集料，而且集料的表面有一层吸附水膜，这样形成一种不同形状、不同密度的颗粒聚集体，这些颗粒聚集体有的凝聚，有的独立分散；气体部分则是直径为 $10\mu m\sim 1mm$ 的气泡群；此外还有封闭在水泥凝聚体内部的空气。上述气、液、固三相，通过搅拌作用而从宏观上来说是均匀分布在混合料中。但实际上新拌混凝土是一种非匀质、非密实、各向异性的材料，随时间、温度、湿度和受力状态不断演变的弹-黏-塑性混合物，除原有的固相材料外，还有水泥水化生成的水化产物，液相存在于凝胶孔、毛细孔、固相周界以及游离状态中，气相存在于未被水分占据的孔隙和气泡中。随时间推移，液相或是蒸发或是参与水泥水化而逐渐减少，而固相则在不断增加。因此，新拌混凝土的性能和构成比较复杂，我们可以运用流变学理论来研究和认识。

3.1 新拌混凝土流变学

3.1.1 流变学基本模型

流变学是研究物体流动和变形的科学，是近代力学的一个分支。凡是在适当的外力作用下，物质能流动和变形的性能称为该物质的流变性。流变学的研究对象几乎包括了所有的物质，综合研究了物质的弹性变形，塑性变形和黏性流动。对水泥混凝土而言，则是研究水泥浆、砂浆和混凝土混合料黏、塑、弹性的演变，以及硬化混凝土的强度、弹性模量和徐变等问题。

研究材料的流变特性时，要研究材料在某一瞬间的应力和应变的定量关系，这种关系常用流变方程来表示。而一般材料的流变方程的建立，都基于以下 3 种理想材料的基本模型（或称流变基元）的基本流变方程之上。

① 胡克（Hooke）固体模型（H-模型）　表示具有完全弹性的理想材料。

② 圣维南（St. Venant）固体模型（Stv-模型）　表示超过屈服点后只具有塑性变形的理想材料。

③ 牛顿（Newton）液体模型（N-模型）　表示只具有黏性的理想材料。

以上 3 种基本模型的表示方式、流变方程和应力-应变-时间的关系如图 3-1 所示。

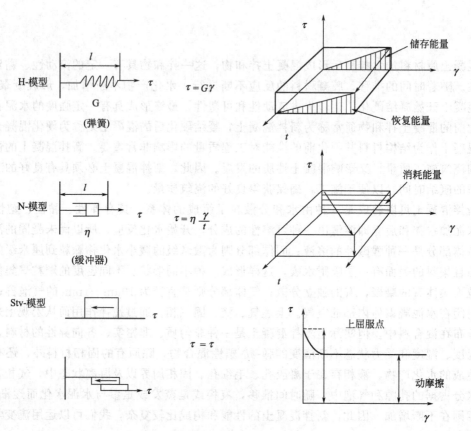

图 3-1　流变基本模型

弹性、塑性、黏性和强度是四个基本流变性质，根据这些基本性质可以导出其他性质。胡克固体具有弹性和强度，但没有黏性。圣维南固体具有弹性和塑性，但没有黏性。牛顿液体具有黏性，但没有弹性和强度。严格地说，以上 3 种理想物体并不存在，大量的物体是介于弹、塑、黏性体之间。所以实际材料的流变性质具有所有上述 4 种基本流变性质，只是在程度上有差异。因此各种材料的流变性质可用具有不同的弹性模量 G、黏性系数 η 和表示塑性的屈服应力 τ_y 的流变基元以不同的形式组合成的流变模型来研究。

最简单的流变模型可由流变基元串联或并联而成。若用 H、Stv、N 分别表示上述 3 种流变基元，用符号"│"表示并联，则可用不同的符号表示出各种流变模型的结构式。

【例 3-1】　麦克斯韦（Maxwell）模型（图 3-2）系最简单的串联模型，M＝N-H，用来表示恒定变形下的应力变化历程。

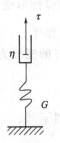
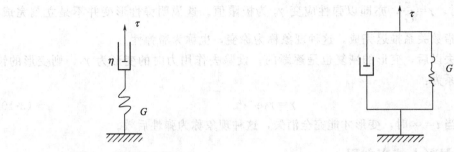

图 3-2 麦克斯韦模型   图 3-3 开尔芬模型

在这种模型中，各基元所受的应力相等，而总的变形为各基元变形之和，即：

$$\tau = \tau_e = \tau_v \tag{3-1}$$

$$\gamma = \gamma_e = \gamma_v \tag{3-2}$$

因此，

$$\gamma = \frac{\tau}{G} + \frac{\tau t}{\eta} \tag{3-3}$$

式中，τ，γ 为模型的总应力和总变形；τ_e，γ_e，τ_v，γ_v 分别表示弹性基元的应力、变形和黏性基元的应力、变形。

外力加在模型上的瞬间，首先产生弹性变形 γ_e，随着外力作用时间 t 的增加，黏性流动 $\gamma_v = \tau t / \eta$。如果在外力作用在模型上后，保持变形不变，则应力 τ 将随时间 t 的增加而减少，这是因为弹性变形转化为黏性流动的结果。在时间为无限小 dt 时，模型将发生 $d\gamma$ 的变形，它等于 $d\gamma_e$ 与 $d\gamma_v$ 之和，亦即：

$$d\gamma = \frac{1}{G}d\tau + \frac{\tau}{\eta}dt \tag{3-4}$$

当 γ 为一定时，$d\gamma = 0$，则得：

$$\frac{d\tau}{\tau} = -\frac{G}{\eta}dt \tag{3-5}$$

积分式(3-5)，并当 $t=0$ 时，$\tau = \tau_0$，得：

$$\tau = \tau_0 e^{-\frac{G}{\eta}t} = \tau_0 e^{-\frac{t}{T}} \tag{3-6}$$

式中，$T = \frac{\eta}{G}$ 为具有时间的量纲，称为松弛时间。由式(3-6)可以看出，应力 τ 将随时间而减小，这种现象称为应力松弛。当时间间隔 $t=T$ 时，模型上的应力 τ 只为初始应力 τ_0 的 $1/e$。

【例 3-2】 开尔芬（Kelvin）模型（图 3-3）系最简单的并联模型，M＝N｜H，用来表示恒定应力下的形变过程。

在这种模型的情况下，各基元的变形都相等，而总的应力则等于各基元应力之和，即：

$$\gamma = \gamma_e = \gamma_v$$

$$\tau = \tau_e + \tau_v \tag{3-7}$$

因此，

$$\tau = G\gamma + \eta \frac{d\gamma}{dt} \tag{3-8}$$

积分式(3-8)，并当 $t=0$ 时，$\gamma = 0$，则得：

$$\gamma = \frac{\tau}{G}\left(1 - e^{-\frac{G}{\eta}t}\right) \tag{3-9}$$

由式(3-9)可以看出，模型在外力作用的瞬间（$t=0$），$\gamma = 0$。随着时间的增加，γ 也增加，当 $t=\infty$ 时，$\gamma=\dfrac{\tau}{G}$，亦即以弹性应变 γ_e 为极限值。这说明弹性形变并不是立刻完成，而是随时间按指数关系推迟完成，这种现象称为徐变，也称为滞弹性。

在外力除去以后，变形的恢复也是逐渐的。设除去作用力时的变形为 γ_0，则变形的恢复与时间的关系为：

$$\gamma=\gamma_0 e^{-\frac{G}{\eta}t} \tag{3-10}$$

可见只有当 $t=\infty$ 时，变形才能完全消失，这种现象称为弹性后效。

3.1.2 新拌混凝土流变方程

固体材料在外力作用下要发生弹性变形和流动，应力小时作弹性变形，应力大于某一限度（屈服值）时发生流动。混凝土混合料也基本上具有类似的变形特性，但由于屈服值很小，所以由流动方面的特征所支配。

3.1.2.1 混凝土流变方程

混凝土混合料的流变性质可以用宾汉姆（Bingham）模型来研究。宾汉姆模型的结构式为 M＝(N｜Stv)-H，如图 3-4 所示。显然，当 $\tau<\tau_y$ 时，则并联部分不发生变形，因此：

$$\tau=G\gamma_e \tag{3-11}$$

$$\gamma_e=\frac{G}{\tau} \tag{3-12}$$

当 $\tau>\tau_y$ 时，则在并联部分发生与应力（$\tau-\tau_y$）成正比的黏性流动，因此有：

$$\tau-\tau_y=\eta\frac{d\gamma}{dt} \tag{3-13}$$

因为总的变形 $\gamma=\gamma_e+\gamma_v$，而 γ_e 是常数，因此式(3-13)可写成：

$$\tau=\tau_y+\eta\frac{d\gamma}{dt} \tag{3-14}$$

式(3-14)即称为宾汉姆方程。把符合宾汉姆方程的液体称为宾汉姆体。式中若 $\tau_y=0$，则称为牛顿液体公式。

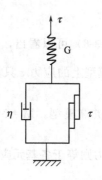

图 3-4 宾汉姆模型

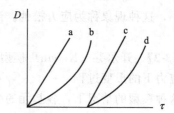

图 3-5 流动曲线的基本类型
a—牛顿液体；b—非牛顿液体；
c—宾汉姆体；d—一般宾汉姆体

牛顿液体和宾汉姆体的流变方程中黏度系数 η 为常数，变形速度 $D\left(=\dfrac{d\gamma}{dt}\right)$ 和剪切应力 τ 的关系曲线（称流动曲线）成直线形状，如图 3-5 中的 a、c。但若液体中有分散粒子存在，胶体中凝聚结构比较强，黏度系数 η 将是 τ 或 D 的函数，则流动曲线形状如图 3-5 中的 b、 d那样，分别称为非牛顿液体和一般宾汉姆体。超流动性的混凝土混合料接近于非牛顿液体，一般的混凝土混合料接近于一般宾汉姆体。

3.1.2.2　混合料流变参数τ_y与η的含义

由混凝土混合料的流变方程$\tau=\tau_y+\eta\dfrac{\mathrm{d}\gamma}{\mathrm{d}t}$可知屈服剪切应力$\tau_y$与黏度系数$\eta$是决定混合料流变特性的基本参数。

屈服剪切应力τ_y是阻止塑性变形的最大应力，故又称塑性强度。当在外力作用下产生的剪切应力小于屈服剪切应力时，混合料不发生流动；只有当剪切应力比屈服剪切应力大时，才会发生流动，并可塑造成任一形状的制品。而且只有在制品本身的重量不产生超过屈服剪切应力的应力时，制品的形状才可能保持不变。

混合料的屈服剪切应力是由组成材料各颗粒之间的附着力和摩擦力引起的。如图3-6所示，A在B的平面上，A给予B以垂直压力p，当A开始滑动时，接触面上产生剪切应力τ，如A与B间没有附着力，则库仑定律成立：

$$\tau=\mu p=p\tan\varphi \tag{3-15}$$

式中，μ为摩擦系数；φ为摩擦角。

如果A与B间有附着力，则接触面上产生的剪应力用τ_y表示，τ_y与p的关系为：

$$\tau_y=\tau_0+p\tan\varphi \tag{3-16}$$

式中，τ_0可以认为垂直压力p为零时（即不考虑外力及重力时）所存在的剪切阻力，称为附着力，它是A与B间的内聚力引起的。

屈服剪切应力可用试验方法测定。如图3-7装置，当改变垂直压力时，可测得不同的混凝土混合料发生运动的最大剪切应力$\tau_{\max}$。作p-τ直线，延长此直线交于τ轴上的数值便是τ_y，与p轴的交角便是摩擦角φ（图3-8）。

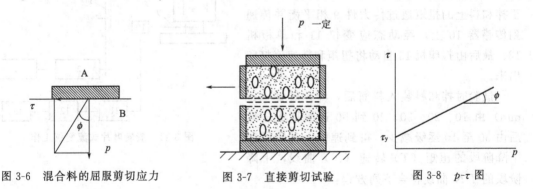

图3-6　混合料的屈服剪切应力　　　图3-7　直接剪切试验　　　图3-8　p-τ图

黏性系数η是液体内部结构阻碍流动的一种性能。它是由于流动的液体中，在平行流动方向的各流层之间，产生与流动方向相反的阻力（黏滞阻力）的结果。因此，黏性是流动的反面。对于不同的液体，黏性的大小取决于液体的内部结构。如果黏性大到无穷的物体，其流动微乎其微，以致无法测量，实际上成为弹性固体。黏性愈小，则流动愈大。黏性系数单位用P表示。当剪应力$\tau=1\mathrm{dyn/cm^2}$，产生速度梯度$D=1/s$时，黏性系数$\eta=1P$。即$1P=1\mathrm{dyn\cdot s/cm^2}=0.1\mathrm{Pa\cdot s}$。水的黏性系数约为0.01P。

像水泥浆、混凝土混合料等带有分散粒子、能形成凝聚力结构的液体，其黏性系数随剪切应力或速度梯度而变化，实质上是随其凝聚结构的破坏程度而变化。如图3-9、图3-10所示（α表示结构破坏曲线，η表示黏性变化曲线），这种随结构破坏程度而变化的黏性系数称为结构黏性系数。结构黏性系数、结构破坏程度与剪切应力之间的关系由图3-9、图3-10所示。可见，当剪切应力小于 τ_1 时，凝聚结构实际上未破坏，此时黏性系数具有恒定的最大值（η_0），虽然也会发生缓慢的流动，但实际上觉察不到。当 τ 接近于 τ_y 时，黏性系数大大降低，结构发生"雪崩"式的破坏。当结构完全破坏时，黏性系数就会达到最低值 η_{min}，也就是说黏度不再随应力值的变化而变化。

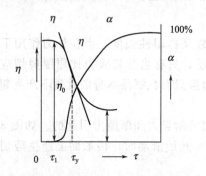

图 3-9　在稳定流动下，结构黏性系数（η）、结构破坏程度（α）与剪切应力 τ 的关系曲线

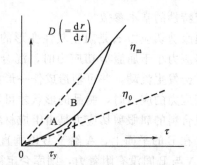

图 3-10　在具有凝聚结构的系统中，流动速度与剪切应力的关系曲线

3.1.2.3　流变参数的测试方法

我国学者陈健中研制的一种混凝土流变仪，使用效果较好，基本原理如图 3-11 所示，它是由一个直径为 30cm、高为 16cm 装料筒 8 和一个旋转的叶片 7 组成。转速控制器 1 控制电动机 2，电动机 2 通过链齿轮 3、斜齿轮 4 和转速计 5 等传动装置使叶片轴 6 旋转，装于料筒中的新拌混凝土被叶片 7 带动而转动。作用于拌和料上的扭矩通过传力件 9 相平衡并传递到传感器 10 上，经动态应变仪 11 和单板机 12，最后由打印机 13 自动将扭矩和转速值打印出来。

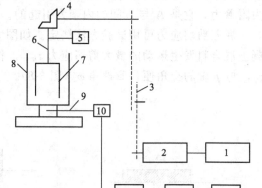

图 3-11　旋转叶片式流变仪工作

试验时拌和料装入料筒后，叶片转速（r/min）由 10、20、30、40 到 50 逐级增大，然后由 50 至 10 逐级减少，得到速度上升阶段和下降阶段的扭矩（T）-转速（N）曲线，下降阶段的 T-N 曲线符合下列方程：

$$T=g+hN \tag{3-17}$$

式中，g，h 为常数。

所测得的扭矩 T 与作用于拌和料的切应力 τ 成正比，转速 N 与切应变速率 $d\gamma/dt$ 成正比。因此 g 和 h 分别相当于屈服切应力 τ_y 和结构黏度 η，用若干种典型的 Bingham 流体以标准的旋转式黏度计测得它们的 τ_y 及 η 值，再用本仪器测得 g 及 h 值，就能找到 τ_y 与 g 以及 η 与 h 的关系式，从而由实测得的新拌混凝土的 g 和 h 计算得 τ_y 和 η 值。

陈健中配制了各种水灰比、水泥用量、砂率、外加剂掺量以及粉煤灰掺量的拌和料，他试验用的石子最大粒径为 20mm，测得这些新拌混凝土的流变特性参数，并与传统的坍落度方法进行对比。得到下列颇有意义的结论。

① 新拌混凝土下降阶段的流变特征符合 Bingham 流变方程，因此可以用流变学概念来

研究新拌凝土的流变特性。

② 在坍落度大于 8cm 时，坍落度与测得的屈服切应力有很好的相关性，但与结构黏度的相关性不显著。因此传统的坍落度实际上表征了屈服应力，但不能反映结构黏度，同时屈服切应力值比坍落度反映更为灵敏（图 3-12）。

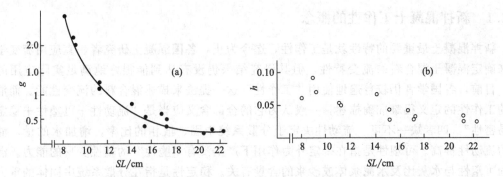

图 3-12　坍落度与极限切应力（g）和结构黏度（h）的关系

③ 在一般的配比条件下，如屈服切应力增大，结构黏度也增大，两者同方向变化。但在某些特殊条件下，两者异方向变化。如陈健中测得用粉煤灰等量取代水泥，拌和料的屈服切应力降低，而结构黏度则增大。而传统的坍落度试验则无法反映这种变化。这说明用两个流变特征参数比用单一坍落度能更好地表征拌和料的性能。

近几年来瑞典水泥和混凝土研究所（CBI）致力于新拌混凝土的流变性研究，他们用改进了的同轴式双筒黏度仪进行试验，仪器由一个旋转的圆柱形外筒和一个固定的内筒组成，在两个筒之间充填拌和料，同样测定扭矩和转速，其原理与上述叶片式黏度仪是一样的。试验用的拌和料石子最大粒径不得大于 16mm。

他们用这种黏度仪研究了各种类型高效减水剂对新拌混凝土的作用，如用传统的坍落度试验，其试验结果是难以得到的。

可以说，新拌混凝土流变特性的研究还刚开始，但已显示出优越性。它最适用于对大流动性混凝土、泵送混凝土和各种外加剂作用的实验室研究。可以预期，随着大流动性混凝土和新型外加剂的出现和发展，流变特性的研究将会不断加强和深化。

当然，流变仪的测试也还有其缺点和局限性，它适用于坍落度较大的拌和料，对低流动性非拌和料反映不够灵敏；试验用的石子粒径不能太大（不大于 16～20mm），否则影响数据的离散性和可取性，因此还不能完全代表工程上用的实际的混凝土，且试验仪器还有待改进和标准化。

3.2　新拌混凝土工作性

新拌混凝土经运输、平仓、捣实、抹面等工序，使其成为具有一定形状的均匀而密实的结构，而此过程可以看作是对新拌混凝土的加工过程，或者说是新拌混凝土的工作过程。因此新拌混凝土最重要的特性就是在加工过程中能否良好地工作，这一特性称为新拌混凝土的工作性。新拌混凝土的性能，直接影响到施工的难易程度和硬化混凝土的性能与质量。在一定的施工条件下，新拌混凝土工作性良好，则施工时能耗较少，并可得到具有要求强度和耐久性的外观平整内部均匀而密实的优质混凝土。改善新拌混凝土的工作性，不仅能保证和提高结构物的质量，而且能够节约水泥、简化工艺和降低能耗。新拌混凝土的其他特性，如含气量、凝结时间、容重等也均与混凝土的施工和硬化后混凝土的质量有着密切的关系。研究并掌握新拌混凝土的特性及其影响规律，对于保证大体积混凝土质量、改善施工条件、加快施工速度和节约投资都有着重要的意义。

3.2.1　新拌混凝土工作性的概念

新拌混凝土最重要的特性就是工作性。迄今为止，各国混凝土研究者一直应用流变学理论来确定混凝土混合料的流变特性，但其研究结果仍没有达到能很好地满足实际应用的程度。目前，各国学者仍较普遍地使用"工作性"这一提法来描述混合料的流变性能。而混凝土的工作性的定义很难准确描述，一般认为它的全部含义应当是"流动性＋可塑性＋稳定性＋易密性"，四者缺一不可。流动性决定于分散系统中固、液相的比率，增加水的量，混合料的流动性提高。可塑性是指在一定外力作用下产生没有"脆性"的塑性变形的能力。混合料的可塑性与水灰比及水泥浆体或砂浆的含量有关。稳定性是指在分散系统中固体的重力所产生的剪切应力不超过液相的屈服应力。稳定性好的混合料，集料颗粒不发生按大小分层和泌水的现象。易密性的含义是混合料在进行捣实或振动时，克服内部的和表面的（即和模板之间的）阻力，以达到完全密实的能力。

但需要指出的是，工作性所包含的一些要求，在不同的场合下相互之间是有矛盾的。例如稳定性要求混合料应具有较高的内聚性，这样可以减少粗集料的下沉和泌水。而易密性则要求混合料具有较小的内聚力和内摩擦，易捣实易于致密。因此对于混合料的工作性应当根据不同场合提出不同的要求。

根据目前的混凝土施工技术实际情况，新拌混凝土的工作性至少包含流动性、黏聚性两种主要性能。

3.2.2　流动性测试方法评述

众所周知，表征液体流动速度的物理参数是黏度，当切应力一定时，黏度越小，流动速度就越大；表征塑性体变形的特征参数是屈服点，应力超过屈服点，物体发生塑性变形。然而混凝土拌和料是一种非匀质的材料，既非理想的液体，又非弹性体和塑性体。它的流动性能很难用物理参数来表示。因此这里讨论的流动性完全是从工程实用的角度，表征拌和料浇筑振实难易程度的一个参数。流动性大（或好）的拌和料较易浇筑振实。

几十年来，很多混凝土学者致力于设计一种能更好反映拌和料流动性的仪器和测试方法，比较典型的测试方法有坍落度试验、密实度试验、VB 试验等。

3.2.2.1　坍落度试验

坍落度试验是 1923 年，由美国学者阿布拉姆斯（D. A. Abrams）借鉴查被曼（C. M. chapman，1913 年）的砂浆试验而首先提出的。它是目前世界各国广泛应用的试验室和现场测试方法，而且是列入各国标准和规程的标准测试方法。

将拌好的混凝土拌和物按一定方法装入坍落度筒，并按一定方式插捣，待装满刮平后，垂直平稳地向上提起坍落度筒，测量筒高与坍落后混凝土试体最高点之间的高度差，即为该混凝土拌和物的坍落度值，如图 3-13 所示。观察坍落度后再目测混凝土试体的黏聚性及保水性。黏聚性的检查方法是用捣棒在已坍落的混凝土锥体侧面轻轻敲打，此时如果锥体逐渐下沉，则表示黏聚性良好；如果锥体倒塌，或部分崩裂或出现离析现象，则表示黏聚性不好。保水性以混凝土拌和物中稀浆析出的程度来评定。坍落度筒提起后如有较多的稀浆从底部析出，锥体部分的混凝土也因失浆而集料外露，则表明此混凝土拌和物保水性不好。若无或仅有少量稀浆从底部析出，锥体部分的混凝土也没有因失浆而集料外露，则表示此混凝土拌和物保水性良好。

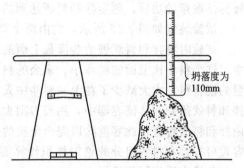

图 3-13　混凝土拌和物坍落度的测定

坍落度试验不需要复杂的仪器设备，仅需一个坍落筒，测试方法也很简单，但它却能在一定程度上表征拌和料浇筑振实的难易程度。在试验时，拌和料在它的自重作用下，克服拌和料内部颗粒间摩擦而流淌。当拌和料较干，坍落度为 0～2cm 时，坍落度值难以反映出拌和料流动性的差异。当拌和料为富水泥浆时，坍落度值能较满意地反映浇筑难易的程度，这也是该方法目前被广泛采用的原因。

但是近年来随着各种高效减水剂的问世，大流动性拌和料，甚至流态混凝土发展很快，坍落度高达 18～20cm 以上。这时坍落度试验显得不能灵敏地反映这种大流动性拌和料的差异，如何更好地反映大流动性拌和料的流动性指标又成为目前研究的新问题。另外，坍落度不能用于不同容重的集料（如普通砂石集料与轻集料）配制的拌和料之间的相互比较，这是由于拌和料自身重量不同，即使坍落度相同，它们的振实难易程度并不相同。

尽管坍落度试验有这样一些局限性，但对普通混凝土拌和料，目前毕竟还是公认的比较实用而且简便的方法。因此坍落度作为表述拌和料流动性的主要指标。

3.2.2.2　VB 试验

VB 试验仪示意如图 3-14 所示。VB 试验仪是由一标准坍落筒放置在直径为 305mm 的圆筒内，圆筒牢固地固定在振动台上。用标准方法把拌和料填满坍落筒，开动振动台，直到玻璃板完全与拌和料表面密贴，混凝土表面气泡完全消失所需的振动时间用以表征拌和料的流动性（以 VB 秒表示之）。

这方法对低流动性或干硬性混凝土拌和料很适用，是一种适用于实验室的试验方法，能弥补坍落度试验对低流动性拌和料灵敏度不够的不足。但此法对流动性较大的拌和料不灵敏。目前在预制构件厂还采用此法，现场浇筑的混凝土不用。

玻璃圆盘制导器

图 3-14　VB 试验仪

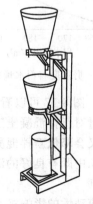

图 3-15　密实因素试验装置

3.2.2.3　密实因素试验

密实因素试验是英国人提出的试验方法，列入英国标准中。此法是对一定数量的拌和料做标准数量的功后，测定拌和料所达到的密实程度。

试验装置如图 3-15 所示，它由两个截头圆锥形料斗和一个圆柱形容器所组成。

试验时将拌和料缓慢地装满最上面的料斗，然后打开料斗底门，拌和料落到底下的料斗中，这个料斗比上面的料斗小，多余的料就溢出来，这就使得在标准状态下具有近似的相同量的混合料，大大减少了在上一料斗中人工装料时人为因素的影响。打开这一料斗的底门，拌和料就落到圆柱筒容器中，用镘刀刮去多余的拌和料，称重，即得到已知体积圆柱筒容器内拌和料的容重，此容重除以完全密实的拌和料容重即定义为密实因素，完全密实的拌和料容重可按拌和料各组分的绝对体积计算而得，也可将拌和料分层（每层约 5mm）注入，每层充分捣实后实际称量得。

由于对坍落度大于 10cm 的拌和料密实因素反映不灵敏，此法适用于低流动性的拌和料。

3.2.3　影响流动性的因素

使混凝土拌和料具有流动性的根本因素是水泥浆，所以从本质上讲，影响拌和料的主要因素是拌和料中水泥浆的数量和水泥浆本身的流动性。而影响水泥浆流动性的因素是水泥浆中水泥的浓度（水灰比）、水泥的性质和外加剂。因此，影响混凝土拌和料流动性的主要因素可归结如下。

（1）单位体积拌和料中水的用量

当外加剂固定后，用水量是影响流动性最敏感的因素。所以在设计配合比时，当所用集料一定时，首先以改变用水量来调节流动性。水灰比是由强度和耐久性要求而确定的，因此改变用水量的同时，水泥用量也随之改变。用水量与坍落度和维勃稠度的关系分别如图 3-16、图 3-17 所示。

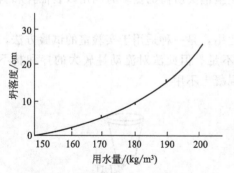
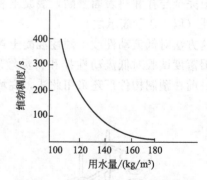

图 3-16　坍落度与用水量的关系　　　　　图 3-17　维勃稠度与用水量的关系

由图 3-16、图 3-17 可以看出，新拌混凝土的坍落度和维勃稠度均随用水量的增加而增加。但是用水量对新拌混凝土工作性的影响较复杂，用水量增加能增加其流动性，但增加到一定程度时，又会降低新拌混凝土的稳定性和抗离析性能，因此采用适当的用水量是保证新拌混凝土在施工中既有良好的流动性又有较好的稳定性和均匀性的关键。

（2）外加剂

外加剂对流动性的影响极大，特别是减水剂和高效减水剂。在现代混凝土中，掺加外加剂已成为提高流动性的最主要措施。除减水剂外，掺加引气剂也能提高流动性，这是因为引入的空气泡使水泥浆体的体积增大。混凝土中含气量每增加 1％，水泥浆体体积约增加 2.0％～3.5％，同时引入的微细空气泡在拌和料中起类似的滚珠的效果。引气对流动性的提高效果对贫水泥的混凝土拌和尤为显著。

（3）水泥品种和混合材

所用水泥的品种、生产水泥时所掺加的混合材料的品种和掺量，以及拌制混凝土时掺加的混合材料的品种和掺量对拌和料流动性也有较大影响。为了叙述的方便，这里把水泥和混合材料统称为胶凝材料。胶凝材料对流动性的影响主要表现在胶凝材料需水量的不同，需水量越大，拌和料的流动性越小。

一般水泥中掺加火山灰质混合材料使胶结材料的需水量增大，在胶结材料用量虽相同的条件下，流动性降低。换句话说，为得到相同的流动性，要适当加大单位体积用水量。掺加矿渣也可能略微增大胶结材料的需水量，但对新拌混凝土的流动性影响不太大。无论在生产水泥时或在拌和混凝土时掺加粉煤灰对新拌混凝土流动性的影响主要取决于粉煤灰本身的质量。高质量粉煤灰需水量小，而且其中玻璃球含量大，有滚动的效应。所以当胶结料和水的用量一定时，掺高质量的Ⅰ级粉煤灰能增大流动性，反之低质量的粉煤灰使流动性降低。

水泥熟料中铝酸盐矿物的需水量最大，C_2S需水量最小，所以用含铝酸盐矿物多的水泥流动性较小。但由于硅酸盐水泥熟料中矿物组成的变化幅度不是很大，所以对流动性的影响不很显著。

（4）粗细集料特征和级配

集料的级配、粒径和表面状态对新拌混凝土流动性也有影响。

级配好的集料空隙少，在相同水泥浆量的条件下，可获得较大的流动性。但在富水泥拌和料中，其影响减小。大粒径集料比表面小，为包裹集料表面所需水泥浆少，为得到相同流动性所需的用水量就少。细集料（砂）的细度影响更显著，如用粒度较细的砂，流动性减小。细集料与粗集料的比率也影响流动性，砂率大则流动性小。用表面光滑的卵石和河沙较表面呈棱角形的碎石和山砂流动性好。含泥量大的集料需水量大大增加，对流动性很不利。

3.2.4　新拌混凝土的坍落度损失

新拌混凝土的流动性随着时间而变化，这是混凝土水化硬化的必然过程。而坍落度损失是指新拌混凝土的流动性随时间的增长而逐渐降低的现象。坍落度损失是所有混凝土的一种正常现象。它是硅酸盐水泥水化浆体在形成钙矾石和水化硅酸钙等水化产物的同时，逐渐变稠、凝聚的结果。混凝土拌和物中的游离水分，由于水化反应、吸附于水化产物表面或者蒸发等原因而逐渐减少时，就会造成坍落度损失。新拌混凝土过早稠化，根据出现时间的先后，可能导致搅拌机鼓筒的力矩增加，在搅拌机中或工地上需要另外补加水，搅拌车的鼓筒内壁上会有混凝土黏挂，导致混凝土难以泵送和浇灌，在浇灌和抹面工序中需要多花劳动力，最终降低成品的质量和产量。另外，当重新调拌过程中加水过多或搅拌不够充分，还会导致强度、耐久性以及其他性能下降。

3.2.4.1　影响混凝土坍落度损失的主要因素

（1）水泥对新拌混凝土坍落度损失的影响

水是新拌混凝土中唯一的液相，是决定混凝土流动性的重要因素，且只有具有液态性质的水才对混凝土的流动性有贡献。然而，水泥的水化过程是熟料矿物与水的反应过程，在这一过程中，液相的水逐渐减少。同时，由于水化产物的形成，使得固相增多，固体粒子相互连接增多。由于这两个原因，导致新拌混凝土的流动性减小。因此，新拌混凝土坍落度损失与水泥的水化过程有着密切的关系。水泥的水化速度越快，新拌混凝土的坍落度损失也就越大。

在水泥熟料矿物中，C_3A 水化速度最快，当有足够的石膏存在时，形成钙矾石，这一反应一方面结合了大量的水，另一方面，由于钙矾石为一种针状晶体，在外力作用下较难运动，而且易于其他颗粒交叉搭接，因此，对新拌混凝土的坍落度损失影响较大。而 C_2S 的水化速度较慢，所形成的为胶凝产物，因而对新拌混凝土的坍落度损失影响较小。根据各熟料矿物的水化速度，各种矿物对新拌混凝土坍落度损失的影响依次为：

$$C_3A > C_3S > C_4AF > C_2S$$

另外，值得注意的是水泥中的石膏也可能对新拌混凝土的坍落度损失产生较大的影响。在水泥中，石膏是一个调凝剂。一般情况下，加入石膏后，使水泥的水化速度减慢，但当石膏掺量太大时，反而会使水泥的水化速度加快。因此，无论石膏掺量不足还是掺量太大时，均会导致新拌混凝土有较大的坍落度损失，所以，应适当控制水泥中石膏的掺量。此外，石膏的结晶形态也会对新拌混凝土的坍落度损失产生一定的影响。半水石膏可以迅速地与水反应形成二水石膏。如果在水泥粉磨时温度较高，一部分二水石膏可能脱水形成半水石膏，当水泥中半水石膏较多时则会出现假凝现象。

水泥的细度也将影响新拌混凝土坍落度损失。在相同条件下，水泥越细，水化速度越快，新拌混凝土的坍落度损失也就越大。另外，水泥越细，水泥熟料颗粒数量越多，在相同水灰比时水泥颗粒之间的距离也就越小，当水泥水化时，所形成的水化产物很容易将这些较小的颗粒连接起来。这也是太细的水泥易造成坍落度损失较大的一个原因。

（2）集料对新拌混凝土坍落度损失的影响

在通常情况下，集料不与水反应，但它可以使水由液体性质转变为固体性质，这就是集料颗粒对水的吸附性。在不受任何限制时，水分子可以自由运动，因而表现出液体性质。但当水分子吸附到集料颗粒表面后，水分子的运动受到集料颗粒的限制，因而表现出固体性质。由于集料表面吸附了一定数量的水，这部分水转变为固体性质，使具有液体性质的水减少，混凝土的流动性也就随之降低。因此，集料颗粒对水的吸附作用也会导致新拌混凝土的坍落度损失。

集料对新拌混凝土坍落度损失的影响与吸水速度有关。如果吸水速度很快，吸水过程在搅拌阶段就已经基本完成，新拌混凝土制成后，集料不表现出明显的吸水作用，因而也就不表现出明显的坍落度损失。这种集料仅仅影响混凝土的用水量，而不影响新拌混凝土的坍落度损失。如果集料的吸水速度很慢，在遇水后的几个小时内仅吸附很少的水，大量的水分是在以后的一个较长的时间内逐渐吸附的，这种集料不仅不影响混凝土的用水量，对坍落度的损失影响也不大。如果集料的吸水主要集中在拌水后的 $1\sim2h$ 内，则会显著地影响新拌混凝土的坍落度损失。

另外，集料中的有害杂质对混凝土坍落度的损失也有一定的影响。

（3）化学外加剂对新拌混凝土坍落度损失的影响

从对新拌混凝土坍落度损失的影响来说，主要有 3 类化学外加剂，即缓凝剂、减水剂、引气剂。

由于水泥的水化速度对新拌混凝土的坍落度损失有很大的影响，而缓凝剂恰恰是起到调节水泥水化速度的作用，因此，必然对新拌混凝土的坍落度损失带来较大的影响。一般说来，掺入缓凝剂可以减小坍落度的损失，特别是在温度较高的季节，常用掺入缓凝剂的方法来减小坍落度的损失。

掺入减水剂，特别是掺入高效减水剂可以显著地降低水泥浆体的屈服应力和黏度，因而可以增大新拌混凝土的流动性，或者在保持流动性不变的情况下减少用水量。但是，减水剂降低水泥浆体的屈服应力和黏度的作用常常随时间而有较大的变化。随着时间的延长，这种作用明显消弱，从而使新拌混凝土的流动性迅速减小。因此，采用减水剂既可以显著地增大新拌混凝土的坍落度，又可能导致较大的坍落度损失，在采用减水剂时应充分考虑它的这一特点，并采取相应的技术措施。

另外，减水剂对新拌混凝土坍落度损失的影响还与减水剂和水泥之间的适应性有关。一般情况下，如果减水剂与水泥相互不适应，则会造成较大的坍落度损失。

掺入引气剂可以在新拌混凝土中引入一定数量的气泡，这些气泡的存在不仅可以改善硬化混凝土的抗冻融性能，而且能提高新拌混凝土的流动性。但是，如果这些气泡不稳定，它将较快地从新拌混凝土中逸出。气泡一旦逸出，水泥浆的流动性和体积含量将都会减小，从而使新拌混凝土的坍落度损失。另外，气泡的稳定性与所引入气泡的性质有关。大气泡较容易从混凝土中逸出，因而不稳定，反之，小气泡则较稳定。气泡的稳定性也与水泥浆体的黏度有关。气泡存在于水泥浆体中，水泥浆体越黏稠，气泡逸出就越困难，因而它就越稳定。对于高强度等级的混凝土，通常采用较小的水灰比，水泥浆体较黏稠，气泡不易逸出，因而由此引起的坍落度损失较小。对于低强度等级的混凝土，水灰比通常较大，水泥浆体的黏度较小，气泡较容易逸出。因此，对于低强度等级引气混凝土，如配合比不适当的话，可能会出现较大的坍落度损失。

(4) 矿物掺和料对新拌混凝土坍落度损失的影响

矿物掺和料对新拌混凝土坍落度损失有三方面的影响：一是影响胶凝材料的水化速度；二是影响水泥浆体的保水性能；三是影响水泥浆体的黏度。

由于矿物掺和料的活性通常比水泥熟料低，因此，用矿物掺和料部分取代水泥，使胶凝材料的水化反应速度减慢，因而可以减小坍落度的损失。

由于水分蒸发是影响新拌混凝土坍落度损失的一个不可忽视的原因，而一些较细的矿物掺和料可以增强水泥浆体的保水性，如优质粉煤灰、硅灰等。因而可以有效地减少水分蒸发，减小新拌混凝土的坍落度损失。但是，如果矿物掺和料对水有一个缓慢的吸附作用，缓慢吸附过程本身就是一个使液态水减少的过程，掺入这种矿物掺和料不但不能使新拌混凝土的坍落度损失减小，甚至可能使新拌混凝土的坍落度损失增大。

(5) 环境对新拌混凝土坍落度损失的影响

一般情况下，环境温度越高，水泥的水化速度越快；湿度越小，混凝土对外失水相对较多；天气干燥，水分蒸发，搅拌过程中气泡的外逸等，均能导致混凝土坍落度的损失。

3.2.4.2 减少坍落度损失的主要措施

由于引起混凝土坍落度损失的原因各有不同，因而也应采取不同的措施。针对上述引起混凝土坍落度损失的主要原因和各种因素的作用，可相应的采取以下措施。

(1) 选择相适应的胶凝材料-外加剂体系

当胶凝材料与外加剂不适应时，应重新选择胶凝材料或者外加剂，使其能够相互匹配，共同工作。出现与胶凝材料不适应现象的减水剂一般是萘系高效减水剂和三聚氰胺高效减水剂，而聚羧酸盐高效减水剂和一些接枝共聚物通常与胶凝材料有较好的适应性。

解决外加剂与胶凝材料不适应所引起的坍落度损失问题的另一个方法是采用后掺法。所谓后掺法，是在搅拌好基准混凝土之后，根据需要在一定时间后再将减水剂掺入新拌混凝土中，使其流态化。一般认为，在混凝土加水拌和后 5～50s 掺入减水剂，坍落度损失较小。

（2）延缓胶凝材料的水化

延缓胶凝材料的水化通常有两种方法。

① 调整胶凝材料系统 不同胶凝材料系统水化速度是不一样的。一般来说，矿物掺和料掺量较大的胶凝材料系统水化速度较慢，特别是粉煤灰等火山灰材料掺量较大时，对胶凝材料的水化速度影响较大。因此，如果胶凝材料的水化较快，可以通过提高矿物掺和料的方法延缓胶凝材料的水化。同时，提高粉煤灰等火山灰材料的掺量也能改善混凝土的保水性能，有助于减小混凝土的坍落度损失。

② 采用缓凝剂 许多研究表明，掺入缓凝剂可以减少混凝土的坍落度损失，而且不会带来生产工艺上的困难。特别是在高温季节，掺入缓凝剂可以有效地控制胶凝材料的水化速度，从而达到控制混凝土坍落度损失的目的。

（3）集料在使用前进行预吸水处理

前面已经分析了当拌制混凝土的集料是干料时，集料的吸水作用对混凝土坍落度可能产生影响。如果拌制混凝土时集料已经含有一定的水分，拌制成混凝土后，它从混凝土中吸取的水分将会减少，所引起的混凝土坍落度损失也会减小。坍落度的损失是一个过程，它与集料的吸水过程有关。不管它的饱和吸水率多大，只要这一吸水过程在混凝土拌制完毕以前完成，就不会导致混凝土的坍落度损失。在拌制混凝土的前一天洒水使集料润湿，将集料的吸水过程由混凝土拌制以后移至混凝土拌制以前，可以有效地消除由于集料的吸水而造成的混凝土坍落度损失。但对集料进行润湿处理时应注意洒水量不要太多，洒水应分次喷洒，每次不宜太多，且在使用前应将集料翻匀。

（4）增强混凝土的保水能力

增强混凝土的保水能力可以减少混凝土中水分的蒸发，达到减少混凝土坍落度损失的目的。一般可以采取如下措施来增强混凝土的保水能力。

① 调整混凝土的配合比 在混凝土中，各种组分的保水能力是不同的，而且差异较大。例如，一些优质粉煤灰的保水能力较强，而矿渣的保水能力则较差。调整各组分的比例，可以改善混凝土的保水能力。

② 掺入矿物保水剂 一些矿物掺和料具有很强的保水能力，如磨细的沸石粉等，掺入这些矿物可以显著地改善混凝土的保水性能。

③ 掺入化学保水剂 可以改善混凝土保水性的化学外加剂主要是一些纤维素醚。一般情况下，掺入 0.1%～0.2% 的纤维素醚就可以使混凝土的保水性能得到显著的改善。

（5）控制混凝土中不稳定气泡的含量

在混凝土中，并不是所有的气泡都会逸出，引起坍落度损失的主要是一些较大的气泡。因此，应控制混凝土中大气泡的含量。一般可以采取以下 3 方面的措施。

① 对于没有抗冻性要求的混凝土，可掺入适量的消泡剂，避免在混凝土中形成不稳定的气泡。

② 如果混凝土没有抗冻性要求，应严格控制减水剂的引气量，并通过质量较好的引气剂引入较稳定的小气泡，且选择减水剂时应选用一些引气量较小的减水剂。另外，当同时掺入减水剂和引气剂时应注意两者的相容性。

③ 适当增加水泥浆的黏度。显然，混凝土中的气泡不可能存在于集料中，只能存在于水泥浆中。水泥浆的黏度也是影响气泡稳定性的一个重要因素。如果水泥浆太稀，气泡不容

易稳定,当出现这种情况时,可适当提高水泥浆的黏度,为气泡的稳定创造条件。

(6) 掺入一定数量的矿物掺和料

矿物掺和料对减少新拌混凝土的坍落度损失有诸多方面的作用,是一个比较有效的技术途径,但也应注意它可能带来的不利影响。从减少坍落度损失考虑,不同矿物掺和料作用效果是不同的,不同品质的矿物掺和料作用效果也不同。

优质粉煤灰能有效地降低胶凝材料的水化速度,具有较好的保水性能,也能提高水泥浆体的黏度,防止气泡逃逸,而且表面坚硬,对水没有一个持续吸附过程,因此,对减少新拌混凝土坍落度损失有较好的效果。但对于一些烧失量大的粉煤灰,可能表现出持续吸水现象,引起新拌混凝土的坍落度损失。

磨细矿渣粉的保水性能较差,且其对胶凝材料水化速度的控制作用不如粉煤灰,因此,它对减少混凝土坍落度损失的效果差于粉煤灰,特别是在干燥环境中,其效果更差。

以上介绍了控制混凝土坍落度损失的一些方法,在使用时我们要对症下药,具体情况具体对待,且要注意把握好适度,力争将负面影响降低到最低限度。

另外,虽然我们分析了影响坍落度损失的各种因素,但实际情况往往是比较复杂的,混凝土的坍落度损失可能是某一种原因引起的,也可能是几种原因综合作用的结果。对于某种原因引起的坍落度损失可以采取某一种技术措施或几种措施进行解决,而某一技术措施可能往往对某种原因引起的坍落度损失有效。因此,控制混凝土的坍落度损失首先应该分析引起坍落度损失的主要原因。只有掌握了主要原因,才能有的放矢地采取相应的措施,取得较好的效果。

3.3 水泥与外加剂之间的适应性

水泥与外加剂的相容性或适应性是混凝土研究工作者经常遇到的问题。主要表现在所配制的混凝土坍落度损失大、和易性差、开裂等。水泥与外加剂的相容性问题在普通混凝土中就存在,但近几年,在商品混凝土尤其在低水灰比的高性能混凝土中相容性问题更突出、更普遍。

3.3.1 适应性的概念与评价

适应性也称为相容性。可以这样来定性地理解适应性的概念:按照混凝土外加剂应用技术规范,将经检验符合有关标准的外加剂掺加到按规定可以使用该品种外加剂的水泥所配制的混凝土中,若能产生应有的效果,就说该水泥与这种外加剂是适应的;相反,如果不能产生应有的效果,就说该水泥与这种外加剂之间不适应。

关于外加剂和水泥之间适应与否,目前还不能定量的表示,大多以水泥系统中掺入某种功能外加剂,能否达到预计的效果来表示适应与否。

就减水剂而言,经过按其标准检验合格的产品,可以在保持相同用水量的情况下,增加混凝土的流动性;或者在保持混凝土相同流动性的情况下,降低混凝土的单位用水量。然而在实际应用中,同一减水剂在有的水泥系统中,在常用掺量下,即可达到通常的减水率;而在另一些水泥系统中,要达到此减水率,则减水剂的量要增加很多,有时甚至在其掺量增加50%以上时,仍不能达到其应有的减水率。并且,同一减水剂在有的水泥系统中,在水泥和水接触后的 $60 \sim 90\text{min}$ 内大坍落度仍能保持,并且没有离析和泌水现象;而在另一些情况下，则不同程度地存在坍落度损失快的问题。这时我们就说前者减水剂和水泥是适应的，后者则是不适应的。另外，同一种水泥，当使用不同生产厂家生产的同一类型的减水剂时，即使水灰比和减水剂掺量相同，也会出现明显不同的使用效果。这都说明了水泥与减水剂之间存在着适应性问题。

加拿大 Aitcin 等研究者采用 Marsh Cone（锥形漏斗法）和 Mini-Slump（微型坍落度仪）等研究水泥-高效减水剂适应性的试验方法，经过大量探索性试验，得出了有益的结论。根据 Aitcin 等的研究，认为水泥与高效减水剂适应性可以用初始流动度、是否有明确的饱和点以及流动性损失 3 个方面来衡量，固定水灰比，测定在不同高效减水剂掺量条件下水泥浆体的流动性指标，所得到的适应性特征曲线有 4 种类型，如图 3-18 所示。

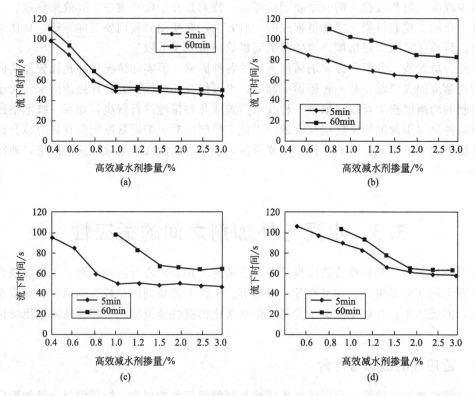

图 3-18 水泥与高效减水剂适应性的不同类型

（W/C＝0.32，实验室温度为 22℃）

该图所示的曲线是在水灰比为 0.32，试验室温度为 22℃ 的条件下，不同品种的水泥浆体随高效减水剂掺量的增加，其流动性指标（流下时间）的变化曲线，这里的流下时间是反映浆体流动性的指标，与浆体的黏性密切相关，流下时间值越大，表明浆体的流动性越差。

① 适应性优良，即图 3-18(a) 所示的曲线，饱和点明显，减水剂的饱和掺量不大，约为 0.8%～1.0%，水泥浆体的初始流动性较好，且静停 1h 后浆体的流动性损失很小，表明该水泥与高效减水剂的适应性优良。

② 适应性最差，即图 3-18(b) 所示的类型，减水剂的饱和掺量较大，在 1.5% 左右，且水泥浆体的初始流动性不好，静停 1h 后浆体的流动性损失大，表明该水泥与高效减水剂

的适应性差。

③ 初始适应性较好，但浆体的流动性损失显著，即图 3-18(c) 所示的类型，适应性介于①和②之间。

④ 初始适应性不良，减水剂的饱和掺量较大，但浆体的流动性损失不大，如图 3-18(d) 所示，适应性介于①和②之间。

对同一高效减水剂，饱和点因水泥而异；而对同一水泥，也会因高效减水剂而异。饱和点的流动度与掺量受水灰比、水泥细度、C_3A 含量、硫酸盐含量及其溶解速率、高效减水剂的质量、搅拌机类型及其参数（旋转速度、叶片的剪切作用）等多种因素的影响。对于大多数高效减水剂-水泥体系，其饱和点掺量可能在 0.8%～1.2%。在配制高性能混凝土时，高效减水剂的掺量通常要接近或等于其饱和点掺量。

3.3.2　适应性的检测方法

评价水泥与外加剂适应性最直接的方法就是混凝土坍落度法。目前，国内外也都在积极探索利用其他方法来评价水泥与减水剂的适应性，以便快速、简捷地得到结果，这主要是利用减水剂在水泥砂浆或水泥净浆中的作用效果来代替其在混凝土中的效果而进行评价，它们的原理与混凝土坍落度法相似，但设备的体积小，也经常被用于研究化学外加剂对水泥浆体流变性能的影响。

3.3.2.1　混凝土坍落度法

由于水泥与减水剂的适应性问题是在混凝土的生产使用中发现并开始研究的，所以最初都是直接用混凝土来评价，评价指标为混凝土坍落度，所用设备为坍落度筒。具体试验方法为：保持混凝土的配合比和水灰比不变，将搅拌一定时间的混凝土，按一定方法灌满坍落度筒，然后向上竖直提起坍落度筒，静停后测定混凝土坍落下来的高度，即为坍落度；混凝土流开的直径，即为坍落扩展度。分别测定混凝土在加完拌和水后搅拌出机和搅拌后静置若干时间的坍落度和坍落扩展度。一般来说，坍落度越大，坍落流动度值越大；静置后流动度指标损失越小，则混凝土的工作性越好，即此水泥与该减水剂间的适应性也越好。

由于混凝土坍落度会受到混凝土中粗、细集料和搅拌机类型等因素的影响，再现性相对较差，并且实验所用原材料的数量较多，因此，目前这种测评方法一般只是在最后的混凝土施工时使用。

3.3.2.2　微坍落度法

微坍落度法可用于测定水泥净浆或水泥砂浆，但用于水泥净浆和水泥砂浆的微坍落度仪尺寸和实验中的具体操作方法有所差异，而微坍落度仪尺寸基本上都已不再与坍落度筒的尺寸成严格的比例。截锥圆模为国内外研究者广泛采用，但各国研究者所用的截锥尺寸有较大差异。用于砂浆和用于净浆的截锥圆模尺寸也相差较大。一般评价指标有：浆体流动度——流下浆体圆饼的平均直径；流动面积——流下浆体圆饼的面积；或者，相对流动面积——流下浆体扩散的圆环面积（圆饼面积减去所用试模底面面积）与所用试模底面面积的比值。流动度、流动面积或相对流动面积越大，则浆体的流动性越好，说明该水泥与这种减水剂的适应性好。

Kantro 发明的微坍落度法最早主要测试水泥浆体的黏度，其尺寸与坍落度筒的尺寸成严格的比例关系，原理与坍落度法基本相同，上口 ϕ19mm，下口 ϕ38mm，高 57mm，提起截锥 1min 后，测量流动浆体的直径。为了测试引气减水剂对浆体的影响，Zhor 和 Bremner

将此试验方法又作了改进，用 plexiglass 代替玻璃板，将树脂玻璃放置在天平上，提起截锥后，测试浆体重量和引气量，2d 后测试在树脂玻璃上硬化浆体的面积。

3.3.2.3 漏斗法

测试砂浆和净浆工作性的漏斗尺寸有多种，但其原理都是测定一定体积的新拌砂浆和净浆从漏斗口流下的时间。流下的时间越短，则浆体流动性越好；相反，流下的时间越长，则浆体流动性越差。漏斗按其形状可分为圆形漏斗和矩形漏斗。

（1）圆形漏斗

圆形漏斗常用于测定水泥净浆，也可用于测定水泥砂浆，但其尺寸略有差别，特别是底部流出孔的直径有所不同，如日本土木工程标准（JSCE-F531）规定的用于测定水泥砂浆的 J 形漏斗的尺寸为：顶端 ϕ100mm，底端流出孔 ϕ8mm，高 35mm。

美国 ASTM C939 列入的流动锥试验漏斗尺寸如图 3-19 所示。该试验主要测定用于预置集料混凝土的浆体流动性能，也可测试其他高流动性浆体，可用于现场和实验室。

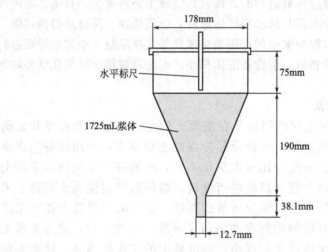

图 3-19　ASTM C939 流动锥的截面

莫斯锥（Marsh Cone）试验是油井水泥中经常使用的一种非标准化方法。Marsh 锥的下部开口为 5mm，漏斗内盛 1L 水泥浆体，记录浆体从下口流出的时间，流下时间应该与浆体的黏度有关。然而，Ferrais 发现 Marsh 锥试验的流下时间与试验室平板流变仪测得的黏度没有关联性，而可能与摩擦和离析等因素有关。

混凝土试验用的漏斗尺寸更大一些，总长 615mm，出口长度 150mm，上部直径 230mm，下口直径 75mm，可以测试集料粒径至 20mm 的混凝土。

（2）矩形漏斗

矩形漏斗常用于测定砂浆，日本土木工程标准规定的用于测定水泥砂浆的 P 形漏斗的形状和尺寸如图 3-20 所示。

3.3.2.4 水泥浆体稠度法

国内外有不少学者用水泥浆体稠度法来评价水泥与减水剂之间适应性，在水灰比和减水剂掺量一定时，水泥浆体的稠度越小，则表明浆体的流动性越好。在试验时常用锥体在水泥浆体中沉入度的变化来反映高效减水剂的作用效果。高效减水剂掺入后，锥体沉入度的增加值越大，则减水剂的作用效果越好，相应的这种水泥与减水剂的适应性就越好。

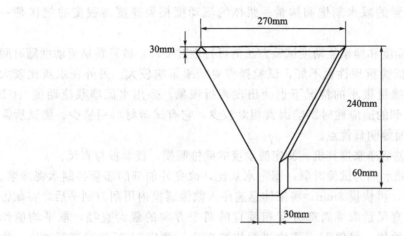

图 3-20　P 形漏斗形状和尺寸

孙振平、蒋正武等研究人员用这种方法研究了同种减水剂与几种水泥之间及同种水泥与几种不同减水剂之间的适应性问题，试验中减水剂的掺加方法、搅拌时间等条件均相同，试验结果见表 3-1 和表 3-2 所列。

表 3-1　同种减水剂对 5 中水泥的作用效果

水泥	基准浆体情况		掺加 0.5% 减水剂		掺加 0.75% 减水剂		适应性
	W/C	沉入度/mm	沉入度/mm	增加值/mm	沉入度/mm	增加值/mm	
1	0.255	16	23	7	41	25	优
2	0.260	16	18	2	28	12	中
3	0.261	17	21	4	32	15	良
4	0.250	16	17	1	20	4	差
5	0.260	17	21	4	30	13	良

表 3-2　不同减水剂对同种水泥的作用效果

减水剂	掺加 0.5% 减水剂		掺加 0.75% 减水剂		掺加 1.0% 减水剂		适应性
	W/C	沉入度/mm	W/C	沉入度/mm	W/C	沉入度/mm	
未掺		16		16		8	一
A		23		41		35	优
B		16		28		22	中
C	0.250	21	0.250	32	0.233	28	良
D		15		16		12	差
E		17		27		23	中
F		16		34		32	中
G		18		19		14	差

3.3.2.5　水泥净浆流动度

为了建立一套国内外适用的、快速有效评价水泥-减水剂适应性的检测方法，中国建筑材料科学研究院和清华大学等单位相关研究人员参考国外研究者的经验，对如前所述多种方法进行了验证性试验，包括混凝土坍落度试验、微坍落度试验和水泥稠度试验等。结果表明，这些试验方法所得到的减水剂饱和掺量、浆体的流动度损失速度与程度的规律是一致的。

在比较砂浆跳桌流动度和净浆流动度试验方法的可行性时发现，砂浆跳桌流动度随时间变化的规律不很明显，试验重现性也不好，试验操作对结果影响较大。另外在水灰比较大时，砂浆在高效减水剂掺量很小的情况下也会出现离析现象。采用水泥净浆流动度（GB 8077）来检测水泥-减水剂的适应性时影响因素相对较少，它有试验材料用量少、测试所需工作量小、评价指标全面等明显优点。

该方法所用的装置包括净浆搅拌机、测定流动度的截锥圆模、玻璃板与直尺。

以某种水泥和高效减水剂为试验对象，固定水灰比，改变外加剂的掺量拌制水泥净浆。搅拌时间为先慢搅 2min，再快搅 3min，将浆体迅速注入截锥圆模内用刮刀刮平后，将截锥圆模向上垂直提起，用直尺量取流淌部分互相垂直的两个方向的最大直径，取平均值作为水泥净浆流动度的初始值。静停 1h，再次进行快搅 2min，测定 1h 后的净浆流动度。考察水泥净浆流动性的经时变化，找出使水泥浆体流动性损失达到最小的外加剂掺量。该方法实际上是对现行水泥净浆流动度试验方法的改良，操作比较简单，且重现性好，可以普遍采用。

其评价指标为减水剂的饱和掺量、水泥浆体的初始流动性和流动性随时间的损失，根据减水剂不同掺量下的水泥浆体的初始流动性及 1h 后的流动度，绘制水泥浆体流动度与减水剂掺量间的关系曲线，即可明确表示出减水剂的饱和掺量、水泥浆体初始流动性及流动性损失等指标。可选用如下几个评价指标：C_d 为减水剂对水泥的饱和掺量；f_0 为减水剂推荐掺量下水泥浆体的初始流动性；f_1 为减水剂推荐掺量下水泥浆体加水 1h 后的流动度。

3.3.3　适应性的影响因素

3.3.3.1　外加剂的影响

不同种类减水剂，对水泥的适应性也不同。氨基磺酸盐和聚羧酸盐系减水剂对水泥适应性好，混凝土坍落度损失较小，但氨基磺酸盐掺量大时易泌水；萘系高效减水剂与蜜胺树脂系减水剂对水泥的适应性差些，主要表现在混凝土坍落度损失较快。特别是高浓型萘系减水剂（Na_2SO_4 含量低于 5％）遇见"缺硫水泥"时这种现象更为严重。

除了高效减水剂以外，普通减水剂、缓凝剂不同，对不同的水泥其适应性也不一样。因此，正确使用不同品种缓凝剂及缓凝减水剂是控制混凝土坍落度损失的一个非常重要的方法。

3.3.3.2　水泥的影响

水泥熟料矿物组成、水泥细度、颗粒级配、颗粒形状及混合材等均影响水泥与外加剂的适应性。

（1）水泥的熟料矿物组成对适应性的影响

在水泥的四大主要矿物成分中，由于硅酸盐矿物（主要指 C_3S 和 C_2S）的 ξ-电位为负值，因此对外加剂分子的吸附能力较弱。而铝酸盐矿物（主要指 C_3A 和 C_4AF）的 ξ-电位为正值，因而对外加剂分子的吸附能力较强，会较多地吸附外加剂，从而降低溶液中外加剂的浓度。因此，在硅酸盐水泥的四大矿物成分中，影响适应性的主要因素是 C_3A 和 C_4AF 的含量。C_3A 和 C_4AF 的含量越低，水泥与外加剂的适应性越好；C_3A 和 C_4AF 的含量越高，外加剂的分散效果越差，外加剂对水泥的适应性越差。

高性能混凝土以低水灰比为特征，由于 C_3A 水化速度最快，所以当水泥中含有较多的 C_3A 矿物成分时，用于溶解硫酸盐的水分就变得很少，从而产生的 SO_4^{2-} 量也少，使液相中的高效减水剂量下降，失去对水泥的分散作用，加速流动性损失。因此水泥中硫酸钙的溶解速率，或溶液中的 SO_4^{2-} 浓度是控制拌和物流变行为的重要因素。

（2）水泥颗粒细度对适应性的影响

水泥颗粒对外加剂分子具有较强的吸附性，在掺加外加剂的水泥浆体中，水泥颗粒越细，比表面积越大，则对外加剂分子的吸附量越大，在相同的外加剂掺量下，对于细度较大的水泥，其塑化效果要差一些。

贾祥道、姚燕等以Ⅰ型硅酸盐水泥为研究对象，用水泥净浆流动度试验研究了水泥细度变化对水泥与减水剂适应性的影响，减水剂对水泥的饱和掺量和浆体初始及 1h 后的流动度分别如图 3-21、图 3-22 所示。结果表明：①减水剂的饱和掺量均随着水泥细度的提高而逐渐增大，并且，当水泥细度变化后，水灰比对减水剂的饱和掺量有一定的影响，但水灰比并不影响减水剂饱和掺量的变化规律，即水泥磨细后，减水剂的饱和掺量相应增大，且水灰比较低时，这种增加幅度更大一些；②当水泥比表面积提高后，减水剂对水泥的饱和掺量有所增大，水泥浆体流动度及保持效果变差，因此，在配制低水灰比的高性能混凝土时，尤其要注意所选用水泥的比表面积，以使所用水泥与减水剂有良好的适应性；③随着水泥比表面积的提高，水泥颗粒对减水剂的吸附量逐渐增大，这是减水剂的饱和掺量随水泥比表面积提高而逐渐增大的原因；但是水泥颗粒单位面积上减水剂的吸附量却逐渐减小，这是在一定减水剂掺量的条件下，水泥浆体流动度随水泥比表面积提高而逐渐减小的原因。

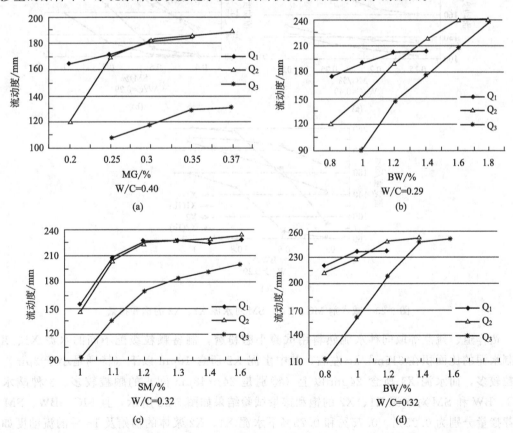

图 3-21　减水剂 MG、BW、SM 对水泥 Q_1、Q_2、Q_3 的饱和掺量

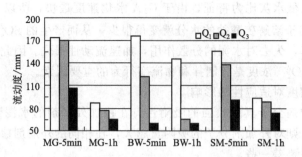

图 3-22 减水剂推荐掺量下水泥 Q_1、Q_2、Q_3 浆体初始及 1h 后的流动度

（3）水泥颗粒级配

在水泥比表面积相近时，水泥颗粒级配对减水剂适应性的影响主要表现在水泥颗粒中微细颗粒含量的差异，特别是小于 $3\mu m$ 部分颗粒的含量，这部分微细颗粒对减水剂的作用影响很大。而且水泥中小于 $3\mu m$ 颗粒的含量因各水泥生产厂家粉磨工艺的不同而相差较大，约在 $8\%\sim18\%$ 不等，特别是在开流磨系统使水泥比表面积提高后，过粉碎现象严重时，微细颗粒含量会更大，因而会对水泥与减水剂的适应性产生很大的影响。

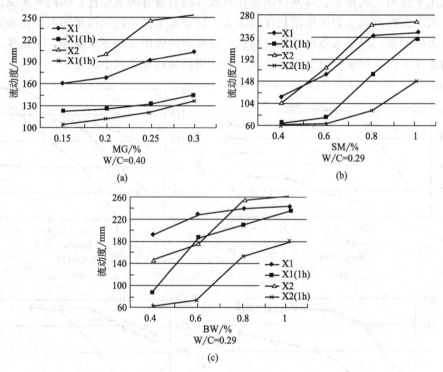

图 3-23 减水剂 MG、BW、SM 对水泥 X1、X2 的饱和掺量

贾祥道、姚燕等取同种水泥熟料用试验小磨粉磨，制备颗粒级配不同的水泥 X1、X2，控制水泥的比面积在 $315m^2/kg$ 左右，其中水泥 X2 所含 $10\mu m$ 以下（特别是小于 $3\mu m$）的颗粒较多，而水泥 X1 所含 $24\mu m$ 以上（特别是 $24\sim48\mu m$ 间）的颗粒较多。3 种减水剂 MG、BW 和 SM 对水泥 X1、X2 的饱和掺量试验结果如图 3-23 所示，且 MG、BW、SM 在推荐掺量分别为 0.25%、0.75% 和 0.75% 下水泥 X1、X2 浆体的初始及 1h 后的流动度如图 3-24 所示。

从图 3-23、图 3-24 可以看出，MG 对水泥 X1、X2 的饱和掺量均在 0.25% 左右，BW 对水泥 X1、X2 的饱和掺量均在 0.8% 左右；SM 对水泥 X1、X2 的饱和掺量也都在 0.8% 左右，即减水剂 MG、BW、SM 对水泥 X1、X2 饱和掺量相差不大。而对 3 种减水剂，水泥 X2 的初始流动度损失远大于水泥 X1，但在 1h 后的流动度远小于 X1。

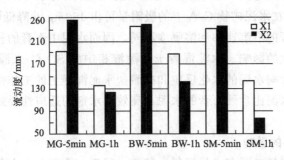

图 3-24　水泥 X1、X2 浆体的初始及 1h 后的流动度

可见，在一般情况下，水泥比表面积相近时，水泥颗粒中微细部分颗粒的含量对减水剂的饱和掺量影响不大，但对水泥浆体的初始及 1h 后的流动度有明显的影响。贾祥道、姚燕等又通过实验，提出当微细颗粒含量较大时，在 W/C 较大或减水剂的掺量较大情况下，水泥浆体的初始流动性较好。同时，微细颗粒含量的增大加剧了水泥浆体流动度的损失。

（4）水泥颗粒球形度

球形度是指将与粒子投影面积相等的圆的周长除以粒子投影的轮廓长度所得的值，颗粒形状越接近球体，球形度数值就越大。日本 Isao Tanaka 等用球形度分别为 0.85 和 0.67 的球形水泥与普通水泥作了砂浆流动度对比试验，试验中胶砂比为 1：2，水灰比为 0.55，前者的流动度为 277mm，而后者的流动度仅为 177mm。可见，水泥颗粒球形度对水泥与减水剂适应性也有较大的影响。一般情况下，当水泥颗粒球形度提高后，虽然对减水剂的饱和掺量影响不大，但可增大水泥浆体的初始流动度，且在 W/C 较低或减水剂掺量较小情况下，这种增大效果更为明显。另外，水泥颗粒球形度提高，还可使水泥浆体流动度的保持效果得到改善。

（5）水泥的新鲜程度、温度的影响

由于粉磨时会产生电荷，新鲜的水泥出磨时间短，颗粒间相互吸附凝聚的能力强，正电性强，吸附阴离子表面活性剂多，因此表现出减水剂减水率低、混凝土坍落度损失快的现象。另外刚磨出来的水泥温度很高，当水泥温度小于 70℃ 时对减水剂的塑化效果影响不大，当水泥温度超过 80℃ 时对减水剂的塑化效果明显降低，当水泥温度更高时，可能会造成二水石膏脱水变成无水石膏，需水量及外加剂吸附量明显增大，坍落度损失也会明显加快。所以新鲜水泥（特别是出厂日期 12d 内）具有需水量大、坍落度损失快、易速凝等特点；相反使用陈放时间较长的水泥，就可以避免上述现象的发生。

（6）水泥中的碱含量

碱含量（K_2O、Na_2O）对水泥与外加剂的适应性也有重要的影响。水泥中碱的存在会使减水剂对水泥浆体的塑化效果变差、水泥浆体的流动性减小，且随着水泥碱含量的增大，高效减水剂对水泥的塑化效果逐渐变差，也会导致混凝土的凝结时间和坍落度经时损失变大。

另外，水泥中碱的形态对外加剂作用效果的影响有一定的差异，一般认为，以硫酸盐形式存在的碱对减水剂作用效果的影响要小于以氢氧化物形式存在的碱的影响。

（7）水泥中石膏的形态和掺量

水泥中掺入石膏可延缓水泥的水化，减少水泥水化产物对减水剂的吸附，从而改善水泥与减水剂之间的适应性。有关研究表明，掺入石膏后，由于石膏与 C_3A 反应生成钙矾石覆盖了 C_3A 颗粒的表面，阻止了 C_3A 的进一步水化，从而减弱了 C_3A 颗粒对减水剂的吸附，因此，使减水剂 FDN 在水泥矿物 C_3A 上的吸附量可由 150mg/g 降低到 12.4mg/g。

由于不同种类石膏的溶解速率和溶解度不同，因而水泥中石膏的种类和含量对水泥与减水剂的适应性也有较大的影响。水泥混凝土孔隙液相中的 SO_4^{2-} 来源于硅酸盐水泥中不同形式的硫酸盐，直接影响水泥的水化反应和硅酸盐水泥混凝土的工作性。一般情况下，含半水石膏、二水石膏的水泥比含硬石膏的水泥与高效减水剂的适应性要好，这是由于前者释放硫酸根离子的速度快。

3.3.3.3 矿物掺和料的影响

混凝土的矿物掺和料主要有：粉煤灰、矿渣、磷渣、沸石、火山灰、硅灰等。在混凝土中掺入粉煤灰等矿物掺和料，有利于提高水泥浆体的流动性，提高外加剂的使用效果，改善外加剂与水泥间的适应性。由于具有颗粒表面接近球形、活性低、吸水量少、改善颗粒级配等特点，粉煤灰和矿渣是目前使用最广泛、效果最好的矿物掺和料。

贾祥道、姚燕等研究了粉煤灰、矿渣细度和掺量变化对水泥与减水剂适应性的影响。选用三种不同细度的矿渣 S1、S2、S3（比表面积分别为 350m²/kg、450m²/kg、550m²/kg）和粉煤灰 F2、F1、F0（比表面积分别为 320m²/kg、400m²/kg、500m²/kg），采用 30% 的掺量（内掺）掺入水泥，分别记作 W1、W2、W3 和 Y2、Y1、Y0，试验主要包括减水剂的饱和掺量试验和减水剂推荐掺量下水泥的净浆流动度及其保持试验、掺矿渣和粉煤灰的水泥在溶有减水剂的水溶液中颗粒表面 ζ-电位的测定、矿渣和粉煤灰对减水剂 MG、BW、SM 吸附量的测定、矿渣和粉煤灰对水泥浆体黏度的影响等。结果表明：粉煤灰的掺入可降低减水剂的饱和掺量，而矿渣的掺入则对减水剂的饱和掺量影响不大。矿渣和粉煤灰的掺入可使水泥浆体的初始流动度增大、流动度损失减小，且这种改善效果随水泥中矿渣和粉煤灰掺量的增大和比面积的提高而增强。矿渣和粉煤灰对减水剂的吸附量较小，这样在减水剂掺量一定条件下可有较多的减水剂被吸附在水泥熟料颗粒表面，从而使水泥颗粒间的斥力增大，表现为水泥浆体中水泥颗粒表面的 ζ-电位绝对值增大，因而提高了水泥浆体的流动度及流动度保持效果。

3.3.3.4 集料级配对适应性的影响

集料级配越好，外加剂与水泥的适应性就越好。良好集料级配的混凝土，由于细集料有效地填充粗集料间的空隙，使填充集料间空隙和包裹粗、细集料所需的水泥浆体减少，节约的水泥浆体用来改善混凝土的流动性，所以外加剂使用效果更好。相反，集料级配不良的混凝土，即使增加外加剂掺量也无法解决流动性差的问题。

3.3.3.5 环境条件的影响

当环境温度较高时，混凝土表面水分蒸发和水泥的水化反应速度都将加快，而混凝土内部游离水通过毛细管补充到混凝土表面，并被蒸发而减少。由于这两方面的原因，将使新拌混凝土坍落度损失加快。因此在高温环境中，需要提高混凝土外加剂的掺量并采取措施减少混凝土表面的水分蒸发。搅拌及运输过程中气泡外溢也会引起坍落度损失。如果混凝土运输较远或者浇注速度较慢，则新拌混凝土因水化及水分蒸发会使坍落度损失更快。

3.3.4　适应性的改善措施

长期以来，混凝土工作者在提高减水剂与水泥的适应性方面进行了大量的研究工作，提出了各种改善外加剂与水泥适应性的方法。

(1) 新型高性能减水剂的开发应用

目前国内外广泛使用的高效减水剂主要为萘磺酸盐甲醛缩合物（萘系高效减水剂）和三聚氰胺磺酸盐甲醛缩合物（蜜胺树脂系高效减水剂），它们的减水率高，但缺陷是与水泥适应性不太好，混凝土坍落度损失快。为了克服萘系高效减水剂和蜜胺树脂系高效减水剂的缺陷，国内外目前研究最多的是氨基磺酸盐系及聚羧酸盐系新型高效减水剂。这两种新型高效减水剂就可以很好地控制混凝土坍落度的损失。

(2) 外加剂的复合使用

通过外加剂的复合使用，提高减水剂与水泥的适应性。例如高效减水剂与缓凝剂或缓凝减水剂的复合使用，主要通过缓凝组分的缓凝作用抑制水泥的早期水化反应，从而减小混凝土的坍落度经时损失；减水剂与引气剂复合使用，主要通过引入大量微小气泡，增大混凝土拌和物的流动性，同时增大黏聚性，减小混凝土的离析和泌水；减水剂与减水剂的复合使用，通过"协同效应"和"超叠加效应"，提高减水剂与水泥的适应性。

(3) 外加剂的掺入方法

改变外加剂的掺入时间，即采用后掺法、多次添加法等方法，保持混凝土的流动性。在水化反应的整个过程中，保证水泥浆体中外加剂浓度，避免因外加剂数量下降，使大部分的新生水化产物没有得到外加剂的吸附，引起水化产物相互搭接而产生凝结。

(4) 适当调整混凝土配合比法

混凝土拌和物初始坍落度值的大小对 2h 经时损失速度影响很大。通常初始坍落度值小，坍落度 2h 经时损失速度大；而随着初始坍落度值增大，特别是 1h 坍落度经时损失速度减小。因此，对于运程较远的商品泵送混凝土，如果出现坍落度损失过快，而通过调整外加剂配方及掺量的方法，又不能很好地解决问题，在这种情况下，则可能通过适当调整混凝土配合比（包括浆量多少、砂率大小等），在原坍落度设计值基础上，在充分保证硬化混凝土的各种性能的前提下，适当增大混凝土初始坍落度，也不失为一种解决工程中紧急事件的应急方法。

(5) 提高水泥中混合材的比表面积

提高水泥中混合材的比表面积，在不降低混合材掺量的条件下可提高水泥强度，降低水泥生产成本，改善水泥与减水剂之间的适应性，是生产优质水泥的可行技术措施之一。

(6) 选用合适的水泥品种，调整掺和料

不同水泥品种，对混凝土的外加剂适应性不同，因此，合理选用水泥品种必不可少。同时，应尽量降低游离 CaO、MgO、$CaSO_4$ 的含量，有效控制 C_3A、SO_4^{2-}、OH^- 的平衡，使 C_3A 含量小于 8%。

总之，水泥与外加剂之间的适应性是随着混凝土科学技术发展而发展的问题，特别是高强、高性能混凝土的研究、发展和应用已使水泥与外加剂之间的适应性成为国内外混凝土研究领域的热点。另外，随着混凝土外加剂行业的发展，新品种外加剂将不断出现，水泥与外加剂的适应性也必然是一个不断发展的问题，需要我们进行更系统、深入的研究。

3.4 影响混凝土工作性的主要因素

新拌混凝土的工作性除了受外加剂的影响之外，还受下列各因素的影响。

3.4.1 混凝土单位用水量对流动性的影响

一般地，混合物由固相粒子和液相两相混合而成，其黏度应为液相黏度、固相粒子形状、大小、数量以及化学组成的函数。然而，固相粒子形状及大小对混合料的影响，一般很难进行定量描述。为简化起见，将固相粒子与液相的体积比作为独立的变数，并将固相粒子的形状和大小的影响作为参数考虑，这样便于计算分析。

现假设新拌混凝土的流动性为 y，固相粒子以 dV_s 增加时，流动性变化为 dy，dy 随固相粒子总体积 V_s 和水的总体积 V 之比的增量 $d\left(\dfrac{V_s}{W}\right)$ 及流动性 y 成正比，因此有：

$$dy = -Ky d\left(\frac{V_s}{W}\right) \tag{3-18}$$

式(3-18)负号表示 $d\left(\dfrac{V_s}{W}\right)$ 增加时，dy 将减少。积分式(3-18)得：

$$y = Y_0 e^{-k(V_s/W)} \tag{3-19}$$

式中，Y_0 是常数，它由流动性试验方法而定。其含义可理解为 $V_s = 0$ 时的流动性，即水的流动性。K 为常数，它由固相粒子的性质决定。

对于 $1m^3$ 混合料，则：

$$V_s + W = 1$$

式(3-19)可以改写为：

$$y = Y_0 e^{-K[(1-W)/W]}$$

或

$$\ln \frac{y}{Y_0} = K\left(1 - \frac{1}{W}\right)$$

这里若用坍落度表示新拌混凝土的流动性，并假定单位加水量为 W_0 时，混合料的坍落度为 $y_0(cm)$，根据式(3-19)，有：

$$\ln \frac{y}{Y_0} = K\left(1 - \frac{1}{W_0}\right)$$

如假定除单位用水量以外，其他条件没有变化，则可用上式消去式(3-18)中的系数 K，得：

$$\lg\left(\frac{y}{Y_0}\right) = \left[\frac{W_0}{1-W_0} \lg\left(\frac{y_0}{Y_0}\right)\right]\left(\frac{1}{W} - 1\right) \tag{3-20}$$

由式(3-20)可见，$\lg y$ 与 $\dfrac{1}{W}$ 成直线关系。

关于单位用水量和流动性的关系，在很大范围内符合流动性的变化率和单位用水量的变化率成正比的关系，故可表示为：

$$\frac{dy}{y} = n\left(\frac{dW}{W}\right)$$

积分可得：

$$y = CW^n \qquad (3\text{-}21)$$

或

$$y = y_0 \left(\frac{W}{W_0}\right)^n = y_0 K^n$$

式中，$K = \left(\dfrac{W}{W_0}\right)$ 为需水量倍数，由式（3-21）可得：

$$K = \left(\frac{y}{y_0}\right)^{\frac{1}{n}} \qquad (3\text{-}22)$$

式中，n 为试验方法常数，与混凝土成分无关。

当混凝土拌和物干硬时，少量加水引起的流动性变化不大；流动性较大时，少量加水将引起坍落度大幅度增加。上式幂函数高次抛物线很好地描述了这一实验事实。

若以坍落度表示流动性，$n = 10$，十分符合实验值；以混凝土流动桌试验，$n = 5$，较符合实验值；以重塑试验，$n = -9$，与实验值符合较好。

但随着近几年混凝土技术的发展，高流动性、高性能混凝土应用越来越普遍，为了更好、更全面地反映混合料的流动性，出现一些新的方法，如流动度（扩展度）、L-型流动工作度等，其实验方法常数 n 以及其他有关系数，都有待实验确定。但这些常数的获得，已不必重新系统试验，将有关单位如施工单位，大专院校及相关研究院所已有数据，加以收集整理分析，即可解决。

根据上述分析与论述，我们可以知道，在混凝土集料性质一定的条件下，如果单位用水量不变，在一定范围内，即使单位水泥用量变化，流动性混凝土的坍落度（流动性）也基本保持不变，这就是所谓的固定用水量定则，或称需水量定则。

3.4.2 砂率的影响

砂率是指单方混凝土所用材料中，细集料占集料总量的百分比。大量试验证明，砂率对混合料的工作性有很大影响，表 3-3 是前苏联的试验资料，从中我们可以看出，保持水泥及用水量不变，存在一个最佳砂率值使得坍落度最大。

表 3-3　砂率对混合料坍落度的影响（W/C＝0.65，水泥标准稠度为 23.6%）

序号	每立方米混凝土混合材料用量/kg				含砂率/%	坍落度/cm
	水泥	砂	砾石	水		
1	241	664	1334	156.8	33	0
2	241	705	1293	156.8	35	3.5
3	241	765	1232	156.8	38	5
4	241	794	1203	156.8	39.5	3
5	241	826	1178	156.8	41	1.5
6	241	868	1135	156.8	43	1

砂率对工作性影响的原因，一般认为是适当的细集料含量的砂浆在混合料中起着润滑作用，可减少粗集料颗粒之间的摩擦阻力。所以在一定的砂率范围内，随着砂率的增加，润滑作用愈加明显，混合料的塑性黏度降低，流动性提高。但当砂率超过一定范围后，细集料的总表面积过分增加，需要的润湿水分增大，在一定加水量条件下，砂浆的黏度过分增加，从而使混合料流动性能降低。所以对于一定级配的粗集料和水泥用量的混合料，均有各自的最佳砂率，使得在满足工作性要求条件下的加水量最少。

3.4.3 材料组成的影响

根据实践经验，影响新拌混凝土工作性的主要因素有内因和外因两个方面，内因是组成材料的质量及用水量，外因是环境条件（如温度、湿度和风速）以及时间等。

（1）组成材料质量及其用水量的影响

① 水泥特性的影响　水泥的品种、细度、矿物组成以及混合材的掺量等直接影响用水量。由于不同品种的水泥达到标准稠度用水量不同，所以不同品种水泥配制的混凝土拌和物具有不同的工作性。通常普通水泥拌和物比矿渣和火山灰水泥拌和物工作性好。矿渣水泥拌和物流动性最大，但黏聚性差，易泌水离析；火山灰水泥流动性小，但黏聚性好。此外，水泥的细度对新混凝土拌和物的工作性有影响。

② 集料特性的影响　集料的特性包括集料最大粒径、形状、表面纹理（卵石、碎石）级配和水性等，这些特性将不同程度地影响新拌混凝土的工作性。其中最明显的是，卵石拌制的混凝土和易性较碎石好。集料的最大粒径增大，可使集料的总表面积减少，拌和物的工作性也随之改变。具有优良级配的混凝土拌和物工作性也较好。

③ 集浆比的影响　集浆比是指单位混凝土拌和物中，集料绝对体积与水泥浆绝对体积之比。水泥浆在混凝土拌和物中，除了填充集料间的空隙外，还包裹集料的表面，以减少集料颗粒间的摩擦阻力，使混凝土拌和物具有一定的流动性。在单位体积混凝土拌和物中，如水灰比保持不变，则水泥浆的数量越多，拌和物的流动性愈大。但如水泥浆数量过多，集料的含量将相对减少，达到一定限度时，将会出现流浆现象，使混凝土拌和物的黏聚性和保水性变差，同时对混凝土的强度和耐久性也会产生一定的影响。此外水泥浆数量增加，就要增加水泥用量，提高混凝土的单价。相反若水泥浆数量过少，不足以填满集料的空隙和包裹集料表面，则混凝土拌和物黏聚性变差，甚至产生崩坍现象。因此，混凝土拌和物中的水泥浆数量应根据具体情况决定，在满足工作性要求的前提下，同时要考虑强度和耐久性要求，尽量采用较大的集浆比（即较少的水泥浆用量），以节约水泥用量。

④ 水灰比的影响　在单位混凝土拌和物中，集浆比确定后，即水泥浆的用量为一固定数值时，水灰比即决定水泥浆的稠度。水灰比较小，则水泥浆较稠，混凝土拌和物的流动性亦较小，当水灰比小于某一极限时，在一定施工方法下就不能保证密实成型；反之，水灰比较大水泥浆较稀，混凝土拌和物的流动性虽然较大，但黏聚性和保水性却随之变差。当水灰比大于某一极限值时，将产生严重的离析、泌水现象。因此，为了使混凝土拌和物能够密实成型，所采用的水灰比值不能过小；为了保证混凝土拌和物具有良好的黏聚性和保水性，所采用的水灰比值又不能过大。在实际工作中，为增加拌和物的流动性而增加用水量时，必须保证水灰比不变，同时增加水泥用量，否则将显著降低混凝土的质量。因此，决不能以单纯改变用水量的方法来调整混凝土拌和物的流动性。在通常使用范围内，当混凝土中水量一定时，水灰比在小范围内变化对混凝土拌和物的流动性影响不大。

⑤ 外加剂的影响　在拌制混凝土拌和物时，加入少量的外加剂，在不增加水泥用量的情况下，改善拌和物的工作性，同时提高混凝土的强度和耐久性。

⑥ 矿物掺和料的影响　在混凝土中掺入磨细的矿物掺和料，取代部分水泥，减少胶凝材料总量中水泥的用量，能减少同一龄期时水化物的生成量。同时，粉煤灰、磨细矿渣等矿物掺和料的水化反应依赖于水泥水化产生的碱性物质的激发，胶凝体的生成速度远远低于硅酸盐水泥，可以减缓拌和物的初凝速度。如果掺入粉煤灰，还可以在混凝土中发挥其球形颗粒的粒形效应使混凝土的流动性进一步得到提高，这种粒形效应在粉煤灰表面未生成大量水

化胶凝体之前会一直发挥作用，所以掺入粉煤灰能改善水泥与外加剂的适应性，减少坍落度损失。

(2) 环境条件及时间的影响

搅拌后的混凝土拌和物，随着时间的延长而逐渐变得干稠，坍落度降低，流动性下降，这种现象称为坍落度损失，从而使工作性变差。其原因是一部分水已与水泥硬化，一部分被水泥集料吸收，一部分水蒸发以及混凝土凝聚结构的逐渐形成，致使混凝土拌和物的流动性变差。

混凝土拌和物的和易性也受温度的影响，环境温度升高，水分蒸发及水化反应加快，相应使流动性降低。因此，施工中为保证一定的工作性，必须注意环境温度的变化，采取相应的措施。

3.5 离析和泌水

3.5.1 离析与泌水产生的原因

新拌混凝土的离析是指混合料各组分发生分离，造成不均匀和失去连续性的现象。这是由于构成混合料的各种固体颗粒的大小、密度不同而引起的。

搅拌后的混凝土混合料可以看成是均匀分布的。但是在静止情况下，颗粒在重力作用下下沉（也可能上浮），造成混凝土混合料的不均匀。在这种情况下，颗粒运动力为颗粒的自重，阻力为液体的黏滞阻力和浮力。

混合料的离析通常有两种形式：一种是粗集料从混合料中分离，因为它们比细集料更易于沿着斜面下滑或在模内下沉；另一种是稀水泥浆从混合料中淌出，这主要发生在流动性大的混合料中。

混合料的离析分为施工作业中产生的离析和浇筑后产生的离析，但前者主要是粗集料颗粒的离析，这种情况也称狭义的混合料离析。

完全处于均匀分布状态的颗粒群，如果其中有哪一颗粒同其周围的另一颗粒间产生错动时，那么颗粒分布必然形成不均匀状态，这种现象在实际中常见。如混凝土从斜溜槽向下流动时或由高处下落而堆积时粗颗粒集料的运动就是这样。

混凝土流下斜槽时，对于非干硬性混凝土，靠近表面的那部分比靠近溜槽壁面的那部分流得快。但对干硬性混凝土，其流动却是沿槽面滑动，全部形成整体而移动。

整体移动的混凝土，因为所有混凝土颗粒之间的相对位置不变，所以不发生离析。这种移动方式是当混凝土屈服剪切应力值比溜槽面上的抗剪力大时才发生，因为坍落度越小，混凝土的屈服剪切应力值越大，所以能保持在塑性状态的范围内，坍落度越小的混凝土，对材料离析抵抗性越大。经验上也是这样，坍落度 5～10cm 的塑性混凝土很少出现离析。

混凝土从高处落下时，因为越向下落，下落速度越大，同时在颗粒之间产生垂直方向的相对位移。停止的时候，因为材料成分不同，停止的位置也不同，故引起混合料离析。

因此，颗粒的运动方程为：

$$\frac{4}{3}\pi r^3 \rho_p \frac{dv}{dt} = \frac{4}{3}\pi r^3 \rho_p g - 6\pi r \eta v - \frac{4}{3}\pi r^3 \rho_1 g \tag{3-23}$$

式中，ρ_p 为颗粒的密度，g/cm^3；ρ_1 为液体的密度，g/cm^3；r 为颗粒的半径，cm；η

为液体的黏度，P；v 为颗粒的运动速度，cm/s。

整理得：
$$\frac{\mathrm{d}v}{\mathrm{d}t} + \frac{9\eta}{2\rho_\mathrm{p}r^2} - v = g\left(1 - \frac{\rho_1}{\rho_\mathrm{p}}\right)$$

积分，并用初始条件 $t=0$ 时，$v=0$，得：
$$v = \frac{2r^2 g(\rho_\mathrm{p}-\rho_1)}{9\eta}\left(1 - \mathrm{e}^{-\frac{9\eta}{2\rho_\mathrm{p}r^2}t}\right)$$

最终速度为：
$$v = \frac{2r^2 g(\rho_\mathrm{p}-\rho_1)}{9\eta} \tag{3-24}$$

由此可见，颗粒的远动速度与颗粒粒径的平方及颗粒与液体的密度差成正比，与液体的黏度成反比。

在新拌混凝土中，颗粒相与液体是相对的，根据考虑问题的不同角度采取不同的划分方法。

（1）将集料看成是颗粒相，砂浆看成是液体相

粗集料的粒径是较大的，如果砂浆没有足够的黏度以阻碍粗集料的运动，将会出现粗集料的分离。粗集料的粒径越大，阻碍集料运动所需的砂浆黏度也应越大。如果 $\rho_\mathrm{p} > \rho_1$，v 为正值；如果 $\rho_\mathrm{p} < \rho_1$，v 为负值；如果 $\rho_\mathrm{p} = \rho_1$，$v=0$。这表明，对于重集料，集料颗粒很容易下沉，而且集料越重，下沉速度越快；当集料的密度与砂浆密度相近时，集料不易运动，新拌混凝土能保持较好的稳定性；对于一些轻集料，集料颗粒容易上浮，集料越轻，上浮速度越快。

（2）将集料看成是颗粒相，水泥浆看成是液体相

在这种情况下如果产生分离则是水泥浆与集料分离。对于普通集料 $\rho_\mathrm{p} > \rho_1$。因此，出现分离时，集料下沉，水泥浆上浮，这一现象称为浮浆。从式(3-24)可以看出，集料的运动速度取决于水泥浆的黏度，水泥浆的黏度越小，集料颗粒越容易下沉，因而越容易出现浮浆。

（3）将固体颗粒都看成是颗粒相，水看成是液体相

从这一角度看，所产生的分离是水与固体颗粒分离，称为泌水。从式(3-24)可以看，水的黏度是固定的，泌水的程度则取决于胶凝材料颗粒的粒径与密度。

从这一分析可以清晰地看到，泌水、浮浆、粗集料离析实质上是 3 个不同层次的分离现象。

3.5.2　离析和泌水对硬化混凝土性能的危害

新拌混凝土的泌水使表面混凝土含水量很大，硬化后表面混凝土的强度明显低于下面混凝土的强度，甚至在表面产生大量容易脱落的"粉尘"。如果泌出的水分受到集料或钢筋的阻碍，则可能在这些集料或钢筋下形成水囊，影响硬化水泥石与集料或钢筋的黏结。

新拌混凝土的浮浆将导致表面混凝土与下面混凝土的水泥浆含量不一致。表面水泥浆含量越多，在干燥的环境下干缩变形越大。下面混凝土集料较多，由于集料的弹性模量一般大于硬化水泥石的弹性模量，因此，较多的集料在下面富集，使得下部混凝土具有较高的弹性模量，必将对表面混凝土的变形产生较大的约束，使混凝土表面出现裂缝。这种收缩称为塑性收缩，由此产生的裂缝称为塑性收缩裂缝。

粗集料的分离同样导致表面混凝土与下面混凝土水泥浆含量的不一致性，也可以引起混凝土表面开裂。

由此可知，新拌混凝土不同层次的分离必将导致各部分混凝土分布的不均匀性，这种分布的不均匀性必将导致各部分混凝土性能差异，而正是由于这种性能的差异使得混凝土内部或表面产生缺陷，影响混凝土的性能和正常使用。因此，必须注意新拌混凝土的各种分离，并采取有效的措施来减少这些分离，保证新拌混凝土的均匀性，从而保证各部分混凝土性能的一致性。用不同方法划分颗粒相和液体相，有助于更深刻的认识泌水、浮浆、粗集料离析问题，把握事物的本质，找出解决问题的方法。

3.5.3 离析和泌水的评价方法

（1）新拌混凝土泌水的评定方法

新拌混凝土泌水的评定方法是通过泌水率试验。试验设备为一个内径和高均为 267mm 的带盖金属圆筒。试验时将一定量的新拌混凝土装入圆筒中，经振捣或插捣使之密实，混凝土表面低于筒口 4cm 左右，然后静置并计时，每隔 20min 用吸管吸取试样表面泌出的水分，并用量筒计量。试验直到连续三次吸水时均无泌水为止。

对于新拌混凝土的泌水特征，通常采用下列特征值来表示：①泌水量，是指新拌混凝土单位面积上的平均泌水量，cm^3/cm^2；②泌水率，指泌水量对新拌混凝土含水量之比，%；③泌水速度，指析出水的速度，cm/s；④泌水容量，指新拌混凝土单位厚度平均泌水深度，cm/cm。

假设：新拌混凝土的体积为 V（cm^3），断面面积为 A（cm^2），高度为 H（cm），含水量为 W（cm^3），析出水量为 W_b（cm^3），析出水深度为 H_b（cm），单位时间的平均泌水量为 Q（cm^3/s），则泌水量 $=\dfrac{W_b}{A}$；泌水率 $=\dfrac{W_b}{W}$；泌水速度 $=\dfrac{Q}{A}$；泌水容量 $=\dfrac{H_b}{H}=\dfrac{W_b}{V}$。

（2）新拌混凝土离析的评定方法

目前，对新拌混凝土离析的评定还没有一个较为成熟的方法，更无统一的标准。以下介绍几种评定方法，以供参考。

① 落差试验方法 落差试验方法是 Hughes 在 1961 年提出的一种测量新拌混凝土抗离析性能的方法。试验装置如图 3-25 所示。试验时将一定量的新拌混凝土装入料斗中，并使其自由下落，落下的拌和物碰到圆锥体后被分散开。以圆锥体底面中心为圆心，直径 380mm 的圆为内圈，380mm 以外的为外圈，分别收集内圈和外圈范围内的拌和物，并计算各自的粗集料含量。内外圈拌和物中粗集料含量的差别较小，说明该新拌混凝土的均匀性较好，有较强的抗离析能力。

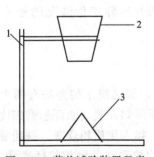

图 3-25 落差试验装置示意

1—支架；2—锥形漏斗；3—圆锥体

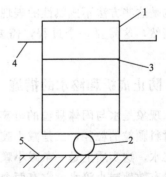

图 3-26 摇摆式抗离析试验筒

1—内径为 150mm 的三节圆筒；2—ϕ25mm 圆钢棍；3—带螺栓的法兰盘；4—把手；5—硬质地面

② 摇摆试验方法 摇摆试验方法是测量大坍落度（200mm 左右）混凝土在运输过程中可能产生离析的一种方法。摇摆试验装置如图 3-26 所示。在试验时将新拌混凝土装满由三节连成的圆筒内，筒底中心焊接一根 ϕ25mm、长 150mm 的圆钢棍，扶住把手，左右摇摆圆筒，并使筒底两侧轻击地面，使筒中新拌混凝土试样左右摇摆和上下振动。摇摆一定次数后，分别将三节圆筒卸下，筛出各节圆筒中的粗集料并称重。按式（3-25）计算集料的分离因素：

$$S = \frac{\left| g_1 - \overline{g} \right| + \left| g_2 - \overline{g} \right| + \left| g_3 - \overline{g} \right|}{\overline{g}} \tag{3-25}$$

式中，S 为集料的分离因素；g_1，g_2，g_3 为上、中、下圆筒中的集料质量，kg；$\overline{g}$ 为三节圆筒中集料的平均质量，kg。

集料分离因素 S 值越小，则新拌混凝土的抗离析性能越好。

③ 分层度试验方法 分层度试验方法用于检验自密实混凝土拌和物的稳定性，其方法类似于摇摆试验方法，所用仪器也是三节圆筒，圆筒的内径为 115mm，每节高度为 100mm。试验时，将新拌混凝土拌和物用料斗装入筒中，平至料斗口，垂直移走料斗，静置 1min，用刮刀将多余的拌和物除去并抹平，要轻抹，不允许压抹。然后，将检验筒放在跳桌上，以 1 次/s 的速度转动摇柄，使跳桌跳动 25 次。分节拆除检验筒，并将每节筒中的拌和物分开。然后分别放入 5mm 的圆孔筛中，用清水冲洗，筛除水泥浆和细集料，将剩余的粗集料用海绵拭干表面的水分，用天平称其质量，得到上、中、下三段拌和物粗集料的湿重：$m_{上}$、$m_{中}$、$m_{下}$。用下式评定新拌混凝土的拌和物的稳定性：

$$F_1 = \frac{m_{下} - m_{上}}{\overline{m}} \times 100\% \tag{3-26}$$

$$F_2 = \frac{m_{中}}{\overline{m}} \times 100\% \tag{3-27}$$

式中，F_1 为混凝土拌和物稳定性性评价指标；F_2 为试验的效验指标，应接近于 $100\% + 2\%$；$\overline{m}$ 为每段混凝土拌和物中湿集料的质量的平均值；$m_{上}$ 为上段混凝土拌和物中湿集料的质量；$m_{中}$ 为中段混凝土拌和物中湿集料的质量；$m_{下}$ 为下段混凝土拌和物中湿集料的质量。

上述方法均能较好地判断新拌混凝土的稳定性，只是不同方法用于不同的混凝土。但是，这些方法存在一些共同的不足之处，就是均没有提出一个判断依据。这些指标应控制在什么范围内就可以保证在实际工程中不会出现离析？在这些方法中对这一问题并没有做出回答，这也是这些方法不成熟性的表现之一。如果不解决这一问题，那么在实际过程中就没法控制。当然，这需要一个过程，需要我们积累试验结果与实际工作情况的相关性来进行考虑。

3.5.4 防止离析和泌水的措施

泌水现象是水与固体颗粒的分离，由式（3-24）可知，解决泌水的办法有两个：一是减小胶凝材料颗粒的粒径，二是减小胶凝材料的密度。众所周知，提高水泥粉磨细度可以有效地减小泌水，这实质上是一条减小颗粒粒径的技术途径。掺入优质粉煤灰、硅粉等矿物掺和料也可以有效地减小泌水，它有两个作用：一是这些矿物掺和料的颗粒粒径通常比水泥小，用他们部分取代水泥可以减小胶凝材料的平均粒径。特别是硅灰，它的颗粒粒径非常小。因此，掺入少量的硅灰就可以有效控制泌水。二是矿物掺和料的密度比水泥小，因而可以减小颗粒的沉降速度，达到减少泌水的目的。从这一点可以认识到掺入磨细矿粉比粉煤灰容易产生泌水。磨细矿粉的密度大约为 $2700kg/m^3$，粉煤灰的密度大约为 $2200kg/m^3$，水泥的密度大约为 $3100kg/m^3$。由式(3-24)知，当颗粒的粒径相同时，磨细矿粉颗粒的沉降速度大约为水泥颗粒的 81%，而粉煤灰颗粒的沉降速度仅为水泥颗粒的 57%。由此看来，从减少泌水的角度来说，粉煤灰比磨细矿粉更有效。

浮浆现象是水泥浆与粗集料的分离，由式(3-24)知，解决这一问题也有两个技术途径，一是减小颗粒的粒径，二是增大水泥浆的黏度。从前一个技术途径考虑，采用较细的砂有利于减小浮浆。从后一个技术途径考虑，则可以通过减小水灰比，增加水泥浆体积含量来实现。

如果出现粗集料分离，则表明砂浆的黏度太小，可适当地提高砂率。

从上述分析可看出，防止新拌混凝土出现的各种离析，关键在于混凝土各种颗粒之间能有一个较好的级配，在不同层次上阻碍颗粒的运动，这样才能使混凝土具有较好的均匀性。

在压力作用下的泌水称为压力泌水，对于泵送混凝土，特别是对于高压下的泵送混凝土来说是一个很重要的性能指标，它反映了在压力作用下水的分离能力。如果压力泌水较快，在泵送时先抽出一部分水，而剩下流动性较差的混凝土。这一方面破坏了混凝土的均匀性，更重要的是剩下的流动性较差的混凝土容易堵塞管道。同样，在压力作用下也可能出现泌浆或粗集料与砂浆分离的现象，这些现象也会因为粗、细集料留存而堵塞管道。因此，对于泵送混凝土，不仅要注意静态下分离的现象，也要注意压力作用下分离的现象。

思 考 题

1. 了解三种理想材料基本模型的流变方程。理解新拌混凝土的流变方程以及流变参数的物理意义。
2. 混凝土工作性、流动性、可塑性、稳定性、易密性的定义？
3. 了解流动性的评价方法，如坍落度等？
4. 影响混凝土流动性的因素有哪些，其原因是什么？
5. 混凝土坍落度损失的定义？影响因素及原因和预防措施？
6. 水泥与外加剂适应性的概念、检测方法和影响因素？
7. 影响混凝土工作性的主要因素有哪些？
8. 离析和泌水的概念、对硬化混凝土性能的危害及其预防措施？

参 考 文 献

[1] 沈春林. 商品混凝土. 北京：中国标准出版社，2007.
[2] [美] 库马·梅塔 (P. Kumar Mehta)，保罗 J. M. 蒙特罗 (Paulo J. M. Monteiro) 著. 混凝土微观结构、性能和材料. 覃维祖，王栋民，丁建彤译. 北京：中国电力出版社，2008.
[3] [英] J. 本斯迪德 (J. Bensted)，P. 巴恩斯 (P. Barnes) 著. 水泥的结构和性能. 廖欣译. 第2版. 北京：化学工业出版社，2009.
[4] 迟培云主编. 现代混凝土技术. 上海：同济大学出版社，1999.
[5] 贾祥道. 水泥主要特性对水泥与减水剂适应性影响的研究. [学位论文]. 北京：中国建筑材料科学研究院，2002.
[6] 黄士元等主编. 近代混凝土技术. 西安：陕西科学技术出版社，1998.
[7] 冯乃谦主编. 流态混凝土. 北京：中国铁道出版社，1988.
[8] 黄大能等编著. 新拌混凝土的结构和流变特征. 北京：中国建筑工业出版社，1983.
[9] 江东亮，李龙土等编著. 无机非金属材料手册 (下册). 北京：化学工业出版社，2009.
[10] 陈健中. 用旋转叶片式流变仪测定新拌混凝土流变性能. 上海建材学院学报，1992 (5)：3.
[11] 张晏清，黄土元. 混凝土可泵性分析与评价指标. 混凝土与水泥制品，1989 (3)：4-8.
[12] 黄有丰等. 水泥颗粒特性及粉磨工艺进展对水泥性能的影响. 水泥技术，1999 (2)：8.

[13] 曹文婷. 混凝土外加剂与水泥的适应性问题浅析. 科技创新导报, 2010 (25): 63-65.

[14] 王玲, 田培, 贾祥道等. 高效减水剂和水泥之间适应性的影响因素 [C]. 纪念中国混凝土外加剂协会成立 20 周年论文集, 2006 (1): 243-249.

[15] 贾祥道, 王玲, 姚燕等. 水泥颗粒级配对水泥与减水剂适应性的影响. 混凝土外加剂 (合订本), 2005: 133-137.

[16] 吕岩峰. 外加剂对不同水泥混凝土的适应性研究. 黑龙江水利科技, 2006 (6): 24-25.

[17] 郭张锋. 浅谈混凝土外加剂与水泥适应性. 山西建筑, 2010, 36 (28): 148-149.

4 硬化混凝土的结构

4.1 硬化水泥浆体的组成和结构

水泥加水拌和后，很快发生水化，开始具有流动性和可塑性。随着水化反应的不断进行，浆体逐渐失去流动性和可塑性而凝结硬化，由于水化反应的逐渐深入，硬化的水泥浆体不断发展变化，结构变得更加致密，最终形成具有一定机械强度的稳定的水泥石结构。

硅酸盐水泥的凝结硬化过程是一个长期的、逐渐发展的过程，因此，硬化的水泥浆体结构是一种不断变化的结构材料，它随时间、环境条件的变化而发展变化。它具有较高的抗压强度和一定的抗折强度及孔隙率，外观和其他一系列特征又与天然石材相似，因此通常又称为水泥石。

硬化水泥浆体是一个非均质的多相体系，也是固-液-气三相共存的多孔体。水泥石孔隙中的水溶液构成液相，当孔中不含溶液时，则为气相。为提高混凝土抗冻性而引入的微小气泡，也是气相的重要组成部分。固相则主要由氢氧化钙（CH）、凝胶 C-S-H、三硫型和单硫型水化硫铝酸钙（也称钙矾石 AFt、AFm）、未水化的水泥颗粒以及混合材和掺和料中尚未水化的或惰性的颗粒组成。戴蒙德（S. Diamond）根据电子显微镜观测，在充分水化的水泥浆体中，各种水化产物的相对含量为：凝胶占 70%左右，CH 占 20%左右，钙矾石和单硫型水化硫铝酸钙约为 7%。但是，随着活性矿物掺和料的广泛应用，在火山灰效应的作用下，水泥石中的 CH 减少，形成更多的凝胶。这些水化产物的特性见表 4-1 所列。

表 4-1 硬化水泥石中各水化产物的特性

产物	密度(g/cm³)	结晶程度	微观形貌	尺度	观察手段
C-S-H	2.3~2.6	很差	针状、网络状、大粒子状等	$1\mu m \times 0.1\mu m \times 0.01\mu m$	SEM
CH	2.24	很好	六方板状	0.01~0.1mm	OM、SEM
钙矾石(AFt)	约1.75	好	细长棱柱状	$10\mu m \times 0.5\mu m$	OM、SEM
单硫型水化硫铝酸钙(AFm)	1.95	尚好	薄六方板状、不规则花瓣状	$1\mu m \times 1\mu m \times 0.1\mu m$	SEM

4.1.1 水泥水化物的组成和结构

水泥浆体中主要有 4 种固相物质，结晶相是氢氧化钙（CH）、三硫型水化硫铝酸钙（AFt）和单硫型水化硫铝酸钙（AFm）；非结晶相即凝胶相水化硅酸钙（C-S-H）。以下是这 4 种主要固相的组成和结构分述，可以用电子显微镜确定其形貌、数量类型等。

4.1.1.1　C-S-H 凝胶

C-S-H 凝胶是一种成分（Ca/Si，H/Si）不确定，结晶度很差、微观形貌多样的凝胶体。因其水化后形成的体积占固相总体积的 2/3 以上，故决定了浆体性能，对水泥石的性能起主导作用。

（1）化学组成

表征 C-S-H 凝胶化学成分的两个常用的主要指标是钙硅比（C/S）和水硅比（H/S），这两个比值都不是一个固定的数值，试验研究确定其 C/S 在 1.5～2.0 之间，并且结构水变化更大。在 C-S-H 水化形成时，在相对较纯的系统中则会呈现较长程的有序性，但是在水泥浆的体系中则未必会出现长程有序生长。在水泥浆体中，C-S-H 能吸附大量氧化物杂质，形成固溶体，故其组成是随一系列因素的变化而变化的。一些实验研究分别就水化时间、水固比、水化温度对 C/S 和 H/S 比值的影响做了探讨，其中水固比对 C-S-H 凝胶组成有较显著的影响，随着水固比的降低，C-S-H 凝胶的 C/S 和 H/S 都彼此相似的提高；石膏存在下，硫酸盐要进入 C-S-H 凝胶体的结构中并且进入量与钙硅比有关，C/S 比大，结构中 SO_3 取代 SiO_2 就多，并且 C_3S 浆体的抗压强度随 C-S-H 凝胶中硫酸盐含量的增加而降低。

除钙硅比 C/S 和水硅比 H/S 在较大范围内变动外，C-S-H 中还存在着不少种类的其他离子。图 4-1 为拉库夫斯基（E. E. Lachowski）等用分析电镜对水泥浆体中 C-S-H、$Ca(OH)_2$、三硫型以及单硫型水化硫铝酸钙成的测定结果。表明几乎所有的 C-S-H 都含有相当数量的 Al、Fe 和 S；而 AFt 和 AFm 相又含有不少的 Si；还值得注意的是，测定数据都很分散，分布在一个较广的范围内，说明各个颗粒的组成都有所不同，存在着相当明显的差

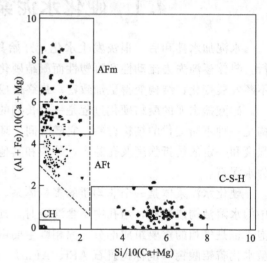

图 4-1　用分析电镜所测主要水化产物的原子比（W/C=0.7，龄期 1～28 天，Ca^* 包括 Mg，即 Ca+Mg）

异。另外，可能还有一些离子进入 C-S-H，例如少量的 Mg、K、Na 等，个别还有 Ti 和 Cl 的痕迹。表 4-2 为测定结果的一例，是以相对于 10 个（Ca+Mg）原子的比例表示各元素的平均原子数。

表 4-2　C-S-H 等水化产物组成实测一例

水化产物	Ca	Si	Al	Fe	S	Mg	K	Na	Ti	Cl
C-S-H	10.0	4.7	0.5	0.1	0.8	<0.1	0.1	<0.1	<0.1	<0.1
AFt	9.94	0.63	3.44	0.13	3.35	0.06	0.19	—	—	—
AFm	9.95	0.55	4.30	0.15	0.75	0.05	0.1	—	—	—

（2）结构

C-S-H 的结晶程度极差。图 4-2 为普通成分的硅酸盐水泥经充分水化后的 X 射线衍射（XRD）图。虽然其组成大部分已经是 C-S-H，但表明 C-S-H 存在的只不过是勉强能检出的 3 个弱峰（图 4-2 中用蛋形描出部分）。而且即使经过很长时间，其结晶度仍然提高不多，

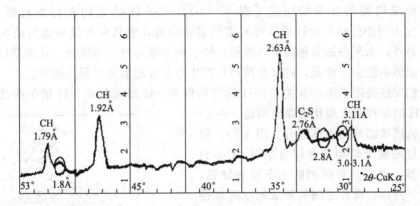

图 4-2　普通硅酸盐水泥硬化浆体的 XRD 图

例如一个龄期达 20 年的 C_3S 浆体，其 X 射线衍射谱线仍与图 4-2 所示的非常接近。

泰勒（H. F. W. Taylor）等提出，由于 C-S-H 衍射图上 1.80Å 处的弱峰和 3.0～3.1Å 处的弥散峰和 $Ca(OH)_2$ 的面网间距基本相等，所以这些近程有序的 C-S-H 也具有类似 $Ca(OH)_2$ 的层状构造。

另一方面，从硅酸盐阴离子的角度考虑，水化是硅酸盐阴离子不断聚合的过程。C-S-H 是一种由不同聚合度的水化物所组成的固体凝胶。C_3S、C_2S 矿物中的硅酸盐阴离子都以孤立的 $[SiO_4]^{4-}$ 四面体存在。随着水化的进行，这些单聚物逐渐聚合成二聚物 $[Si_2O_7]^{6-}$ 以及聚合度更高的多聚物。图 4-3 为伦茨（C. W. Lentz）用三甲基硅烷化法（TMS 法）研究硅酸盐阴离子类别随时间变化的结果。有关资料介绍，在长期（1.8～6.3 年）水化的浆体中，硅酸根的单聚物占 9%～11%，二聚物占 22%～30%，而三聚物和四聚物很少，但其他的多聚物达 44%～51%。由此可见，在反应初期，C-S-H 中的硅酸盐主要以二聚物存在，但以后高聚合度的多聚物所占比例相应增多。在完全水化的浆体中，大约有 50% 左右的硅以多聚物存在，而且即使水化反应已经基本结束，聚合作用仍然继续进行。至于多聚物的类别，各方面测定结果较有出入，有的认为以线型的五聚物（Si_3O_{16}）居多。

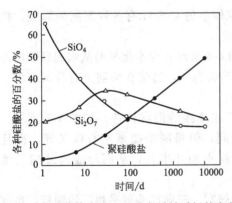

图 4-3　水泥浆体中硅酸盐阴离子随时间的变化

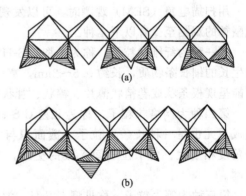

图 4-4　钙氧八面体和硅氧四面体结合示意

因此，泰勒认为，许多硅酸钙水化物晶体的结构，可以设想是由钙氧八面体和 Si_2O_7 结合起来，再由这些链连接成片，使其具有层状构造。因为在硅酸盐中，金属氧多面体决定了硅酸盐阴离子连接的方式，Si_2O_7 二聚物的两个硅氧四面体中相邻两个氧的距离恰好和钙氧八面体中两个相邻氧的距离相同 [图 4-4(a)]。如果在每两个 Si_2O_7 之间再加一个硅氧四面体，就可以构成线型的五聚物短链［图 4-4（b）］，C-S-H 的结构在相当程度上类似于 Ca(OH)₂，它由很小的钙氧片构成近程有序的层状构造，但其中有较多比例的氧是硅酸盐的一部分。另外，水泥中的其他离子，如铝、铁、硫等常可替代硅或钙，从而使硅酸盐阴离子和钙氧八面体不能完全相配，则又会使薄片产生弯曲或起皱等变形的现象。

研究者们曾经提出了不少有关 C-S-H 的结构模型，试图说明 C-S-H 的某些性能。可以认为，C-S-H 的结构具有退化的黏土构造，由 C-S-H 薄片组成层状结构的主体部分（图 4-5）。但是与结晶良好的黏土矿物又有相当差别，C-S-H 薄片很不平整，也不是有规则的上下整齐堆叠，结晶度极差。这样，薄片之间所形成的空间就很不规则，从而形成各种大小的孔隙。曾经测定到，C-S-H 在水饱和时的比表面积达 $750m^2/g$ 以上，又由于具有如此巨大的自由表面，必然处于高能状态。因此，表面能减少的趋向，将是引起一系列物理变化的原因之一。

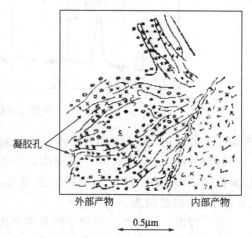

图 4-5 C-S-H 的结构示意
X—凝胶孔，层间水；O—吸附水；c—毛细孔

过去不少文献中将常温下水泥浆体中所形成的水化硅酸钙称为托勃莫来石凝胶（Tobermorite gel），这是因为其 X 射线衍射图中 3 个强峰的 d 值与天然矿物托勃莫来石的大致相等。另有一些证据认为，某些水化硅酸钙具有杰恩奈特石（Jennite）的退化结构。但实际上天然矿物托勃莫来石或杰恩奈特石都具有固定的组成，结晶程度极好。原先又曾将水泥浆体中的水化硅酸钙称为 C-S-H（Ⅰ）和 C-S-H（Ⅱ），但它们的结晶程度较好。所以，从组成的结构看，在一般水泥浆体中的水化硅酸钙，既不像托勃莫来石和杰恩奈特石等完善的结晶，又不与 C-S-H（Ⅰ）或 C-S-H（Ⅱ）等结晶程度居中的特别相似。由于组成不定，结晶程度极差，故笼统地称之为 C-S-H 反而较为相宜。

（3）形貌

用扫描电镜（SEM）观测时，可以发现水泥浆体中的 C-S-H 有各种不同的形貌，根据戴蒙德的观测至少有以下 4 种。

第一种为纤维状粒子，称为Ⅰ型 C-S-H，如图 4-6 所示，为水化早期从水泥颗粒向外辐射生长的细长条物质，长约 $0.5\sim2\mu m$，宽一般小于 $0.2\mu m$，通常在尖端上有分叉现象。亦可能呈现板条状或卷箔状薄片、棒状、管状等形态。

第二种为网络状粒子，称为Ⅱ型 C-S-H，呈互相连接的网状构造，如图 4-7 所示。其组成单元也是一种长条形粒子，截面积与Ⅰ型相同，但每隔半微米左右就叉开，而且叉开角度相当大。由于粒子间叉枝的交结，并在交结点相互生长，从而形成连续的三维空间网。

第三种为等大粒子，称Ⅲ型 C-S-H，为小而不规则、三向尺寸近乎相等的颗粒，也有扁平状，一般不大于 $0.3\mu m$。图 4-8 为在不同水泥浆体中所观测到的几例。通常在水泥水化到一定程度后才出现，在水泥浆体中常占相当数量。

第四种为内部产物，称Ⅳ型 C-S-H，即处于水泥粒子原始周界以内的 C-S-H。由图 4-9 可见，其外观呈皱纹状，与外部产物保持紧密接触，具有规整的孔隙或紧密集合的等大粒子。典型的颗粒尺寸或孔的间隙不超过 $0.1\mu m$ 左右。

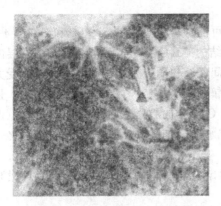

图 4-6　Ⅰ型 C-S-H 的 SEM 图

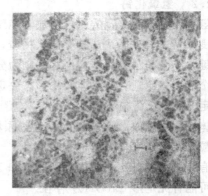

图 4-7　Ⅱ型 C-S-H 的 SEM 图

图 4-8　Ⅲ型 C-S-H 的 SEM 图

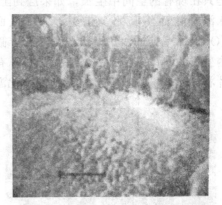

图 4-9　Ⅳ型 C-S-H 的 SEM 图

一般说来，水化产物的形貌与其可能获得的生长空间有很大的关系。C-S-H 除具有上述的四种基本形态外，还可能在不同场合观察到呈薄片状、珊瑚状以及花朵状等各种形貌。另外，据研究，C-S-H 的形貌还与 C_3S 的晶型有关，三方晶型的 C_3S 水化成薄片状，单斜的为纤维状；而三斜的则生成无定形的 C-S-H。

格拉瑟（Dent Glasser）等则提出将 C-S-H 区分为"表面水化物"和"沉淀水化物"两类。表面水化物是在 C_3S 表面区域形成，具有大致固定的厚度，并且随着 C_3S 的消耗而相应收缩，其形貌可能与Ⅳ型 C-S-H 相似。而"沉淀水化物"又包括Ⅰ型和Ⅲ型 C-S-H。他们认为表面水化物在水化的诱导期形成，而 $Ca(OH)_2$ 与Ⅰ型 C-S-H 晶核的成长就标志着诱导期的结束，随后Ⅲ型 C-S-H 开始形成，逐渐长大增多，直至将 $Ca(OH)_2$ 和Ⅰ型 C-S-H 都包裹在内。图 4-10 为这两类水化物形成的示意。

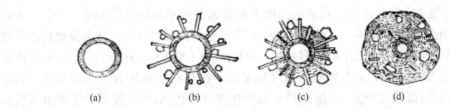

　　　(a)　　　　　　(b)　　　　　　(c)　　　　　　(d)

图 4-10　表面水化物和沉淀水化物的形成示意

(a) 表面水化物（Ⅳ型 C-S-H）；(b) $Ca(OH)_2$ 和Ⅰ型 C-S-H 开始沉淀；(c) Ⅲ型 C-S-H 开始形成；
(d) Ⅲ型 C-S-H 继续生长，将 $Ca(OH)_2$ 和Ⅰ型 C-S-H 逐渐包裹在内

4.1.1.2 氢氧化钙

氢氧化钙具有固定的化学组成，纯度较高，仅可能含有极少量的 Si、Fe 和 S（图 4-1），结晶良好，属三方晶系，具有层状构造，由彼此联结的 $Ca(OH)_6$ 八面体组成。结构层内为离子键，结合较强，而结构层之间则为分子键，层间联系较弱，可能为硬化水泥浆体受力时的一个裂缝策源地。其晶体结构形态决定了在显微镜下 $Ca(OH)_2$ 为六角形片状晶体，且具有确定的比例。氢氧化钙形成的晶体尺寸较大，比 C-S-H 的粒子大两到三个数量级，占水泥浆体固相体积的 20%～25%，这些颗粒主要在充水的毛细孔中生长，并能包围水化一半的颗粒，有时还完全淹没这些颗粒。

有些研究者对比了用化学萃取法和 X 射线衍射定量法所得的结果后，又认为水泥浆体中还可能有无定形 $Ca(OH)_2$ 存在。

当水化过程到达加速期后，较多的 $Ca(OH)_2$ 晶体即在充水空间中成核结晶析出。其特点是只在现有的空间中生长，如果遇到阻挡，则会朝另外方向转向长大，甚至会绕道水化中的水泥颗粒而将其完全包裹起来，从而使其实际所占的体积有所增加。在水化初期，$Ca(OH)_2$ 常呈薄的六角板状，宽约几十微米，用普通光学显微镜即可清晰分辨；在浆体孔隙内生长的 $Ca(OH)_2$ 晶体（图 4-11），有时长得很大，甚至肉眼可见。随后，长大变厚成叠片状。另外，$Ca(OH)_2$ 的形貌受水化温度的影响，对各种外加剂也比较敏感。

图 4-11 在孔隙中生长的 $Ca(OH)_2$ 晶体

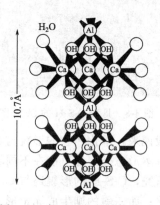

图 4-12 钙矾石相的结构单元

4.1.1.3 钙矾石（AFt）

在水化早期有利于生成钙矾石，它是典型的 AFt 相，化学式为：$3CaO \cdot Al_2O_3 \cdot 3CaSO_4 \cdot 32H_2O$。其晶相属三方晶系，柱状结构，一般形成的晶体很多都是长径比大于 10 的六方截面的细棱柱体。晶体结构建立在基本柱状结构单元 $\{Ca_3[Al(OH)_6] \cdot 12H_2O\}^{3+}$，如图 4-12 所示，由 $[Al(OH)_6]$ 八面体和其周围由 3 个钙多面体结合构成，每一个钙多面体上配以 OH^- 及水分子各 4 个。柱间的沟槽中则有起电价平衡作用的 SO_4^{2-} 三个，从而将相邻的单元柱相互连接成整体，另外还有一个水分子存在。所以可以归结出类似钙矾石柱状结构的 AFt 相的通式为：$\{Ca_6[Al(OH)_6]_2 \cdot 24H_2O\} \cdot (X_n) \cdot (yH_2O)$，其中 X 为柱状体沟槽中离子，$n$ 为离子数，y 为沟槽中的水分子数。在某些特殊场合，一些离子（OH^-、CO_3^{2-}、Cl^- 等）可以取代 SO_4^{2-}，而 Fe^{3+}、Si^{4+} 能部分取代 Al^{3+}，故水泥浆体中钙矾石不会是确切的化学式，一般用 AFt 来表示。

在硅酸盐水泥浆体中，钙矾石一般成六方棱柱状结晶，其形貌决定于实有的生长空间以及离子的供应情况。在水化的开始几小时内，常以凝胶状析出，然后长成针棒状，棱面清晰，尺寸和长径比虽有一定变化，但两端挺直，一头并不变细，也无分叉现象（图 4-13）。根据透射电镜的观测结果，一些钙矾石以空心的管状出现，在组成上可能有一定差别。

另外，在水泥浆体中，有些钙矾石晶粒细小，用一般的光学显微镜不易分辨清楚。但钙矾石中的沟槽水较易脱出，而在高真空和电子束的作用下又极易分解，脱硫还可能失钙，迅速变为无定形，故用电子光学法分析时也有不少问题。因此，影响测试结果的因素更为复杂，必须予以足够的注意。

4.1.1.4 单硫型水化硫铝酸钙

在一般的硅酸盐水泥浆体中，钙矾石最终会转变成单硫型水化物（$3CaO \cdot Al_2O_3 \cdot CaSO_4 \cdot 12H_2O$），它呈六角形片状晶体，同样属三方晶系，层状结构，其基本单元层为：$[Ca_2Al(OH)_6]^+$，层间为 $\frac{1}{2}SO_4^{2-}$ 以及 3 个水分子 H_2O，故其结构式为 $[Ca_2Al(OH)_6](SO_4)_{0.5} \cdot 3H_2O$。同钙矾石一样，其通式为 $\{[Ca_2Al(OH)_6]_2^{2+} \cdot 24H_2O\} \cdot X^{m-}n \cdot yH_2O$，式中，X 为层间离子，$n$ 为 X^{m-} 离子数，y 为层间水分子数。

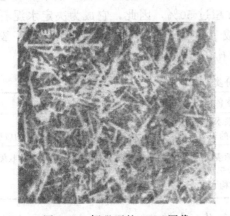

图 4-13 钙矾石的 SEM 图像

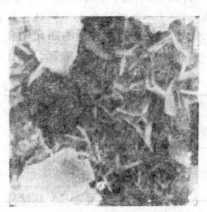

图 4-14 水泥浆体中的 AFm 相（SEM）

与钙矾石相比，单硫型盐中的结构水少，占总量的 34.7%，但其比重较大，达 1.95，所以当接触到各种来源的 SO_4^{2-} 而转变成钙矾石时，结构水增加，比重减小，从而会产生相当的体积膨胀，会是引起硬化水泥浆体体积变化的一个主要原因。

在水泥浆体中的单硫型水化硫铝酸钙，开始为不规则的板状，成簇生长或呈花朵状，再逐渐变为发展很好的六方板状，如图 4-14 所示。板宽几个微米，但厚度不超过 $0.1\mu m$，相互间能形成特殊的边-面接触。

4.1.2 硬化水泥浆体的孔结构和水的形态

4.1.2.1 硬化水泥浆体的孔结构与分类及影响因素

为保证水泥的正常水化，通常拌和用水量要较大地超过理论上水化所需水量。当残留水分蒸发或逸出后，会留下相同体积的孔隙，这些孔的尺寸、形态、数量及其分布，都是硬化水泥浆体的重要特征。

（1）孔的分类

关于水泥石中孔的分类方法很多，所持的看法也不完全一致。有人将硬化浆体中的孔分为毛细孔和凝胶孔两大类。由于在水化过程中，水不断被消耗，同时本身产生蒸发，使原来充水的地方形成空间，这些空间被生长的各种水化产物不规则的生长、填充、最后分割成形

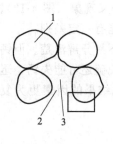
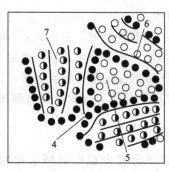

图 4-15　C-S-H 凝胶孔结构模型

1—凝胶颗粒；2—窄通道；3—胶粒间孔；4—窄通道；
5—微晶间孔；6—单层水；7—微晶内孔

状极不规则的毛细孔，其尺寸大小一般在 $10\mu m\sim100nm$ 的范围内变化。另外，在 C-S-H 凝胶所占据的空间中存在有凝胶孔，其尺寸更为细小，用扫描电子显微镜也难以分辨。关于其具体尺寸大小，各研究者观点尚未统一。例如，鲍维斯等认为凝胶孔大部分在 $1.5\sim3nm$，弗尔德曼等则强调胶间孔的存在，近藤连一和大门正机又将凝胶孔分为微晶间孔和微晶内孔两种。如图 4-15 所示。

还有人将凝胶孔分为胶粒间孔，微孔和层间孔三种，如表 4-3 所示。可见，孔的尺寸在极为宽广的范围内变化，孔径可从 $10\mu m$ 一直小到 $0.0005\mu m$，大小相差 5 个数量级。实际上，孔的尺寸具有连续性，很难明确地划分界限。对于一般的硬化水泥浆体，总孔隙率常常超过 50%，因此，它成为决定水泥石强度的重要因素。尤其当孔半径大于 $100nm$ 时，就成了强度破坏损失的主要原因。但一般在水化 24h 以后，硬化浆体大部分（$70\%\sim80\%$）的孔径已在 $100nm$ 以下。

表 4-3　孔的一种分类方法

类别	名称	直径	孔中水的作用	对浆体性能的影响
毛细孔	大毛细孔 小毛细孔	$10\sim0.05\mu m$ $50\sim10nm$	与一般水相同 产生中等的表面张力	强度、渗透性 强度、渗透性、高湿度下的收缩
凝胶孔	胶粒间孔 微孔 层间孔	$10\sim2.5nm$ $2.5\sim0.5nm$ $<0.5nm$	产生强的表面张力 强吸附水，不能形成新月形液面 结构水	相对湿度 50% 以下时的收缩 收缩、徐变 收缩、徐变

　　另外，也有人将孔分为凝胶层间孔、毛细孔和气孔三大类。

　　① C-S-H 凝胶中的层间孔　即常说的凝胶孔，鲍尔斯曾假设 C-S-H 凝胶结构里的层间孔宽度为 $1.8nm$（有关文献指出凝胶孔的孔径范围为 $1.2\sim3.2nm$），而费得曼和塞雷达却认为其宽度应在 $0.5\sim2.5nm$。这样大小的孔径，由于这种尺寸比较微小，对水化水泥浆体的强度和渗透性不会产生不利的影响。

　　② 毛细孔　它代表那些没有被水化水泥浆体的固相产物所填充的空间。其孔径约在 $100\sim1000nm$ 之间。水泥-水混合物总体系在水化过程中的总体积基本维持不变，但是水化产物的平均表观密度明显低于未水化水泥的密度。有关文献中显示，预计 $1cm^3$ 的水泥完全水化后要 $2cm^3$ 的空间来容纳。因此，水泥的水化可以看做是原来的混合体系空间随着水化的进行逐渐被水化产物所填充的过程，没有被填充的空间就成为毛细孔。毛细孔的体积和孔径呈较大范围的变化，主要与水灰比即新拌水泥浆体中未水化的水泥颗粒的间距有关。大于 $50nm$ 的毛细孔在现今较多的文献中被视为宏观孔，对水泥石最终的强度和渗透性等特性的影响较大，而小于 $50nm$ 的毛细孔则被视为微观孔，对于干缩和徐变等性能有重要影响。

　　③ 气孔　气孔一般呈球形，孔径尺寸较大，属于宏观孔隙。主要是由于在混凝土拌和过程中水泥浆体里通常会带入少量空气，这种引入的气泡可能大到 $3mm$。在提高混凝土抗冻性的措施中，可以有目的地在其中掺入外加剂（如引气剂）引入微小的孔径在 $50\sim200\mu m$ 左右的气泡。可以看出，不管是带入的气泡还是故意引入的气泡都远远大于水化水泥浆体里的毛细孔，将对强度、渗透性和抗冻性等产生巨大影响。

（2）孔径分布的影响因素

水泥石孔径分布的影响因素很多，主要有水化龄期、水灰比、养护制度、外加剂以及水泥的矿物组成、成型方法等。

① 水泥水化龄期对孔径分布的影响　有人曾研究过矿物组成不同的各种硅酸盐水泥在标准条件下水泥石的孔结构形成过程的动力学，其研究表明，随着水化龄期的增长，总孔隙率减少，毛细孔减少，凝胶孔增多，且这个结论已经得到了充分的肯定。

② 水灰比的影响　水灰比对水泥石的总孔隙率和孔分布的影响非常大。研究表明，当水灰比提高时，水泥石中出现最可几孔径（出现概率最大的孔隙）向尺寸增大的方向移动。即随着水灰比的提高水泥石中出现大孔的概率增加。

③ 不同养护制度对水泥石孔径分布的影响　对同一种水泥（相同矿物组成）在不同养护条件下其孔径分布和强度变化见表 4-4 所列。从以上实验结果可见，与常温下养护的水泥石做比较，低温下养护的水泥石强度发展慢，强度值低，这主要是由于低温下水化程度较低，其凝胶孔少毛细孔多。而经蒸养后，水化程度提高，水化物洁净程度提高，导致其凝胶孔相对于常温养护的水泥石少，所以蒸养的水泥石强度比常温养护的低。

表 4-4　养护条件对水泥石孔分布的影响

养护条件	总孔隙 /(cm³/g)	孔分布/%				抗压强度 /MPa
		>10³nm	10³～10²nm	10²～10nm	10～4.0nm	
90℃,11(h)	0.107	4.3	3.9	68.0	22.8	60.27
20℃,28(d)	0.051	22.6	4.7	26.0	41.4	79.83
0℃,28(d)	0.096	6.5	44.7	33.2	14.6	32.83

④ 掺减水剂对水泥砂浆孔分布的影响　相关实验得出，加入减水剂后其最可几孔径大大变小，如图 4-16 所示。这是因为，加入减水剂后可以在较低的水灰比条件下得到较高流动性的水泥砂浆体，不仅可以满足施工和易性要求，还可以大大提高混凝土强度。

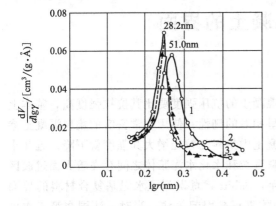

图 4-16　减水剂对水泥砂浆孔分布的影响
1—未掺减水剂；2—掺 0.5%MF；3—掺 0.5%MD

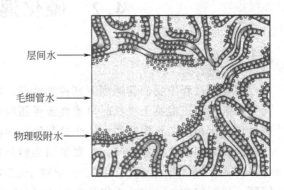

图 4-17　与硅酸钙水化物相关的各种
类型水分的图解模型

4.1.2.2　水泥石中水的存在形态

水泥石中水分以多种形式存在，根据水与固相组分的相互作用以及水分从水化水泥浆体中迁移的难易程度可以将其分为几种类型。由于环境因素的影响，比如环境相对湿度下降时，饱和水泥浆体中的水不断减少，故不同水分状态之间没有绝对分明的分界线，并且很难定量的加以区分。因此从实用的观点出发，T.C. 鲍威尔斯把水泥石中的水分为两大类，即蒸发水和非蒸发水，凡是在 P-干燥或 D-干燥条件下可以蒸发的水为蒸发水，不能蒸发的叫非蒸发水。另外，在水泥浆体中存在的水还有如下几种类型的。

（1）毛细孔水

存在于 5nm 以上孔隙里的水叫做毛细孔水，不受固体表面存在的吸引力的作用。水化水泥浆体里的毛细孔水根据存在的毛孔孔径大小又可以分为两类：存在于大于 50nm 毛细孔中的水，因其迁移不会引起任何体积变化，称为自由水；存在于 5～50nm 中的小毛细孔里的水，其受到毛细张力作用，失水时会使系统收缩。

（2）吸附水

以中性 H_2O 的形态存在，不参与水化物的结晶结构，是在分子张力或表面张力作用下被吸附于固体粒子的表面或孔隙之中。这些水会随着周围环境的湿度、温度、应力的变化而产生相应的变化，并且对水泥石的性能产生重大的影响。有关研究表明，在引力作用下浆体中的水分子物理吸附到固相表面，被氢键吸附的可达 6 个水分子层即 1.5nm，当水泥浆体干燥至 30％的相对湿度时，会失去大部分吸附水导致水泥浆体收缩。

（3）层间水

一般存在于层状结构的硅酸盐水化物的结构层之间，与 C-S-H 结构相关联，在 C-S-H 的层与层之间，氢键牢牢地键合一个单分子水层。层间水的性质介于结晶水和吸附水之间，只有在相对湿度低于 11％时才会失去层间水，并且失水时会使 C-S-H 结构发生收缩。

（4）化学结合水

也称结构水。它并不是以水分子形式存在，而是以 OH^- 形式参与组成水化物的结晶结构，并且有固定的配位位置和确定的含量比。这种水干燥时不会失去，只有在受热使水化物分解时才会失去。根据费得曼-赛雷达模型，各种与 C-S-H 相关联的水如图 4-17 所示。

4.2 硬化混凝土的界面

4.2.1 界面过渡区

在实验过程中我们会遇到下列种种情况：混凝土的抗压强度要比其抗拉强度高，基本上高一个数量级；混凝土受拉时呈脆性而受压时呈相对的韧性；使用非常密实的集料混凝土渗透性仍然比相应的水泥浆体大一个数量级；混凝土中集料的粒径增大其强度就下降。近几十年来的研究解释了这些疑问，主要是因为粗集料颗粒和水化水泥浆体之间存在着界面过渡区（interfacial transition zone，ITZ）。早在 1905 年，Sabin 就意识到了水泥基复合材料的界面问题，然而却在 20 世纪 40 年代末到 50 年代中才真正被引起关注。当时，法国在第二次世界大战后建起的大坝、地下结构以及电站等大部分出现严重的开裂，影响了使用。许多专家学者从多方面寻找原因，都没有能够找到明确答案。后来，Farran 等从岩相学、矿物学以及晶体学等多方面调研后发现，问题的关键在于水泥浆体与集料之间的区域，即所谓的界面过渡区，该区域水化产物的组成及形貌与基体部分不同，其结构相对疏松，强度较低，在外界因素作用下，该区域易出现裂纹。界面过渡区是混凝土中薄弱环节，其力学性能、扩散和抗渗性能均比基体要弱，对影响混凝土的强度、弹性模量、收缩、传输等诸多性能产生。

以前，混凝土通常被理解成基体和集料两相体系。基体的组成和微结构在接近集料表面发生变化，临近集料颗粒处的非均质性是非常突出的，而随着后来对界面过渡区的研究，这个区域物相被看做混凝土的第三相，如图 4-18 所示（De Rooij 等 1998 年研究得到）。

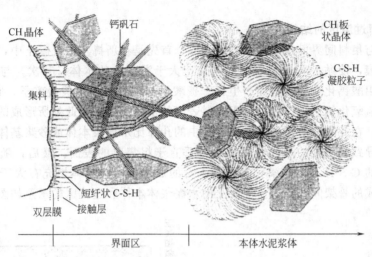

图 4-18　ITZ 的示意性图例（De Rooij 等，1998 年）

4.2.1.1　界面过渡区的微结构

一般认为界面过渡区的发展过程是：首先，新拌成型的混凝土中，大集料颗粒表面形成水膜，使得界面过渡区的水灰比明显比水泥砂浆基体的水灰比大很多。随后，由硫酸钙和铝酸钙分解产生的 SO_4^{2-}、OH^-、Ca^{2+} 及铝酸根离子反应生成钙矾石（AFt）和氢氧化钙 $[Ca(OH)_2]$。又因为界面区域水灰比较大，结晶产物在靠近粗集料时形成粗大的晶体物质，板状的氢氧化钙趋于与集料的 C 轴表面垂直定向排布，钙矾石针状柱体巨大。因此构成了比水泥砂浆基体更多孔隙的构架，如图 4-19 所示。最后，随着水化的进展，结晶不良的 C-S-H 和次生的钙矾石、氢氧化钙晶体开始填充在大钙矾石和氢氧化钙晶体构架之间的空隙里，这有助于提高过渡区的密实度，从而提高混凝土的强度。

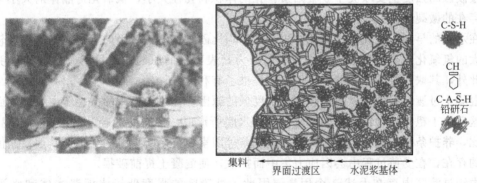

(a) 界面过渡区中氢氧化钙晶体的扫描电镜照片　　(b) 混凝土中界面过渡区和水泥浆基体的示意

图 4-19　电镜照片及结构示意

一些研究者将此微结构的特点归结如下：水灰比高；孔隙率高；CaO/SiO_2 大；晶体取向生长；在集料表面附近 CH 和 AFt 有富集现象，且结晶颗粒尺寸较大。

而国内外研究者探讨的对于混凝土界面过渡区的一些潜在可行的研究方法有：界面区形

貌特征——SEM（二次电子和背散射电子）；ESEM 环境扫描电镜；孔结构测试——压汞法（MIP）、交流阻抗谱（ACIS）、小角 X 射线散射等方法；AFt 和 CH 晶体相对含量、分布和晶体尺寸——XRD 定量分析；CH 取向性——XRD 层析法测定；CaO/SiO_2——电子探针仪定量分析。

4.2.1.2　界面过渡区的结构

水泥浆体与集料间界面过渡区结构的形成，首先是在新捣实的混凝土中，沿粗集料周围包裹了一层水膜，使贴近粗集料表面的水灰比大于混凝土的本体。其次，与水泥浆本体一样，硫酸钙和铝酸钙化合物溶解而产生钙、硫酸根、氢氧根和铝酸盐离子，它们相互结合，形成钙矾石和氢氧化钙。由于在贴近粗集料表面的水灰比值高，此处所形成的结晶产物的晶体也大。因此，在此界面所形成的骨架结构中的孔隙比水泥浆本体或砂浆基体多，板状氢氧化钙晶体往往导致取向层的形成，以其 C 轴垂直于粗集料的表面。最后，随着水化的继续进行，结晶差的 C-S-H 以及氢氧化钙和钙矾石的 2 次较小的晶体填充在大于钙矾石和氢氧化钙晶体所构成的骨架间孔隙内。混凝土中水泥浆体本体和过渡区的示意如图 4-20。

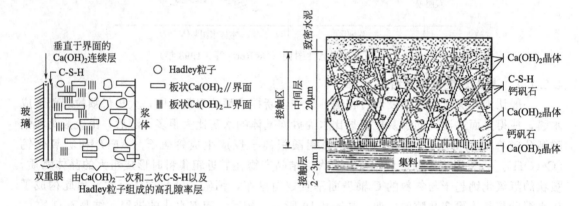

图 4-20　混凝土中界面过渡区示意

4.2.1.3　过渡区的强度

过渡区的强度主要取决于 3 个因素：孔的体积和孔径大小；氢氧化钙晶体的大小与取向层；存在的微裂缝。

在水化的早期，过渡区内的孔体积与孔径均比砂浆基体大，因此，过渡区的强度较低。

大的氢氧化钙晶体黏结力较小，不仅因为其表面积的原因，而且相应的范德华引力也弱。此外，其取向层结构为劈裂拉伸破坏提供了有利的条件。

混凝土过渡区中微裂缝的存在，是强度低的原因。在过渡区中的微裂缝主要以界面缝出现，这是由于粗集粒颗粒周围表面所包裹的水膜所形成。集料的粒径及其级配，水泥用量，水灰比，养护条件，混凝土表面的温、湿度差等因素都会影响裂缝的产生及其数量。由于微裂缝的存在，在受荷过程中会因应力集中而扩散，使混凝土提前破损。

由于过渡区内存在上述 3 个因素，因此，过渡区的强度低于水泥浆本体和水泥砂浆基体。

4.2.1.4　过渡区对混凝土性能的影响

如前所述，过渡区的黏结强度较低，成为混凝土中的一个薄弱环节，可视之为混凝土的强度极限相。

在硬化混凝土的结构中，由于过渡区结构的强度低于水化水泥浆体和集料相，因此，混凝土在受荷载后至破坏的过程中呈现了非弹性行为。在拉伸荷载作用下，微裂缝的扩展比压荷载作用更为迅速。因此，混凝土的抗拉强度十分显著地低于抗压强度，且呈现脆性破坏。

　　过渡区结构中存在的孔隙体积和微裂缝，对混凝土的刚性与弹性也有很大的影响。过渡区在混凝土中起着水泥砂浆基体和粗集料颗粒间的搭接作用，由于该搭接作用的薄弱，不能较好地传递应力，故混凝土的刚性较小，特别是在暴露于火或高温环境中，由于微裂缝的扩展更激烈，使混凝土的弹性模量比抗压强度低得更快、更多。

　　过渡区结构的特性也影响到混凝土的耐久性。由于存在于其中的微裂缝的贯通性，因此，混凝土的抗渗性比水化水泥浆体和水泥砂浆均差，甚至对钢筋的锈蚀也有不良的影响。

4.2.2　界面过渡区形成机理

　　关于ITZ形成机理的理论有多种，但是都没有得到国际上充分认可。最简单的一种阐述是：水加入后，立刻在所有的固体颗粒表面覆盖一层水膜，并且所有颗粒上的这层水膜厚度恒定为$10\mu m$。另一种是建立在"局部泌水"（Scrivener和Pratt，1986）的理论之上，研究报告称在拌和期间，砂粒和水泥粒子会产生相对位移以及砂可能在水泥浆体凝结之前发生沉降，在界面上产生低浆体密度的区域，且泌出的水分聚集在大集料的下方，形成一层附加的低密度浆体的薄弱面。这已经得到有关这一微观结构的定量研究的进一步证实（Hoshino，1989），但是这并不是界面过渡区形成的唯一机理。

　　"附壁效应"也是解释界面过渡区形成最常用的机理（Ollivier等，1994）。新拌混凝土中，无水颗粒的浓度从集料颗粒的表面上开始下降，这种"附壁效应"也得到了Escadeilas和Maso（1991）的证实。Mehta和Monteiro（1998）曾用这个术语来解释粒子在侧壁上堆集的问题，侧壁在这里指的是集料的表面。但是附壁效应不能说明界面区上约$50\mu m$的厚度，因水泥颗粒粒径从$1\mu m \sim 100\mu m$具有一个很宽的尺寸范围，并且较小的颗粒填充在较大颗粒之间的孔隙里，在界面上造成宽度仅约$10\mu m$的一个颗粒密实度的梯度。

　　近年来Delft技术大学所做的研究认定在胶体理论的基础上可以更好的阐明界面过渡区的形成，并且DLVO理论已被用做对此做出解释（Yang等，1997）。就各种水化的系统来说，胶体理论解释ITZ形成涉及范德华引力和双电层静电互斥力。

　　用胶体缩水凝聚的过程来解释ITZ也是值得关注的途径。当一种胶体性的溶胶快速凝聚时会形成一个非常疏松多孔的结构，其中大多数粒子都只与两三个其他的粒子相连接，含有大量截留溶液（Huneter，1993），如图4-21所示。凝胶在快速凝聚之后，其中的粒子仍然保持着部分能够移动的自由，絮凝过程和凝聚过程缓慢地进行着，延滞凝胶强度的产生。并且其凝胶中与每个粒子接触的粒子数目增加，但是系统的自由能必然要减小，使得分散相产生收缩，溶液随着体积的减小自然被挤压出去——Thomas Graham（1949）首次将这种现象命名为"缩水凝聚"。在水泥凝胶缩水凝聚期间，水泥凝胶体积收缩，水分被挤压出凝胶结构之

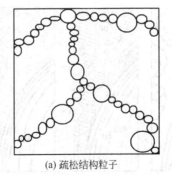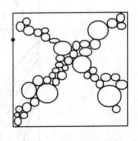

(a) 疏松结构粒子　　　　　　(b) 收缩结构，仅连接2或3个其他
　　　　　　　　　　　　　　　　粒子的接触粒子数有所增加

图4-21　缩水凝聚效应的示意（De Rooij等，1998）

外，从而使已浇筑水泥中初始均匀的物质在富固相物质和富水的情况下重新排布，除了水分被挤压出去外，以上他们试验中还发现水泥凝胶的收缩，总结其收缩的作用来自水泥水化期间化学收缩和胶体的缩水凝聚，并且缩水凝聚比化学收缩的收缩比大。

4.2.3 界面过渡区的改善措施

界面过渡区是混凝土中最薄弱的环节，混凝土的强度、抗渗、抗冻、耐蚀等重要性能常常因为界面上存在的缺陷而受到巨大损失，甚至引起严重破坏，故界面区的这些缺陷阻碍着混凝土性能的进一步提高。因此怎样有效改善界面过渡区的性能、降低混凝土界面缺陷成为广大科学工作者努力的目标。

从界面过渡区的形成机理和结构特点出发，寻找抑制其形成或改善其结构的途径，实际上就是混凝土高性能化的技术关键，因此，能使混凝土高性能化的技术措施均能改善其过渡区的结构和性能。

4.2.3.1 降低水灰比

从前面界面过渡区的形成机理可知，集料表面区域水灰比高是过渡区薄弱的一个重要原因，且集料表面水膜的厚度直接影响界面过渡区的结构和水化物的形状。而集料表面的水膜厚度在很大程度上取决于浆体水灰比的大小。一般是随着水灰比的增加，水膜会变厚，其中的离子浓度降低。因为在硅酸盐水泥中最先生成的是钙矾石和氢氧化钙，水灰比增加，其晶体将生长的粗大而且会定向排列，孔隙增大，阻碍生成的凝胶与集料接触，从而使界面区的孔隙率、黏结能力下降。故降低水灰比在一定程度上对界面区性能有一定的增强作用。

4.2.3.2 掺加矿物超细粉和高效外加剂

掺入到混凝土拌和物中的矿物掺和料（如 SF、FA 等）能迅速与水泥水化生成的 CH 作用，生成 C-S-H 和钙矾石，消耗 CH 的同时产生更多对强度有贡献的产物（如 C-S-H），而且这一反应过程能干扰水化物的结晶。与此同时，未参与反应的细微矿物颗粒对界面处孔隙具有极好的微填充作用。这些因素都有利于界面过渡区结构的优化和改善。

K. H. Khagat 和 P. C. Aitcin 等以 15% 的 SF（硅粉）等量取代水泥后，水灰比为 0.33 的混凝土界面过渡区孔隙率及原生 CH 结晶含量明显降低，如图 4-22 模型所示。模型图中 (a)、(b) 为未掺加 SF 的混凝土硬化前后界面连接处的情形；(c)、(d) 为掺加 SF 的混凝土硬化前后界面连接处的情形。(a) 中粗集料表面周围形成水囊，而界面连接处水泥微粒也不充足；(b) 中所示过渡区存在着大量的 CH 晶体和孔隙，还有一些针状物填充其间。

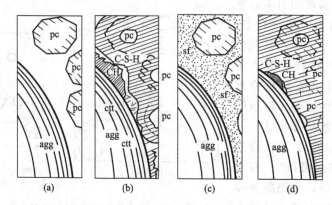

图 4-22 掺与不掺硅粉（SF）的混凝土中水泥石与粗集料界面区形成模型

（c）中 SF 微粒填充于粗集料周围的空间，而不是为水所占据；（d）中过渡区中 CH 晶体和孔隙都明显减少。这个对比试验的结果充分证明了掺加矿物超细粉对改善混凝土界面过渡区的作用。

掺入高效外加剂（如高效减水剂）后，混凝土界面处 CH 晶体的取向程度大大降低，取向范围也大大减小。这意味着过渡层厚度减小，不利界面效应也降低，过渡层更趋于均衡。

4.2.3.3 择优选取集料

不同性质的集料制作的混凝土界面过渡区会有不同的性质。采用性质优良的集料对混凝土界面过渡区结构和性能的改善也有重要意义。如果集料吸水，则可以降低集料周围浆体的水灰比，从而减小界面的不利因素。例如采用陶粒作为粗集料制作的混凝土强度可以远高于陶粒本身的强度，就是利用了陶粒吸水的原理。有水硬活性或潜在水硬活性的集料可在界面处参与水化反应而改善界面，如选择适当的水泥熟料球作为混凝土的粗集料等。

4.2.3.4 改善混凝土制作工艺

混凝土的搅拌、成型和养护等工艺过程均可影响界面的结构和性能。因此，混凝土搅拌的均匀性、投料的先后顺序、投料方式、振捣、成型以及后期的养护等各个环节都应按照科学的施工标准，严格要求，才能在一定程度上改善由施工造成的界面区的缺陷。如日本提出的集料裹浆工艺（SEC）将混凝土用水量分两次投入搅拌，第一次投入的用水量与水泥形成的低水灰比水泥浆体，可以包裹集料的表面，改善了界面的特性与结构，因此，使混凝土性能有所提高。

4.3 国内学者有关硬化混凝土结构的论述

4.3.1 中心质假说

早在 20 世纪 50 年代中，吴中伟教授就提出了"中心质假说"，用以阐明并改进混凝土的组成结构和提高其性能。在该论述中，对孔缝结构与界面有其独特的见解。

该论述将混凝土作为一种复合材料，是由各级分散相分散在各级连续相中而组成的多相聚集体。中心质假说将各级分散相命名为中心质，将各级连续相命名为介质。中心质与介质根据尺度各分为大、次、微 3 个层次，即大中心质、次中心质、微中心质和大介质、次介质、微介质。

大中心质包含各种集料、掺和料、增强材料、长期残存的未水化的水泥熟料。

次中心质是粒度小于 $10\mu m$ 的水泥熟料粒子，属过渡性组分。

微中心质是水泥水化后生成的各种晶体，包括Ⅰ、Ⅱ型 C-S-H 纤维状和网状结晶。

大介质是大中心质所分散成的连续相，其中有结构膜层。

次介质是次中心质所分散成的连续相，其中有水化层。

微介质是微中心质所分散成的连续相。Ⅲ、Ⅳ型 C-S-H、尺寸较小的不规则形的粒子与结构水及吸附水均可视为该级的连续相。

混凝土组成结构的中心质假说的图解如图 4-23 所示。从图 4-23 中可看到，该假说把孔、缝这种特殊的分散相也列为中心质。由于其性质与功能不同于其他中心质，因此命名为

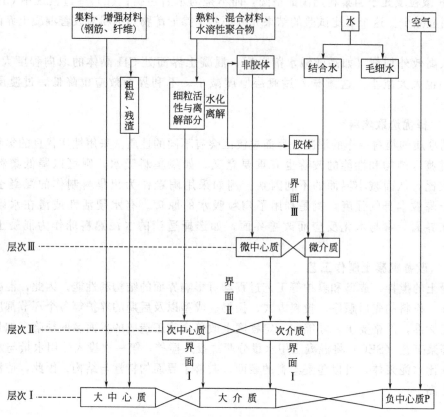

图 4-23　水泥基复合材料中心介质理论

负中心质 P。在 3 个层次的中心质与介质间均有各自的界面区，即界面Ⅰ、Ⅱ、Ⅲ。

　　该图解实际上就是混凝土组成结构的模型。为得到最优化的混凝土组成结构，应使水泥基材料的性能得到充分的发挥，从而得到一个最终结构模型，该模型应是在一定的实验基础上，通过抽象、判断、推理而得来，可用以描述和解释并据以改进各种水泥基材料的性能。因此，不仅具有理论意义，且具有实际应用价值。

　　混凝土的理想结构模型应体现最优化的混凝土组成结构，可概括为以下几个要点。

　　① 各级中心质（分散相）以最佳状态（均布、网络、紧密）分散在各级介质（连续相）之中。在中心质与介质间存在着过渡区的界面，是渐变的非匀质的过渡结构。结构组成的排列顺序为中心质-界面区-介质。

　　② 网络化是中心质的特征。各层次的中心质网络构成水泥基材料的骨架。各级介质填充于各级中心质网络之间。强化网络骨架是提高水泥基材料性能的一个必要条件。

　　③ 界面区保证着中心质与介质的连续性。因此，界面区的优劣决定了水泥基材料的强度、韧性、耐久性、整体性与均匀性的优劣。界面区不应是水泥基材料中的薄弱部分，因为它的作用是将中心质的某些性能传给介质，应是有利于网络结构的形成和中心质效应的发挥。强化界面区是提高水泥基材料性能的又一个必要条件。

　　④ 各种尺度的孔、缝也是一种分散相，分布在各级介质之中，因此，也是中心质。尺度较大的孔（毛细孔）对强度等性能不利，也不参加构成网络。因此，对其尺度与含量应加以限制。但是，它在水泥基材料中还起着补给水分与提供水化物空间的有利作用。孔的有利作用过去很少提及，但吴中伟教授对此一直很重视，认为孔在水泥基材料中的存在，除有利

于水化外，今后在研究开发轻质高强混凝土、提高混凝土抗裂性与耐久性（如抗冲磨、抗冻融等）时，应加强并深化对孔的研究。

在上述要点中，吴中伟教授对界面与孔所提出的观点是十分值得重视的。

对中心质网络化、界面区组成结构和中心质效应的含义及其作用，分别阐述于下。

4.3.1.1　中心质网络化

中心质网络不仅包括各种金属增强材料与金属增强材料网片在水泥基材料中形成的大中心质网络骨架，还有不同尺度、不同性质的纤维增强材料在水泥基材料中形成的大中心质与次中心质网络；聚合物在混凝土中所形成的次中心质网络；MDF（无宏观缺陷）材料中大量未水化水泥熟料粒子间充满的聚合物与水化反应生成的相互交错的网状物所形成的次中心质与微中心质网络；聚合物与水泥两相间的化学键合作用形成的两相互穿网络结构而成为次中心质与微中心质网络以及各水化产物形成的针、柱状结晶相互组成的微中心质网络。

4.3.1.2　界面区组成结构

界面区通过强化，能够具有比介质更好的物理力学性能。因此，强化界面区是提高水泥基材料各种性能的关键。当今人们对界面区的认识，总是认为界面区是薄弱环节，总是研究如何减少或削弱其影响。而从中心质假说的观点，吴中伟教授提出：通过界面化学键合作用与中心质效应叠加作用，能够强化界面结构，从而提高水泥基材料的均匀性与整体性。认为在这方面具有很大的潜力，应深入地研究中心质效应，不仅界面区本身可以形成网络，还可设想通过中心质效应来建立中心质的网络。

4.3.1.3　中心质效应

中心质对介质的吸附、化合、机械咬合、黏结、稠化、晶核作用、晶体取向和晶体连生等一切物理、化学和物理化学的效应都称为中心质效应。在中心质假说中提出了中心质效应的概念。因为大中心质效应对整个体系的形成、发展与性能起着重要的作用，它能够改善大介质的某些性能，使在效应范围（或称之为效应圈）内的大介质得到强化，如强度、密实度等都得到十分显著的提高。中心质效应与界面区有密切的关系，薄弱的界面区会阻断或削弱中心质效应的发挥。界面区性能愈好，中心质效应也愈能得到发挥，使有效效应距（效应半径）增大，效应的叠加作用也能得到加强，对中心质的网络化也有利。

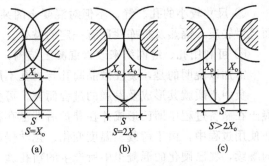

图 4-24　中心质效应叠加

当中心质的间距小于有效效应距时，由于效应圈互相重叠，就能产生效应叠加作用，使界面得到进一步强化，并使水泥基材料的有关性能得到显著的提高。

图 4-24 表示不同中心质间距的效应叠加作用。

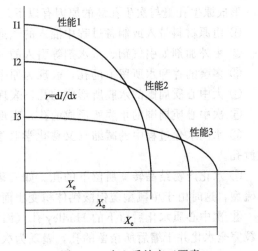

图 4-25　中心质效应三要素

从图 4-24(c) 中可见，当中心质间距大于 2 倍有效效应距时，就不存在效应叠加作用，因此，大介质与界面区的性能不均匀。而在该图 (a) 中，当中心质间距等于或小于有效效应距时，大介质处于效应叠加作用的范围内，其性能就均匀并得到明显的提高。

在中心质效应的研究中，可用 3 个量来描述效应的变化，称之为效应三要素，效应程度 I、效应梯度 r 和有效效应间距 X_e，如图 4-25 所示。

图中的效应程度 I 是反映界面处效应的大小，主要取决于中心质的表面物理、化学性能与变形性能等。效应梯度 r 是反映效应程度随界面距而变化（递减）的梯度，主要取决于界面区性质的优劣。有效效应距 X_e 反映中心质效应能明显达到介质的有效范围。效应程度、效应梯度与有效效应距即为中心质效应的三要素。不同的中心质，由于其性能的不同，三要素值也不相同。如图 4-25 中的性能 1，2，3。

吴中伟教授在中心质假说中特别强调并重视负中心质对混凝土结构及其性能的作用。认为在混凝土结构中必然存在的作为特殊分散相的孔、缝，不仅是混凝土结构的缺陷，当孔、缝的尺度超过一定范围时，对混凝土的许多性能，如强度、刚度、变形性能等力学行为及抗渗、抗冻、耐蚀等耐久性，起"负作用"（因此在中心质假说中命之为负中心质），还必须看到孔、缝对混凝土结构及性能还具有积极的作用。

① 孔、缝既能为水泥的继续水化提供水源及供水通道，又可成为水化产物生长的场所，从而为混凝土结构及其性能的发展创造条件。

② 由于混凝土中形成了各种中心质的网络骨架，所以荷载、干湿、温度等外界因素的作用，并非完全反映为外形体积的变化，而可能更多地反映在孔、缝的变化。

③ 尺寸较小的孔、缝，不但对混凝土的某些性能如强度、在一定水压下的抗渗性无害，而且对轻质、隔热及抗冻性还有一定的益处。

④ 可利用孔、缝网络来改善混凝土结构，如用聚合物浸渍形成大中心质网络。

需加以说明的是，凝胶微晶间孔与内孔不属于负中心质，而应归属于微介质。

负中心质就其形成及发展的过程而言，可分为原生孔缝和次生孔缝两种。原生孔缝是混凝土在制备过程中即已形成并在养护后即已存在的孔缝。次生孔缝是在混凝土养护结束后，在使用过程中，由于荷载、温度变化、化学侵蚀等外界因素以及内部的化学与物理化学变化的继续，在已硬化的混凝土中所产生的新孔缝。而次生孔缝往往是原生孔缝的引发、延伸和扩展所形成的。

形成原生孔缝与次生孔缝的原因有以下几种。

① 由原材料带入或制备过程中混入的气泡，表现为原生大孔。

② 由外加剂如引气剂、减水剂等引入的气泡，表现为原生大孔。

③ 多余的拌和水所留下的孔，表现为原生大孔或毛细孔。

④ 大中心质周围的水膜所形成的孔，表现为原生大孔。

⑤ 次中心质周围的水膜所形成的孔，表现为原生大孔或毛细孔。

⑥ 水泥水化过程中的减缩（又称化学收缩）引起的孔，表现为原生或次生的毛细孔或过渡孔。

⑦ 水化产物结晶转变所留下的孔。如三硫型水化硫铝酸钙，在石膏消耗完毕后转化为单硫型，这时由于单硫型硫铝酸钙体积变小而形成的孔，表现为原生或次生的毛细孔。

⑧ 次中心质水化后留下的 Hadley 孔（因由 Hadley 所发现而命名的孔），这是水泥熟料颗粒完全水化并干缩后所余留的孔，表现为次生的细孔。

⑨ 由于外界条件，如：荷载、干缩、冷缩，所引起的孔缝，表现为次生的大孔及毛细

孔。这是负中心质变化最主要也是最常见的原因。

在外界各种化学和物理化学因素以及各种侵蚀因素的作用下，混凝土将发生收缩或膨胀体积变形。其中，大中心质变化甚微，大介质、次介质、微中心质及微介质的变化也不显著，而变化最大的是负中心质。凡引起收缩或膨胀的各种因素均能导致负中心质发生变化。因此，在混凝土变形的研究中，负中心质也是一个重要方面。混凝土一些性能的变化与波动也与负中心质的变化有关。

负中心质在外界因素（荷载、温度、湿度）作用下所发生的变化有两个发展趋势：第一个发展趋势是裂缝从大中心质向大介质延伸发展；第二个发展趋势是裂缝从次中心质向次介质延伸发展。

负中心质如同中心质一样，能形成网络分布，概括为以下 3 个方面。

① 从原生孔缝引发扩展为次生孔缝，所有孔缝贯穿分布在整个系统中形成负中心质网络。

② 从大中心质界面缝引发延伸向大介质并贯穿于大介质中的孔缝，与邻近的大中心质界面缝连通，组成了这一部分的负中心质网络。

③ 次中心质界面缝引发延伸向次介质并贯穿于次介质中的孔缝，与邻近的大中心质界面缝连通，组成另一部分的负中心质网络。

负中心质的网络分布表明了混凝土中所存在的缺陷，随着负中心质的变化和网络分布的发展，混凝土的强度等性能将逐渐降低。但是，在一定程度内，混凝土的强度等性能不受负中心质变化的影响或影响甚微。其原因在于以下几点。

① 各级中心质网络结构的骨架作用、各级介质在骨架中的填充作用以及中心质效应的增强作用，是混凝土强度及其他性能的主要保证。

② 在一定尺度以下的负中心质对混凝土的某些性能不起或很少起负作用。

③ 某些负中心质对混凝土的某些性能起有益的作用。如在混凝土中引入大量均匀分布的 $50\sim200\mu m$ 的气泡，可改善混凝土的抗冻性、新拌混凝土的和易性，并可减少用水量以补偿由于气泡的存在所造成的强度损失。

在负中心质的变化中，还包括孔缝减少的变化，如：在中心质效应发挥的充分时，可使其周围的水膜消除；新生成的水化产物能堵塞部分孔缝，尤其是混凝土中含有膨胀组分时，在水化过程中新生成的钙矾石结晶可通过膨胀而填充部分孔缝。

减少负中心质的数量及其尺寸是提高混凝土强度及其主要性能的有效措施，用聚合物浸渍，填充了孔缝，可显著改善混凝土的一些主要性能。此外，由于大中心质界面缝既削弱了大中心质效应，又成为引发次生裂缝的起源，因此减少大中心质的水膜层及其界面缝的来源是减少负中心质的主要方法，使用高效减水剂不失为一项重要措施。再者，提高次中心质的分散程度和水化程度也是减少负中心质的重要方法之一。在混凝土中由于多余水分所留下的孔缝，部分地将会被水泥水化产物所填充，孔缝率也会随着水化程度的提高而逐渐降低，这就是所谓的裂缝自愈现象。若在混凝土中掺有膨胀剂或配制膨胀混凝土，则减少负中心质的效果更为显著。

根据中心质假说的理论，混凝土最终结构的形成乃是组分变化与中心质效应的结果，表现为网络化的各级中心质分布在各级介质之中，在中心质与介质接触部位存在着过渡层的不均匀结构。中心质网络构成了整个结构的骨架，而过渡层则使结构形成整体。因此，研究中心质网络与过渡层，是改进混凝土最终结构和提高混凝土主要性能的关键。

中心质假说，不仅适用于混凝土，也同样适用于高强、特高强水泥基材料与纤维增强水泥材料，通过改进其结构组成，从而提高性能。该论述已为钢丝网水泥结构、钢纤维增强水泥基材料、聚合物水泥混凝土以及高强、特高强混凝土的配制工艺提供了理论基础。

4.3.2 黄蕴元的硬化混凝土的4个结构层次

黄蕴元教授对硬化混凝土结构的研究，是根据材料的结构特征划分为原子-分子、细观、粗观和宏观4个层次。通过混凝土不同层次上的结构与力学行为关系的研究，掌握其规律，从而在设计混凝土工艺过程中，可在混凝土不同的结构层次上按指定要求，分别从组分、结构及界面对混凝土进行综合设计，并可对混凝土进行改性或预测混凝土在特定条件下的使用寿命。

4个结构层次是按照在光学显微镜下能见到的结构单元尺度来划分的。原子-分子尺度在物理、化学上的概念已很清楚，不需评述。细观层次的尺度为 10 nm~1mm。在此层次上研究的内容为：硬化水泥浆体的孔隙率、晶体与胶体的比例（晶胶比）和不同相之间的界面诸因素。粗观层次的尺度为 1mm 到几厘米。以粗集料与水泥砂浆基材的界面作为主要结构特征参数。而宏观层次则是工程结构单元尺度。

对硬化混凝土的结构进行多层次的研究，以弹性模量、抗压强度、断裂能和脆性作为研究的主要力学行为的参数，可得出如下一些基本概念。

① 在混凝土的原子-分子、细观和粗观诸层次上，组分、结构和界面在不同方面和不同程度上影响其宏观力学性质。其综合影响，则决定了整体混凝土的宏观力学行为。所谓力学行为就是材料发生变形和断裂的全部特征和过程。

② 所谓"结构"，实际上是不同的键和结构元的集合，主要是不同键和界面的集合，而界面实际上是离子、分子或微晶体等组成的过渡区。从混凝土的结构形成到结构破损的整个过程中，始终贯穿着界面的形成、转移和消失，而且还会发生双电层的形成、转移和消失。

③ 能量是贯通所有结构层次的共同物理量，它也是确定组分-结构-界面-性能关系的主要媒介。混凝土的抗拉强度是其单位体积内界面能的函数。

④ 键和结构元的集合总是统计性的，因而其一般性质也应是统计性的。

⑤ 如果在应力作用下，应变能不能转变而及时消散，或者不在变形时的晶形转变中被消耗，又不发生其他能耗，裂缝就会产生并使该应变能转变为表面能、棱边能和棱角能。其中表面能是主要的，并会贮存整个材料体系中，影响其力学行为。

⑥ 如果混凝土在所受的应力下，不同层次的组分、结构和界面能自动转变至与对抗力更为适合的状态，则其抗变形性及强度就能提高。

⑦ 孔隙不仅在粗观层次而且也在细观层次影响混凝土的力学行为。孔的尺寸和形状在这种影响中起重要的作用。孔不能被认为仅是混凝土中的一个无质量的空洞，在小孔所形成的细缝中，二孔壁间的范德瓦耳斯力及其他长程力将影响混凝土的力学行为。

黄蕴元教授把硬化混凝土的结构划分为4个层次，通过材料的组分-结构-界面的多层次研究，促进了按使用要求与使用寿命来进行混凝土材料力学行为的综合设计，并把混凝土工艺理论在结构层次上和混凝土强度理论相适应。在20世纪的80年代，就已建立起包括不同结构层次的组分、结构等多参数的混凝土强度理论。水泥石的强度与孔结构的关系可用下式表示：

$$\sigma_c = [K_1 K_2^{(K_3+K_4)\approx 3}] \cdot [K_2^{K_3(W-1)}(1-P)^{K_2W+K_4}] \cdot \left(\frac{1-P}{1+2P}\right)$$

水泥石的潜在强度，　　　微观-细观层次的　　　有软包体的多相分散体系

决定于原子-分子层　　　　孔结构对强度的　　　中，细观-粗观层次上的

的组分结构　　　　　　　影响　　　　　　　　应力集中对强度的影响

式中，σ_c 为水泥石强度；P 为总孔隙率；W 为孔隙的相对比表面积；$K_1 \sim K_4$ 为材料常数，由实验确定。

几十年来建立的以水灰比为控制参数的宏观强度理论，长期以来是以孔隙率对强度的影响来理解的。而上列公式所揭示的，不但是孔隙在各个层次对强度所起的作用，而且除了总孔隙率 P 以外，还有孔分布（公式中以 W 来体现）以及在分子层次里的潜力起作用。

由于把硬化混凝土 4 个结构层次的研究作为混凝土工艺理论的科学基础，因此，就具有较大的实用意义。通过改变各个不同结构层次上的组分、结构与界面，已经得到了一系列具有特殊物理力学性能的混凝土，如下所述。

① 通过增加硬化水泥浆体中硅酸盐阴离子团的聚合度，即在原子-分子层次上改变其组分-结构-界面，能制备出增聚硅酸盐水泥（PSC）材料，其抗压强度可达 344MPa，而其脆性指数较低，仅为 0.63。

② 通过改变界面间键的性质来改变原子-分子层次上的组分-结构-界面，在普通水泥浆体中加入适量的有机外加剂，能改变集料和黏结剂之间键的性质，因而明显地影响所制备的混凝土的强度和脆性。选用适当的外加剂及掺量，已得到具有高折压比（抗折强度与抗压强度之比值）的混凝土，其折压比为 1/4。

③ 为了改变细观层次上的组分-结构-界面，在 20.3MPa 压力下，将聚合物浸渍到干燥的水泥砂浆的微裂缝和微孔中进行聚合，所制备的聚合物浸渍混凝土（PIC）具有 204MPa 的超高强抗压强度，在破坏时带有爆裂性质的高脆性。

④ 由部分干燥工艺制成的聚合物浸渍混凝土，是在细观层次上改变组分-结构-界面的又一种情况。此时，微裂缝部分被水充填，而后又被浸渍的聚合物封口，两层填充网络同时存在于材料中，因此使混凝土具有高度的气密性。已用该材料制成 ϕ300mm、工作压力为 1.52MPa 的混凝土输气管。

⑤ 通过同时改变原子-分子及细观层次上的组分-结构-界面，已制备出聚合物浸渍聚合物水泥混凝土材料（PIPCC）。其中原子分子上的变化是由键的性质改变所致。而在细观层次上的变化则是由聚合物浸渍所致。此种材料的抗压强度可达 100MPa，而其脆性仅相当于抗压强度为 30～40MPa 的普通混凝土及砂浆。

⑥ 保持硬化水泥浆体中的总孔隙率不变，通过孔的比表面积的变化，可以改变细观层次上的组分-结构-界面。经研究，不仅已明确了孔的尺寸和形状在细观层次上的作用，以及在粗观层次上对浆体强度的影响。而且还得到了临界比表面积。超过该临界比表面积值时，总孔隙率对强度即不产生影响。

⑦ 为了在粗观层次上改变普通水泥混凝土的组分-结构-界面，改变粗集料的表面性质，随之也就改变了水泥浆体-集料界面的性质。所获得材料具有中等抗压强度和低脆性。

综合本章各节所述，显示了硬化混凝土的结构与性能以及工艺过程的密切联系。为提高或改善混凝土的性能，就必须对硬化混凝土的结构有充分的了解，在此基础上，才能寻求并

获得对混凝土进行改性的技术途径，并进一步做到按指定性能进行混凝土材料的设计。

思 考 题

1. 混凝土的结构由哪三大部分组成？
2. 硬化水泥浆体的孔结构和水的形态？
3. 混凝土过渡区的结构特点？过渡区强度的取决因素？过渡区对混凝土性能的影响？界面过渡区的改善措施？
4. 中心质假说的基本内容？画出该理论的基本结构示意图。
5. 黄蕴元教授提出的混凝土结构四个层次是怎样划分的？

参 考 文 献

[1] 沈威主编. 水泥工艺学. 武汉：武汉理工大学出版社，1990.
[2] 李利坚主编. 水泥工艺学. 武汉：武汉理工大学出版社，1998.
[3] 重庆建筑工程学院，南京工学院编著. 混凝土学. 北京：中国建筑工业出版社，1981.
[4] 袁润章. 胶凝材料学. 第 2 版. 武汉：武汉大学出版社，1996.
[5] 姚燕，王玲，田浩. 高性能混凝土. 北京：化学工业出版社，2006.
[6] ［美］库马·梅塔（P. Kumar Mehta），保罗 J. M. 蒙特罗（Paulo J. M. Monteiro）著. 混凝土微观结构、性能和材料. 覃维祖，王栋民，丁建彤译. 北京：中国电力出版社，2008.
[7] ［英］J. 本斯迪德（J. Bensted），P. 巴恩斯（P. Barnes）著. 水泥的结构和性能. 廖欣译. 第 2 版. 北京：化学工业出版社，2009.
[8] 沈春林编著. 商品混凝土. 北京：中国标准出版社，2007.
[9] 黄士元等编著. 近代混凝土技术. 西安：陕西科学技术出版社，1998.
[10] 晨晖，吴星春，胡丹霞. 界面过渡区对混凝土性能的影响及其改善措施. 中国建材科技，2006，(2).

5 混凝土的物理力学性能

5.1 混凝土的物理性能

5.1.1 混凝土的密实度

密实度是混凝土重要的物理性能之一，它表示在一定体积的混凝土中，固体物质的填充程度，可由式(5-1) 表示：

$$D = \frac{V}{V_0} \tag{5-1}$$

式中，D 为密实度；V 为绝对体积；V_0 为视体积。

事实上，绝对密实的混凝土是不存在的，因此密实度 D 值总是小于 1。混凝土中不同程度地含有孔隙，孔隙率可用下式计算：

$$P = 1 - D = 1 - \frac{V}{V_0}$$

式中，P 为混凝土的孔隙率。

当 $V_0 = 1$ 时，式(5-1) 可写成：

$$D = V = \frac{\gamma_0}{\gamma}$$

式中，γ_0 为混凝土的容重；γ 为混凝土的相对密度。

因此，精确测定混凝土的密实度，需要测定混凝土的相对密度，这实际上是很困难的，因为需要将具有代表性的混凝土试样磨成粉末。在实际应用中，采用单位体积混凝土中所有固体成分的体积总和（包括化学结合水和单分子层吸附水）来近似地确定其密实度已足够精确。即：

$$D = V_w + V_c + V_a \tag{5-2}$$

式中，V_w 为每立方米混凝土中强结合水的绝对体积；V_c 为每立方米混凝土中水泥的绝对体积；V_a 为每立方米混凝土中集料的绝对体积。

由于混凝土中水泥水化是不断进行，因此，V_w 值是随着混凝土龄期和水泥品种的不同而变化的。V_a 也可分为粗集料和细集料的绝对体积，因此式(5-2) 可写成：

$$D = V_c + V_s + V_g + V_w = \frac{W_c}{\gamma_c} + \frac{W_s}{\gamma_s} + \frac{W_g}{\gamma_g} + \frac{\beta W_c}{1000}$$

式中，W_c，W_s，W_g 分别表示每立方米混凝土中水泥、细集料、粗集料的用量，kg；

γ_c，γ_s，γ_g 分别表示水泥、细集料、粗集料的密度，kg/m^3；β 为一定龄期的混凝土中强结合水占水泥质量的百分数。

β 值可根据表 5-1 选用。

表 5-1　水泥在不同龄期的结合水系数

水泥品种	β 值				
	3d	7d	28d	90d	360d
快硬硅酸盐水泥	0.14	0.16	0.20	0.22	0.25
普通硅酸盐水泥	0.11	0.12	0.15	0.19	0.25
矿渣硅酸盐水泥	0.06	0.03	0.10	0.15	0.23

根据 28d 混凝土密实度的不同，混凝土可分为下列等级：高密实度混凝土 $D=0.87\sim0.92$；较高密实度混凝土 $D=0.84\sim0.86$；普通密实度混凝土 $D=0.81\sim0.83$；较低密实度混凝土 $D=0.78\sim0.80$；低密实度混凝土 $D=0.75\sim0.77$。

对所用材料相同而结构不同的混凝土，或者对结构相同但所用集料孔隙率不同的混凝土，其密实性可用其容重近似地比较，也可用 γ 射线和超声波等仪器进行测试。

混凝土的密实度与混凝土的主要技术性能，如强度、抗冻性、不透水性、耐久性、传声和传热性能等都有密切的联系。但需要指出的是，由于混凝土的密实度或孔隙率还不能反映混凝土中孔隙的特征，如孔隙大小、形状、分布及其封闭程度，因此它们还不能完全说明混凝土的结构。

5.1.2　混凝土的渗透性

混凝土材料的渗透性主要是指液体和气体对其渗透的性质，是混凝土的一项重要物理性能，不仅对要求防水的结构物具有重要意义，更重要的是评价混凝土抵抗环境中侵蚀性介质侵入和腐蚀的能力。混凝土的渗透性，指液体流过混凝土的流畅性。混凝土的抗渗性是指混凝土在压力水的作用下抵抗渗透的能力。因此，混凝土阻碍液体向其内部流动的能力越好，混凝土的抗渗性能越好。混凝土的耐久性与水和其他有害化学液体流入其内部的数量、范围等有关，因此抗渗性能高的混凝土，其耐久性就高，混凝土抗渗性能是表征其耐久性的一个重要指标。

衡量材料渗透性能的指标一般为渗透系数，单位 cm/s。渗透系数 k_q 可通过式（5-3）进行计算：

$$dq/dt=k_q\times(\Delta HA/L\mu) \tag{5-3}$$

式中，dq/dt 为液体流动速率；μ 为液体的黏度；ΔH 为压力梯度；A 为面积；L 为材料厚度。

混凝土的渗透性，可用相对抗渗系数评定。相对渗透系数可由式（5-4）计算：

$$S_k=\frac{mD_m^2}{2TH} \tag{5-4}$$

式中，S_k 为相对渗透系数，cm/h；D_m 为平均渗透高度，cm；m 为混凝土孔隙率；T 为恒压时间，h；H 为压力水头（用水柱高度 cm 表示）。

我国目前一般用抗渗等级来表示混凝土的抗渗性能。抗渗等级是用 28d 龄期的标准试件，在标准试验方法下所能承受的最大水压力来确定的，每隔 8h 增加 0.1MPa 水压。混凝土的抗渗等级以每组 6 个试件中 4 个未出现渗水时的最大水压力（MPa）计算。混凝土抗渗等级分为 P2、P4、P6、P8、P10、P12，其计算公式为：

$$P=10H-1 \qquad (5\text{-}5)$$

式中，P 为抗渗等级；H 为 6 个试件中 3 个试件渗水时的水压力，MPa。

混凝土的抗渗等级与相对抗渗系数的关系见表 5-2 所列。

表 5-2　混凝土的抗渗等级与相对抗渗系数的关系

抗渗等级	渗透系数/(cm/s)	抗渗等级	渗透系数/(cm/s)
P2	0.196×10^{-7}	P8	0.261×10^{-8}
P4	0.783×10^{-8}	P10	0.177×10^{-8}
P6	0.419×10^{-8}	P12	0.129×10^{-8}

混凝土的渗透性与水灰比、水泥品种、水泥的水化程度、粗集料的最大尺寸、集料的级配、粉煤灰掺和料、集料与水泥浆体界面的裂缝和集料的渗透性等因素有关，因为这些因素决定了混凝土的结构、孔隙率等。

混凝土的水灰比越大，水化程度越低，水泥浆体中的毛细孔率越高，水泥浆体含有较多的大孔和连通性良好的孔，混凝土的渗透性就越大。在相同的水灰比下，水化程度越低，混凝土中未水化物及毛细管水越大，孔隙率越大。水化程度随混凝土龄期的增长而提高，混凝土的密实性也相应提高。在相同水化程度下，水灰比越大，混凝土的孔隙率越高。图 5-1 给出了水灰比、水化程度和孔隙率之间的关系。混凝土的渗透性与固体水化产物百分比之间的关系如图 5-2 所示。由图 5-2 可见，固体水化产物百分比越小孔隙率越大，渗透系数越大。

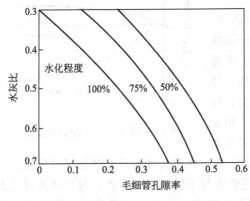

图 5-1　混凝土水灰比、水化程度和
孔隙率之间的关系

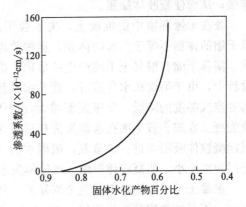

图 5-2　混凝土的渗透性与固体
水化产物之间的关系

水泥的水化程度也与养护条件有关。养护的时间、温度、湿度等都会影响混凝土的水化，因此，养护条件也会影响混凝土的渗透性。一般来讲，蒸汽养护的混凝土的渗透性比标准养护的混凝土的渗透性要大。

一般认为集料的渗透性比水泥浆体要低，而实际上某些集料的渗透系数与水泥浆体的渗透系数相差不大，且当集料的孔隙率达 10% 时，其渗透性比水泥浆体还要高很多。当粗集料中夹杂风化程度较大或有明显层理结构的集料时，渗透性将更高。

集料的形状、最大尺寸及级配，对集料与水泥浆体界面上的结构有影响。当集料中含有较多的片状、条状集料，或集料的尺寸较大、集料的级配不好时，界面上将存在较多的自由水或孔隙，水分蒸发后会形成较多的孔隙，且混凝土的干燥收缩也会引起界面裂缝。因此，集料的尺寸越大，集料的级配越差，水灰比越大，混凝土的渗透越高。水灰比和集料的特征对混凝土渗透性的综合影响如图 5-3 所示。

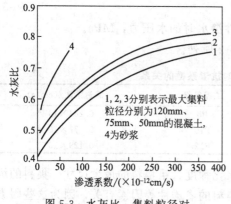

图 5-3　水灰比、集料粒径对
混凝土渗透性的影响

因此，提高混凝土抗渗性能可以采用以下措施：减小水灰比，提高强度；选择渗透性小的集料；在保证相同强度的条件下，掺加适量矿物掺和料如硅灰、矿渣微粉、优质粉煤灰等；适量引入细空气泡；加强养护，避免在施工期干湿交替。掺加某些防水剂也有助于抗渗性的提高。

5.1.3　混凝土的干缩与湿胀

混凝土在硬化过程中及暴露在环境中由于干燥和吸湿引起含水量的变化，同时也引起混凝土的体积变化，称为干缩和湿胀。其在干燥与潮湿环境中典型变形如图 5-4 所示。

处在潮湿环境中的混凝土吸水会引起体积膨胀，称为湿胀。膨胀产生的原因：混凝土在吸湿过程中，由于水泥凝胶体颗粒之间吸入水分，水分子破坏了凝胶体颗粒的凝聚力，迫使颗粒分离从而使胶体离子间距离变大，加上由于水的侵入使凝胶体颗粒表面形成吸附水，降低了表面张力，也使颗粒发生微小的膨胀，从而使凝胶体膨胀。

处在干燥环境中的混凝土，失水会引起体积收缩，但干缩的体积不等于失水的体积，这种收缩称为干燥收缩，简称干缩。混凝土干缩产生的原因：混凝土在干燥过程中，由于毛细孔水分蒸发，使毛细孔形成负压，伴随着空气湿度的降低，负压逐渐增大，产生收缩力，导致混凝土收缩。若毛细孔水蒸发完毕后继续干燥，则会引起凝胶体吸附水进一步蒸发，吸附水的蒸发会导致离子间距离变小，使凝胶体收缩。凝胶体失水引起的收缩，在重新吸水后大部分可以恢复。

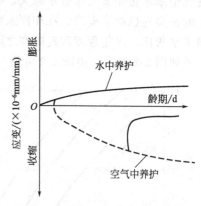

图 5-4　混凝土的干缩湿胀变形

混凝土干燥收缩是不能完全恢复的，分为可逆收缩与不可逆收缩两类。对于普通混凝土而言，不可逆收缩约为干缩的 0.3～0.6，而下限更为普遍。这种不可逆收缩，是由于一部分接触较紧密的凝胶体颗粒，在干燥期间失去吸附水膜后，发生新的化学结合，这种结合，即使再吸水也不会发生破坏。但是，随着水泥水化程度的提高，凝胶体的这种由于干燥出现更紧密的结构的作用就会减少。

对于一定的混凝土，在连续不断的干湿循环后，干缩和湿胀的绝对值也会变小，这是因为混凝土在保水期间进一步水化，使水泥石强度愈来愈高的缘故。

在制造断面小预应力构件时可以利用混凝土干缩湿胀的特点，在后张预应力之前，先让混凝土干燥，施加预应力后由于吸收湿空气中的水分而产生一定的膨胀，因此可以抵消由于徐变引起的收缩，即所谓"无徐变无收缩混凝土"。

影响混凝土干燥收缩主要有以下因素。

① 水泥细度及水泥品种　如矿渣水泥比普通水泥的收缩大；采用较高强度的水泥，由于其颗粒较细，造成的混凝土收缩也较大。

② 水泥用量　混凝土的干燥收缩主要来源于水泥浆的收缩，这是因为集料的收缩很小。在保持水灰比不变时，水泥用量越大，混凝土干燥收缩越大。

③ 用水量　配制混凝土时，水灰比越大，则拌和用水量越多，硬化后形成的毛细孔越多，混凝土干缩值也越大。

④ 集料的种类与数量　砂石在混凝土中形成骨架，对抵抗收缩变形有一定的作用。集料的弹性模量越高，混凝土的收缩越小。混凝土、水泥砂浆、水泥净浆三者收缩之比约等于1：2：5。

⑤ 养护条件　采用蒸养可减少混凝土干缩，蒸压养护效果更显著。

5.1.4　混凝土的热性能

混凝土目前仍是建筑主体结构和建筑围护结构等部位应用比例最大的建筑材料。它的热物理特性对其在建筑物中发挥稳定可靠的使用功能起着极为重要的作用，如对某些建筑物有特别绝热等级要求；某些混凝土板不允许因温度变化导致开裂和挠曲；一些超静定结构必须计算因温度变化引起的应力；大体积混凝土温度应力的控制等，均需要对混凝土热物理性能有深入的了解。混凝土的热物理性能与其他建筑材料热物理性能在某些方面有相同或相似的性质，但由于该材料本身内部结构的特殊性，又有其特殊的热物理性能，下面我们着重从其热膨胀性能、热传导性能、比热容以及热扩散性等几方面加以论述。

5.1.4.1　混凝土的热膨胀性能

混凝土作为一种类似于多孔的材料，其热膨胀性能与其组成组分水泥石、集料以及水泥石孔隙中含水情况等因素有关。

混凝土的热膨胀性能由热膨胀系数来表示，其大小可由水泥石和集料的热膨胀系数的加权平均值来确定，即：

$$\alpha_c = \frac{\alpha_p E_p V_p + \alpha_a E_a V_a}{E_p V_p + E_a V_a} \qquad (5-6)$$

式中，α_c 为混凝土的热膨胀系数，$℃^{-1}$；α_p 为水泥石的热膨胀系数，$℃^{-1}$；α_a 为集料的热膨胀系数，$℃^{-1}$；E_p 为水泥石的弹性模量；E_a 为集料的弹性模量；V_p 为水泥石的体积率；V_a 为集料的体积率，$V_a = 1 - V_p$。

一般地，水泥石的热膨胀系数为 $(10\sim20)\times10^{-6}/℃$，集料的热膨胀系数为 $(6\sim12)\times10^{-6}/℃$，混凝土的热膨胀系数为 $(7\sim14)\times10^{-6}/℃$。可以看出，混凝土的热膨胀系数与集料的热膨胀系数十分接近。试验结果表明，混凝土的热膨胀主要受集料的约束，即受混凝土中集料含量的影响，而受水泥石的影响很小。也就是说，混凝土的热膨胀系数是集料含量的函数或集料热膨胀系数的函数，如图 5-5 所示。

对水泥石来说，其热膨胀包括两方面，一是其本身受热膨胀，二是受湿胀压力的作用而膨胀。一方面由于水的热膨胀系数为 $210\times10^{-6}/℃$，比水泥凝胶的热膨胀系数大得多，所以当温度升高，水的膨胀体积大于凝胶孔的体积从而导致凝胶体膨胀；另一方面，随着温度的升高，毛细孔中水的表面张力减小，加之水体积受热膨胀以及凝胶水的迁入，使得毛细孔水液面升高，弯月面曲率下降，从而使毛细孔内收缩压力减小，水泥石膨胀。然而试件在干燥或饱水状态下，这种湿胀压力并无作用，因为这时无水的曲面存在。由此可见，水泥石的热膨胀系数应是湿度的函数，相对湿度为 100%（饱水状态）和 0（干燥状态）时最小，约在相对湿度 70% 时最大，如图 5-6 所示。

水泥石的热膨胀系数随龄期的增加而减小，这是因为水化的继续进行使结晶物质的含量增加，减少了凝胶体的湿胀压力。这一点也反映在蒸压养护的水泥石试件中，蒸压养护的水泥石凝胶体含量很少，其热膨胀系数基本不随湿度而变化。

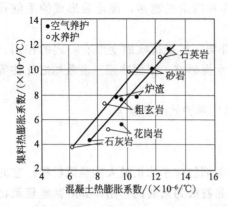
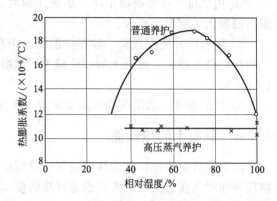

图 5-5　集料的膨胀系数对混凝土膨胀系数的影响　图 5-6　水泥石的热膨胀系数与环境相对湿度的关系

5.1.4.2　混凝土的比热容

比热容的定义为 1kg 物质（材料）升高或降低 1℃所吸收或放出的热量，单位为 kcal/(kg·℃)(1kcal=4.184kJ)。普通混凝土的比热容一般在 0.21～0.26kcal/(kg·℃) 范围内，且随其含水量的增加而增加。

水泥石的集料比热容与混凝土的比热容的关系可用式(5-7) 表示：

$$C=C_p(1-W_a)+C_aW_a \tag{5-7}$$

式中，C 为混凝土的比热容，kcal/(kg·℃)；C_p 为水泥石的比热容，kcal/(kg·℃)；C_a 为集料的比热容，kcal/(kg·℃)；W_a 为混凝土中集料的重量比。

5.1.4.3　混凝土的导热性能

导热性能是材料的一个非常重要的热物理指标，它表示材料传递热量的一种能力。一般用热导率 λ 来表示材料传递热量即导热性能的大小。

材料热导率的单位为 kcal/(m·h·℃)[1kcal/(m·h·℃)=1.162W/(m·K)]，它表示：在一块面积为 1m² ，厚度为 1m 的板材上，板的两侧温度差为 1℃，在 1h 内通过板面的热量。因此，可以看出，热导率越小，说明材料的传递热量的能力越差，即材料的绝热性能及保温性能越好。

混凝土的导热性能用混凝土的热导率 λ 表示，其大小取决于混凝土的组成。饱水状态下，混凝土热导率一般约为 1.2～1.4kcal/(m·h·℃)。集料的种类对混凝土的热导率有很大的影响，见表 5-3 所列。

表 5-3　不同种类集料的混凝土热导率

集料种类	混凝土容重/(kg/m³)	热导率/[kcal/(m·h·℃)]
重晶石	3640	1.18
花岗岩	2800	3.0
火成岩	2540	1.24
白云石	2560	3.16
膨胀矿渣珍珠岩混凝土	1990	0.56

由于空气的热导率非常小，仅为 0.022kcal/(m·h·℃)，是水的热导率 0.52kcal/(m·h·℃) 的 1/25，所以干燥的混凝土比含水的混凝土热导率小。同样，由于空气的热导率要远远小于水泥石和集料的热导率的缘故，混凝土容重对其热导率的影响很大，如图 5-7 所示。

5.1.4.4 混凝土的热扩散性能

材料热导率是衡量材料侧面有一定温差时，引起传递热量多少的一个热工指标。它只反映传送热量的多少，而不能反映传递热量的快慢程度。要反映传递热量快慢程度需要另一个热工指标，即材料的热扩散系数。热扩散系数的物理意义是，材料在冷却或加热过程中，各点达到相同温度的速度。材料热扩散系数越大，说明材料各点达到相同温度的速度越快。材料热扩散系数与材料的热导率成正比，与材料的比热容和容重的乘积成反比。

混凝土的热扩散性能，用混凝土的热扩散系数 α 来表示，它表示混凝土本身在受热或冷却时，各部位的温度趋向一致的能力。不同种类的混凝土，其热扩散系数（m^2/h）越大，表明该混凝土内各部位温度越易达到均匀一致。其计算公式为：

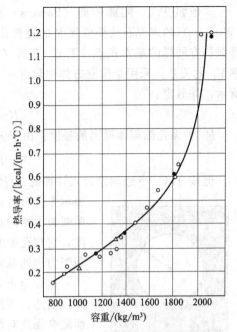

图 5-7 混凝土的热导率与容重之间的关系

$$\alpha = \frac{\lambda}{C\gamma} \tag{5-8}$$

式中，λ 为混凝土的热导率 $kcal/(m \cdot h \cdot ℃)$；C 为混凝土的比热容，$kcal/(kg \cdot ℃)$；γ 为混凝土的容重，kg/m^3。

一般普通混凝土的热扩散系数为 $0.002 \sim 0.006 m^2/h$ 小。影响混凝土的热导率及比热容的因素，同样影响其热扩散系数。

5.2　混凝土的强度

强度是新拌混凝土硬化后的重要力学性质，也是混凝土质量控制的主要指标。混凝土强度分为抗压强度、抗拉强度、抗弯强度及抗剪强度等。其中以抗压强度最大，抗拉强度最小，仅为抗压强度的 $1/20 \sim 1/10$，故混凝土主要用于承受压力。

5.2.1　混凝土强度的基本理论

混凝土强度的基本理论一般可分为细观力学和宏观力学理论两类。混凝土强度的细观力学理论，是根据混凝土材料细观非匀质性的特征，研究组成材料对混凝土强度所起的作用。而混凝土强度宏观力学理论，则是假设混凝土材料为宏观匀质且各项同性材料，研究混凝土在复杂应力作用下普适化破坏条件。可见两种理论的出发点是不同的，前者是混凝土材料设计的主要依据，而后者应是混凝土结构设计的重要依据。

组成材料对混凝土水泥石的性能、集料的性能、水泥石与集料之间的界面结合能力以及它们的相对体积含量产生影响。一般来讲，研究混凝土细观力学强度理论时，均将水泥石性能作为主要影响因素，并建立一系列的阐述水泥石孔隙率或密实度与混凝土强度之间关系的计算公式。如根据水灰比计算混凝土强度公式就是其中一例，在混凝土配合比设计中起到了极大的作用。

其他如 T.C. 鲍威尔斯（Powers）根据胶空比计算混凝土的公式以及 G. 威舍尔斯（Wishers）的水泥石抗压强度 R 的经验公式[$R＝3100（1-V_p）^{2.7}$，V_p 为水泥石的孔隙率]等都具有同样的基本观点。T.C. 亨逊（Hansen）研究多孔固体材料的抗压强度 R 与孔隙率 V_p 的关系，采用单位立方体中包含一个半径为 r 的球形孔隙的简单强度模型，如图 5-8 所示，并假定：

$$R＝R_0（1-\pi r^2）\tag{5-9}$$

R_0 为无孔隙固体材料的强度。由于强度模型的孔隙率为 $V_p＝4/3\pi r^3$，因此可得：

$$R＝R_0（1-1.2V_p^{\frac{2}{3}}）\tag{5-10}$$

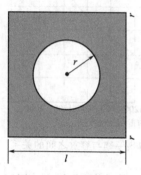

图 5-8　多孔固体材料
抗压强度模型

但按 T.C. 亨逊理论公式计算的 R/R_0 比值，与一些材料的试验结果相差很大，普适的表示多孔材料强度与孔隙的理论公式至今没有真正建立起来。按照断裂力学的观点，决定材料断裂强度的是某处存在临界裂缝宽度，它与孔隙的形状和尺寸有关，而不是总的孔隙率。因而引用断裂力学的基本观点来研究水泥石和混凝土的强度是可行的。

迄今为止，集料对混凝土强度所起作用没有很好的定量方法加以描述。难度主要有以下三方面。一是水泥石与集料之间的界面结合强度对混凝土的强度有很大影响。但目前没有很好的方法来测定界面的结合强度。二是对集料的几何形状、大小、粒径分布及表面状况的定量描述没有很好的方法。三是强度是结构敏感性的性质，只要材料的内部结构在某处破坏，即可导致整个截面的断裂，而不必每处结构都破坏才导致断裂。到目前，在混凝土的配合比设计中，均没有全面考虑集料对其强度所作的贡献。比如对于高强乃至超高强混凝土和轻集料混凝土的强度，在一定条件下集料应是起主导作用的因素，这方面系统定量的研究难度会很大。

5.2.2　混凝土受力后的破坏过程

5.2.2.1　混凝土的破坏机理

混凝土的抗压强度是混凝土材料最基本的性质，也是实际工程对混凝土要求的基本指标；而抗压强度是以混凝土破坏时的压应力大小来衡量。因此，研究混凝土的强度必须研究混凝土的破坏过程。

混凝土在压力作用下，产生纵向与横向变形。当荷载增大到一定程度以后，试件中部的横向变形达到混凝土的极限值时，则产生纵向裂纹，继续增加荷载，裂纹进一步扩大和延伸，同时产生新的纵向裂纹，最后混凝土丧失承载能力而被破坏。因此，混凝土的受压破坏过程，实际上是内部裂纹的扩展以至互相连通的过程，也是混凝土内部结构不连续的变化过程。当混凝土的整体性和连续性遭到破坏时，其外观体积也发生变化，随着荷载增大，体积发生膨胀。根据这一现象，可以判断在压力作用下，混凝土产生裂纹的依据。

了解机理的目的是为了搞清楚裂纹在混凝土中产生的部位，以及其扩展与延伸的途径，可以采取针对性措施，提高混凝土的强度。

5.2.2.2　在压应力状态下混凝土的力学行为

在压荷载的作用下，混凝土处于压应力状态中，其力学行为的特征是混凝土内部微裂缝的扩展。通过混凝土受压的应力-应变曲线，可以描述并阐明混凝土内部微裂缝的扩展与强度破损的关系，因为混凝土的应力-应变曲线的变化及混凝土的破损都是受混凝土内部微裂缝的扩展过程所控制。

混凝土是一种复合材料，其强度是水泥强度、集料强度以及组分材料之间相互作用的函数。从图 5-9 所示的集料、混凝土与硬化水泥浆体的典型应力-应变曲线中，可以看出集料与硬化水泥浆体的前大半段的应力-应变曲线呈线弹性关系、而混凝土的应力-应变曲线却呈现为高度的非线性关系，表征了混凝土在压荷载作用下的非弹性力学行为。

混凝土的应力-应变曲线与其两种组分材料的应力-应变曲线存在着明显的差别，一方面是它们之间各自的弹性模量相差较大，但更重要的是混凝土在承受荷载前已存在的内部裂缝和缺陷，在压应力状态下都会扩展，直接导致了混凝土应力-应变曲线的非弹性力学行为。由于混凝土内部的裂缝更多的是集中在集料与水泥浆体的界面，因此，界面黏结强度的强弱，对混凝土的应力-应变曲线的特性有更为密切的关系，最终也会影响混凝土强度的高低。试验已经表明：降低集料与水泥浆体间界面的黏结强度，会加剧混凝土应力-应变曲线的非线性。高强混凝土由于具有较强的界面黏结强度，其应力-应变曲线就趋于线性。而采用接近于水泥基材刚度的集料，其混凝土的应力-应变曲线也趋于线性。

混凝土在压荷载作用下，裂缝的扩展过程可分为 3 个阶段——裂缝引发、裂缝缓慢扩展与裂缝快速扩展。混凝土在不同应力状态下，裂缝扩展的 3 个阶段决定了混凝土应力-应变曲线的性质与混凝土破损的关系，如图 5-10 所示。

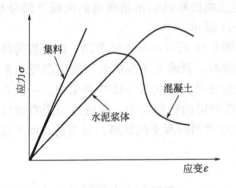

图 5-9　典型应力应变曲线

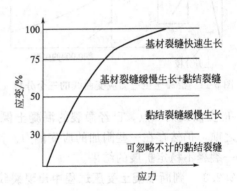

图 5-10　不同应力情况下的裂缝扩展图

（1）裂缝引发阶段

在混凝土所受的荷载低于 30％极限荷载时（即混凝土的压应力低于极限的 30％）时，其内部的界面缝在这样的低压应力状态时十分稳定，几乎没有扩展的倾向。但是，在拉应变高度集中的局部区域内，也可能引发一些附加的裂缝，这些微裂缝在低应力时也能保持稳定。因此，此阶段混凝土的应力-应变曲线几乎是直线。

（2）裂缝缓慢扩展阶段

在混凝土所受的荷载为极限荷载的 30％～50％（混凝土的压应力为极限的 30％～50％）时，界面缝开始扩展，但比较缓慢，且其大多数扩展仍在界面过渡区，如图 5-10 所示，此时的裂缝扩展是黏结裂缝缓慢生长。此阶段的混凝土应力-应变曲线开始产生一定的曲率呈较弱的非线性。此时，如果保持混凝土的应力水平不变，则裂缝扩展就会停止。因此，此阶段也可称为稳定的裂缝扩展阶段。

当混凝土所受的荷载一旦超过极限荷载的 50％时，裂缝扩展就开始延伸到水泥基材中，随着水泥基材的开裂，原有的分离界面缝也在扩展，并开始贯通，逐渐形成一个连续的裂缝体系。

（3）裂缝快速扩展阶段

当对混凝土继续加载，当压应力超过极限应力的 75%，水泥基材的裂缝迅速扩展并延伸，在第二阶段中所形成的裂缝体系成为不稳定状态，最终引起混凝土的破损。在此阶段，即使荷载不再继续增加，裂缝扩展也会自发继续而不停止。因此，此阶段也可称为不稳定的裂缝扩展阶段。

通过上述的混凝土在压应力状态下以应力-应变曲线表征的力学行为，可以理解在钢筋混凝土和预应力混凝土结构设计时，对混凝土一系列的力学性能指标作出的相应的规定。如混凝土设计强度的取值、疲劳强度设计值、长期荷载作用下的混凝土设计强度的取值（包括预应力混凝土结构中建立的混凝土预压应力值）等。这些规定都反映了混凝土在不同压应力状态下的力学行为特性，都与混凝土内部裂缝扩展的规律有内在的联系。

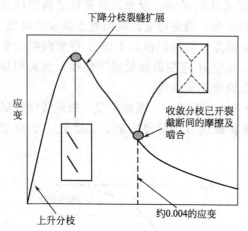

图 5-11 混凝土全应力应变曲线的三个分枝

应该指出，图 5-10 所示的图形是在"柔性"材料试验机所做的试验情况下得出的。若使用能维持恒定应变速率并具有足够刚性的材料试验机进行试验，得出全应力-应变曲线，则混凝土的应力-应变曲线将显示出很明显的曲线下降分枝。如图 5-11 所示。

从图 5-10 所反映的曲线看出，即使当荷载达到最大值时，裂缝也还未扩展到能引起受压的混凝土完全破损。而从图 5-11 中可看出，一直到应力-应变曲线的峰点，已经微裂的混凝土保持为一超静定的稳定结构，在裂缝完全贯通混凝土之前，仍然存在一些附加的应变能力。因此，可以说明混凝土的断裂是逐渐的，而不是某单一裂缝不稳定扩展的结果。

5.2.2.3 判断混凝土受压过程中出现裂纹的依据

采用混凝土棱柱体试件，尺寸为 $10cm \times 10cm \times 30cm$。在轴向压力作用下，从中取出单位立方体，其体积变化可用式(5-11) 表示：

$$\frac{\Delta v}{v} = \varepsilon(1-2\mu) \tag{5-11}$$

式中，$\frac{\Delta v}{v}$ 为混凝土的体积变化与原来体积之比；ε 为纵向变形；μ 为泊松比。

从式(5-11) 可见，当 $\mu > 0.5$ 时，表示在压缩的情况下，混凝土的体积反而产生膨胀，这是由于混凝土在受压过程中产生了裂纹，使混凝外观体积增大，故 $\mu > 0.50$。

混凝土及其组成材料是在荷载增大到一定程度之后，才出现裂纹的。当裂纹出现后，其特征是荷载增大的同时，体积发生膨胀。

当作用压力为 p_1 时，材料的体积变化为：

$$\frac{\Delta v_1}{v} = \varepsilon_1(1-2\mu_1) \tag{5-12}$$

当作用压力为 p_2 时，材料的体积变化为：

$$\frac{\Delta v_2}{v} = \varepsilon_2(1-2\mu_2) \tag{5-13}$$

式中，ε_1 为作用压力为 p_1 时的纵向弹性变形；ε_2 为作用压力为 p_2 时的纵向弹性变形；

μ_1 为作用压力为 p_1 时的泊松比；μ_2 为作用压力为 p_2 时的泊松比；$\dfrac{\Delta v_1}{v}$ 为作用压力为 p_1 时的体积变化与原体积比；$\dfrac{\Delta v_2}{v}$ 为作用压力为 p_2 时的体积变化与原体积比。作用压力由 p_1 增大到 p_2 时，其单位体积变化为：

$$\frac{\Delta v_1 - \Delta v_2}{v} = (\varepsilon_2 - \varepsilon_2)(1 - 2\mu_{12}) \tag{5-14}$$

式中，μ_{12} 为作用压力由 p_1 增大到 p_2 时，混凝土在该荷载区间的泊松比。

由式(5-14) 可见，若 $\mu_{12} > 0.5$，则说明作用荷载由 p_1 增大到 p_2 时，混凝土的体积膨胀 $\mu_{12} > 0.5$ 作为检验混凝土在压缩条件下出现裂缝的依据。

5.2.3 影响混凝土强度的因素

5.2.3.1 水泥强度等级与水灰比

从混凝土的结构与混凝土的受力破坏过程可知，混凝土的强度主要取决于水泥石的强度和界面黏结强度。普通混凝土的强度主要取决于水泥强度等级与水灰比。水泥强度等级越高，水泥石的强度越高，对集料的黏结作用也越强。水灰比越大，在水泥石内造成的孔隙越多，混凝土的强度越小。在能保证混凝土密实成型的前提下，混凝土的水灰比越小，混凝土的强度越高。但当水灰比过小时，水泥浆稠度过大，混凝土拌和物的流动性过小，在一定的施工成型工艺条件下，混凝土不能密实成型，反而导致强度严重降低，如图 5-12 所示。

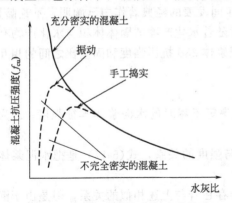
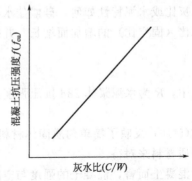

图 5-12 混凝土强度与水灰比的关系　　　　图 5-13 混凝土强度与灰水比的关系

从图 5-13 可知，混凝土的立方体抗压强度与灰水比成线性增长关系，同时混凝土立方体抗压强度与水泥强度也有很好的线性相关性。瑞士学者保罗米 (J. Bolomey)，最早建立了混凝土强度与灰水比的经验公式，后经不断完善，得出了式(5-15)，称为混凝土强度公式，又叫保罗米公式。该式适用于流动性较大的混凝土，即适用于低塑性与塑性混凝土，采用的水灰比为 0.4～0.8，不适用于干硬性混凝土。JGJ 55—2000 及 T 5144—2001 均推荐在混凝土配合比设计时可采用该公式估算水灰比。

$$f_{cu,0} = \alpha_a f_{ce} \left(\frac{C}{W} - \alpha_b \right) \tag{5-15}$$

式中，f_{cu} 为混凝土 28d 的混凝土立方体抗压强度，MPa；f_{ce} 为水泥 28d 龄期的实际抗压强度，MPa，当无实测值时，$f_{ce} = 1.0 \sim 1.13 f_{ce,k}$；$f_{ce,k}$ 为水泥强度等级值，MPa；C/W 为混凝土的灰水比；α_a，α_b 为与混凝土用集料和水泥品种有关的回归系数，由工程所用水泥、集料，通过建立水灰比与强度的关系式确定，无条件时，可按表 5-4 中数据选用。

表 5-4   回归系数 α_a、α_b 选用表

项目	集料以干燥状态为基准		集料以饱和面干状态为基准			
	卵石混凝土	碎石混凝土	卵石混凝土		碎石混凝土	
			普通水泥	矿渣水泥	普通水泥	矿渣水泥
α_a	0.48	0.46	0.539	0.608	0.637	0.610
α_b	0.33	0.07	0.459	0.666	0.569	0.581

利用该公式，可根据所用水泥的强度和水灰比来估计混凝土的强度，或根据要求的混凝土强度及所用水泥的强度等级来计算其配制混凝土时应采用的水灰比。

5.2.3.2   集料的质量和种类

质量好的集料是指集料有害杂质含量少，集料形状多为球形体或棱体形，集料级配合理。采用质量好的集料，混凝土强度高；表面粗糙且有棱角的碎石集料，与水泥石的黏结较好，且集料颗粒间有嵌固作用，因此碎石混凝土较卵石混凝土强度高。

5.2.3.3   孔隙率的影响

一般匀质固体材料，其强度与孔隙率间存在着密切的联系，用下列的指数公式(5-16)来描述：

$$S = S_0 e^{-kp} \tag{5-16}$$

式中，S 为含有一定孔隙的材料的强度；S_0 为孔隙率等于零时的材料本征（固有）强度；k 为常数；p 为材料中所含有的孔隙率。

对于水泥浆体，T. C. Powers 于 1945~1947 年间发表的经典著作中已阐明，不论龄期、原始水灰比或水泥特性如何，硅酸盐水泥浆体强度随着水化产物的固体体积与水化产物有效空间之比（固空比）的增加而增长，并提出了水泥浆体 28d 抗压强度和固空比之间的相互关系式：

$$R = ax^3 \tag{5-17}$$

式中，R 为水泥浆体 28d 抗压强度；a 为孔隙率等于零时的水泥浆体本征强度；x 为固空比。

式(5-16)反映了简单匀质固体材料的孔隙率与强度的关系，式(5-17)是把水泥浆体也作为匀质材料来对待。

对混凝土而言，混凝土的强度与空隙率间同样存在着与上述相似的关系，但是由于混凝土中含有集料，就不能将之视为均质材料，也就不能简单地将其强度与孔隙率建立一个如同水泥浆体那样的通用关系式。相同的水泥浆体孔隙率的情况下，混凝土的强度可以有极大的差异，有时其强度差别可达数倍之大。其原因在于混凝土中除水泥浆体外还含有大量的粗、细集料，而混凝土的孔隙率主要取决于粗、细集料的级配。此外，还由于混凝土中的粗集料与水泥浆体间存在着过渡区的界面缝，所以，混凝土材料的强度与孔隙率的关系更为复杂化、难以建立一个通用的关系式。

5.2.3.4   养护条件的影响

混凝土的养护是指混凝土浇筑完毕后，人为地（或自然地）使混凝土在保持足够湿度和适当温度的环境中进行硬化，并增长强度的过程。

(1) 干湿度的影响

干湿度直接影响混凝土强度增长的持久性。在干燥的环境中，混凝土强度发展会随水分的逐渐蒸发而减慢或停止。因为混凝土结构内水泥的水化只能在有水的毛细管内进行，而且混凝土中大量的自由水在水泥的水化过程中，会被逐渐产生的凝胶所吸附，使内部供水化反应的水愈来愈少。但潮湿的环境会不断地补充混凝土内水泥水化所需的水分，混凝土的强度就会持续不断地增长。

图 5-14 是混凝土强度与保持潮湿日期的关系，从图 5-14 可知，混凝土保持潮湿的时间越长，混凝土最终强度就越高。所以我国规范要求，混凝土浇筑完毕，养护前宜避免太阳光曝晒；塑性混凝土应在浇筑完毕 6～18h 内开始洒水养护，低塑性混凝土宜在浇筑完毕后立即喷雾养护，并及早开始洒水养护；养护需连续进行，养护时间不低于 28d。

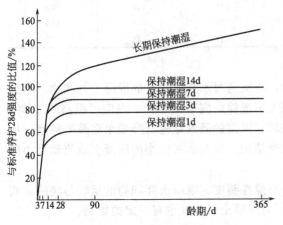

图 5-14　混凝土强度与保持潮湿日期的关系　　　　图 5-15　养护温度对混凝土强度的影响

（2）养护温度的影响

养护温度是决定混凝土内水泥水化作用快慢的重要条件。养护温度高时，水泥水化速度快，混凝土硬化速度就较快，强度增长大，图 5-15 是养护温度对混凝土强度的影响。研究表明养护温度不宜高于 40℃，也不宜低于 4℃，最适宜的养护温度是 5～20℃，养护温度低时，硬化比较缓慢，但可获得较高的最终强度。当温度低至 0℃ 以下时，水泥不再水化反应，硬化停止，强度也不再增长，还会产生冻融破坏，致使已有强度受到损失。因此，在低温季节浇筑混凝土时，混凝土浇筑时的温度不宜低于 3～5℃，浇筑完毕后应立即覆盖保温，需要时应增设挡风保温措施。

5.2.3.5　龄期

在正常养护条件下，混凝土强度随龄期的增加而增大，最初 1～14d 内强度增长较快，28d 以后增长缓慢。用中等强度等级普通硅酸盐水泥（非 R 型）配制的混凝土，其强度与龄期（$n \geqslant 3$）的对数成正比，其关系为：

$$\frac{f_{28}}{f_n} = \frac{\lg 28}{\lg n} \tag{5-18}$$

式中，f_n 为龄期为 n 天的混凝土抗压强度；f_{28} 为 28d 龄期的混凝土抗压强度；n 为混凝土的龄期，d，$n > 3d$。

利用该公式可推算在 28d 之前达到某一强度值所需的养护天数，以便组织生产，确定如何拆模、撤除保温、保潮设施、起吊等施工日程。

混凝土强度的增长还与水泥品种有关，见表 5-5 所列。

混凝土强度是随龄期的延长而增长的，在设计中对非 28d 龄期的强度提出要求时，必须说明相应的龄期。大坝混凝土常选用较长的龄期，利用混凝土的后期强度以便节约水泥。但也不能选取过长的龄期，以免造成早期强度过低，给施工带来困难。应根据建筑物型式、地区气候条件以及开始承受荷载的时间，选用 28d、60d、90d 或 180d 为设计龄期，最长不宜超过 365d。在选用长龄期为设计龄期时，应同时提出 28d 龄期的强度要求。施工期间控制混凝土质量一般仍以 28d 强度为准。

表 5-5　正常养护条件下混凝土各龄期相对强度约值

水泥品种	龄　期				
	7d	28d	60d	90d	180d
普通硅酸盐水泥	55～65	100	110	110	120
矿渣硅酸盐水泥	45～55	100	120	130	140
火山灰质硅酸盐水泥	45～55	100	115	125	130

5.2.3.6　施工方法、施工质量及其控制

采用机械搅拌可使拌和物的质量更加均匀，特别是对水灰比较小的混凝土拌和物。当其他条件相同时，采用机械搅拌的混凝土与采用人工搅拌的混凝土相比，强度可提高约 10%。采用机械振动成型时，机械振动作用可暂时破坏水泥浆的凝聚结构，降低水泥浆的黏度，从而提高混凝土拌和物的流动性，有利于获得致密结构，这对水灰比小的混凝土或流动性小的混凝土尤为显著。

此外，计量的准确性、搅拌时的投料次序与搅拌制度、混凝土拌和物的运输与浇灌方式（不正确的运输与浇灌方式会造成离析、分层）对混凝土的强度也有一定的影响。

5.2.3.7　试验参数对强度的影响

试验参数包括混凝土试件尺寸、几何形状、干湿状况以及加荷条件等。15cm×15cm×15cm 的混凝土立方体试件比 ϕ15cm×30cm 圆柱体的强度约高 10%～15%。在进行混凝土试件强度压力试验时，气干试件比饱和湿度状态下的相应试件的强度高 20%～25%。

混凝土试件在进行强度压力试验时，加荷条件对强度有重要的影响，当加载速度较快时，混凝土的变形速度将滞后于荷载的增长速度，所以测得的强度偏高，加载速度慢，混凝土内部充分变形，因此测得的强度偏低。为了使测得的混凝土强度比较正确，应按照国家规范规定的加载速度进行实验。

5.2.3.8　拌和水

用于拌制混凝土用的水中，当杂质过量时不仅影响混凝土的强度，而且影响凝结的时间、盐霜（白色盐类混凝土表面的沉积），并腐蚀钢筋及预应力钢筋。通常，拌和水对混凝土强度的影响很少是一个影响因素，因为在混凝土拌和物的规范中，水质量的保护是用一条款说明应符合饮用水。决定未知的拌制混凝土水性能是否适的用最佳方法，是用未知水拌制的水泥凝结时间和砂浆强度与用清洁水拌制所相对比。用有疑问的水拌制的试块 7d、28d 抗压强度等于或至少是参考试样强度的 90%；同样，拌和水的质量不致影响水泥凝结时间到不能接受的程度。

5.3　混凝土的变形性能

混凝土的变形如同强度一样，也是混凝土的一项重要的物理性能。混凝土工程在承受荷载后或在使用环境中，会产生复杂的变形，也往往会引起混凝土的开裂以至破损。混凝土的变形源于许多不同的起因，但从总体上来看，混凝土的变形大致可分为 3 种类型。

① 弹性变形或称之为瞬时变形，是指外界对混凝土施加荷载后应力而产生的变形。

② 徐变，在持续应力作用下，随时间延长而逐渐增大的变形。

③ 收缩变形，包括塑性收缩、干燥收缩、温度收缩和碳化收缩。

5.3.1 混凝土的弹性变形

混凝土是一种非均质材料，属于弹塑性体。在外力作用下，既产生弹性变形，又产生塑性变形，即混凝土的应力与应变的关系不是直线而是曲线，如图 5-16 所示。应力越高，混凝土的塑性变形越大，应力与应变曲线的弯曲程度越大，即应力与应变的比值越小。混凝土的塑性变形是内部微裂纹产生、增多、扩展与汇合等的结果。

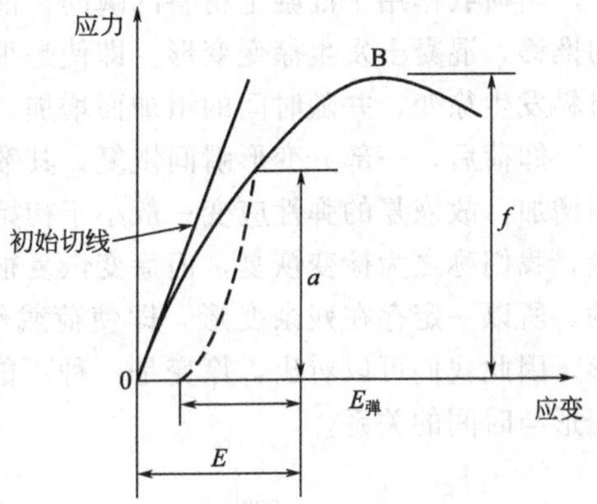

材料的弹性特性是衡量其刚性的依据。在混凝土结构计算中，应用了弹性模量来表征。严格讲，混凝土的应力-应变曲线是一条既没有直线部分也没有屈服点的光滑曲线。因此，混凝土的弹性模量就不能用一种形式加以表述，一般地可有以下几种表示方法。

图 5-16　混凝土在压力作用
下的应力应变曲线

（1）初始切线模量

由混凝土应力-应变曲线的原点对曲线所作切线的斜率来求得。由于混凝土在受压的初始加荷阶段，原有的裂缝在初始加荷后会引起闭合，从而反映在应力-应变曲线上稍呈凹形，故初始切线模量难以求得。

（2）切线模量

是在应力-应变曲线上任一点所作切线的斜率来求得。它只适用于很小的荷载范围。

（3）割线模量

是由混凝土应力-应变曲线的原点与曲线上相应于破坏荷载下应力的 40% 的点作连接线，以该线的斜率来求得。它包括了非线性的成分。由于该方法比较容易测准，因此，在工程上常被采用。

（4）弦线模量

是由在纵向应变为 50 微应变的点至相应于破坏荷载下应力的 40% 的点间所作的连接线的斜率求得。该方法与割线模量的区别在于将连接点的起点由原点移至纵向应变为 50 微应变的点上，以消除应力-应变曲线起始时所呈现的轻微凹形的影响。弦线模量的测定比较简单，而且更为精确。因此，用此方法测定混凝土的弹性模量且更为实用，且在给定的应力下所测定的应变，可认为是弹性的。

影响混凝土弹性模量的主要因素有以下几点。

① 混凝土的强度　混凝土的强度越高，则其弹性模量越高。

② 混凝土水泥用量与水灰比　混凝土的水泥用量越少，水灰比越小，粗细集料的用量越多，则混凝土的弹性模量越大。

③ 集料的弹性模量与集料的质量　集料的弹性模量越大，则混凝土的弹性模量越大。集料的泥及泥块等杂质含量越少，级配越好，则混凝土的弹性模量越高。

④ 养护和测试时的湿度　混凝土养护和测试时的湿度越高．则测得的弹性模量越高。湿热处理混凝土的弹性模量高于标准养护混凝土的弹性模量。

⑤ 引气混凝土的弹性模量较非引气的混凝土低 20%～30%。

5.3.2 混凝土的徐变

5.3.2.1 徐变的概念

混凝土的徐变是指硬化后的混凝土在恒定荷载的长期作用下随时间而增加的变形。但徐变不包括外应力的作用随时间而变的变形，如收缩、膨胀和温度变形等。

当荷载作用于混凝土材料的瞬间，混凝土即发生弹性变形，在荷载持续作用下，随时间的推移，混凝土发生徐变变形。即使是很小的应力，如抗压强度 1% 的应力，也会使混凝土材料发生徐变，并随时间的增加而增加。研究表明，徐变的增加在 25 年后仍在继续。

卸荷后，一部分变形瞬间恢复，其数值等于弹性应变。但由于弹性模量会随时间的推移而增加，故恢复的弹性应变一般小于初始的弹性应变。在该瞬间恢复以后，应变仍会逐渐减少，我们称之为徐变恢复，但徐变恢复很快达到最大值而趋于稳定。徐变恢复总是小于徐变的，所以一定存在残余变形，即使荷载作用时间很短，如几天甚至仅 1 天，也存在残余变形。因此我们可以看出，徐变是一种不能完全恢复的变形现象。图 5-17 表示的是混凝土的变形与时间的关系。

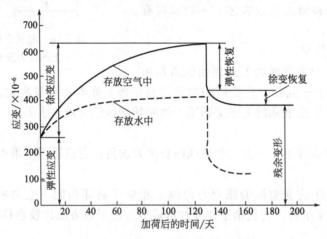

图 5-17 混凝土的变形与时间的关系

在实际结构中所测出的徐变值是干燥徐变，干燥使徐变值增大。在没有水分迁移的环境下的徐变称为基本徐变（basiccreep）或本征徐变（intrinsiccreep），其大小可近似地看成干燥徐变与干燥收缩之差。完全干燥的混凝土徐变非常小。

5.3.2.2 混凝土徐变机理

混凝土的徐变是由于长期荷载作用导致材料内部复杂变化的综合结果，到目前为止，其机理尚没有完全搞清，很难用一种机理来解释说明所有的实验现象。目前，混凝土徐变机理的理论或假说，一般是以水泥石的微观结构为基础，对分子级的徐变原因加以阐述。对徐变机理的阐述主要有黏弹性理论和渗流理论等。

黏弹性理论是将水泥石看成弹性的水泥凝胶骨架，其空隙中充满黏弹性液体。加载初期，荷载一部分被固体空隙中充满的水支承，延迟了固体的瞬时弹性变形。水从高压区流向低压区时，加给固体的荷载就逐渐变大，增大了弹性变形。荷载卸除后，液相水就流向相反的方向，引起徐变恢复。该理论中液相水指的是毛细管中和凝胶空隙中的水，并不是凝胶微粒表面上的吸附水。

渗流理论（假说）则认为徐变的产生原因是凝胶粒子的吸附水和层间水的迁移结果。如

图 5-18 所示，在水泥石承受压力时，吸附在凝胶粒子表面的水分子，由应力高区域向应力低的区域迁移。吸附水的渗流速度取决于压应力和毛细管通道的阻力。作用应力越大，水分的渗流速度越大，徐变也越大。混凝土的强度很大程度上取决于水泥石的密实度，密实度越大，其毛细管通道的阻力越大，渗流速度越小，徐变也就越小。同时，水泥石的徐变也可能由于凝胶粒子的黏性流动或滑移的原因引起。这种滑移是由于凝胶微粒之间吸附水的黏性流动而引起的不可逆过程，故由此而产生的徐变是一种不可恢复的徐变。

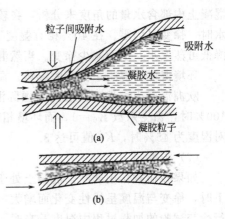

图 5-18　水泥石的渗出机理

　　水分子被凝胶粒子吸附，其能量状态要比自由水的能量状态低，为了使其流动，就需要更高的能量，因此只有应力达到一定程度才能引起其流动而导致徐变产生。

　　还有一种理论认为，徐变是从荷载破坏了水泥石的内力平衡状态时开始，直到它再次达到平衡时的一种变化过程。这种情况的内力包括：使凝胶粒子产生收缩趋势的表面张力；凝胶粒子之间的间隙力（主要是范德瓦耳斯力）；还有吸附于凝胶微粒表面的吸附水，在凝胶粒子切点分离作用产生的压力，以及静水压力等。在这种理论中，内力平衡也由于荷载、湿度变化、温度变化等各种原因而破坏，所以干燥收缩和徐变就成了不同原因的同一现象。

5.3.2.3　影响混凝土徐变的原因

　　影响混凝土徐变的因素既有混凝土材料本身所固有的，也有外部条件造成的。其主要原因如下。

　　（1）水泥和水灰比

　　水泥的品种与强度等级等对混凝土强度有影响，也影响混凝土的徐变。强度高的混凝土，其徐变值小，即混凝土的徐变与强度成反比。当水泥用量为一定时，徐变随水灰比的增大而增大。

　　（2）集料

　　混凝土中的集料对徐变所起的作用与收缩相类似，是起着限制或约束的作用以减少水泥浆体的潜在变形。集料的弹性模量越高对徐变的约束影响就越大，集料的体积含量对徐变也有影响，当集料的体积含量由 65% 增加到 75% 时，徐变可减少 10%。集料的空隙率也是影响混凝土徐变的因素，因为孔隙率高的集料，其弹性模量低。至于集料的粒径、级配和表面特征等，则对混凝土徐变几乎没有影响。

　　（3）混凝土外加剂与掺和料

　　其影响作用与干缩相同。

　　（4）尺寸效应

　　混凝土试件的尺寸越大，由于增大了混凝土内部水分迁移的阻力，因此，其徐变较小。

　　（5）应力状态

　　对混凝土施加的荷载在极限荷载的 50% 以下时、混凝土的徐变与应力呈线性关系。超过此值后，混凝土徐变增长速率高于应力的增长速率。

　　（6）湿度

　　湿度对混凝土徐变似乎是必要条件，可以认为徐变是混凝土中可蒸发水的一个函数。从混凝土内部含水量的角度来分析，在较低的相对湿度下，总徐变量会减小。当不存在可蒸发水时，徐变可为零。在 40％相对湿度下干燥时，出现水分从毛细孔中失去，能较大限度地降低可蒸发水，从而减少徐变。当然混凝土徐变与含水量的关系、还取决于水灰比。

环境湿度对混凝土徐变的影响，在相对湿度低时，混凝土徐变显著增大。

欧洲混凝土委员会出版的《国际混凝土结构与施工规则》中提出：在环境相对湿度为 100％时，徐变系数 $K_0 = 1$，而环境相对湿度为 80％时，K_0 可提高至 2 左右，而在环境相对湿度为 45％时，K_0 值可达 3。

（7）温度

如果在荷载作用期间，混凝土处于较高温度下，其徐变值比室温条件下高。在 80℃以下时，徐变与温度呈线性变化而增大，80℃时的混凝土徐变大约是室温条件下的 3 倍。在进行徐变试验的加载过程中温度升高时，能观察到有一个附加的徐变应变，这部分徐变被称之为瞬息热徐变（transitional thermal creep）。

至于不同性质应力的混凝土徐变，由于混凝土的抗拉强度较低，因而拉伸徐变很难精确测量。在动荷载作用下，动力徐变比在相同应力下的静力徐变值为大，但难以分辨其中有多少徐变应变是由于动力疲劳而产生的。动力徐变应变决定了应力幅度、荷载频率和动荷载的作用持续时间。

5.3.3　混凝土收缩

混凝土的收缩是由各种原因引起的，区别不同的收缩，有助于采取措施减小收缩，以防止或减少混凝土的开裂。混凝土的收缩通常有 4 种：塑性收缩、干燥收缩、自收缩和碳化收缩。

5.3.3.1　塑性收缩

塑性收缩是混凝土在浇灌后的初期变形，由新拌混凝土表面水分蒸发而引起的变形。塑性收缩在混凝土仍处于塑性状态时发生的。因此，也可称之为混凝土硬化前或终凝前收缩。塑性收缩一般发生在道路、地坪、楼板等大面积的工程，以夏季施工最为普遍。

产生塑性收缩或开裂的原因是在暴露面积较大的混凝土工程中，当表面失水的速率超过了混凝土泌水的上升速率时，会造成毛细管负压，新拌混凝土的表面会迅速干燥而产生塑性收缩。此时，混凝土的表面已相当稠硬而不具有流动性。若此时的混凝土强度尚不足以抵抗因收缩受到限制而引起的应力时，在混凝土表面即会产生开裂。此种情况往往在新拌混凝土浇捣以后的几小时内就会发生。

典型的塑性收缩裂缝是相互平行的，间距约为 2.5～7.5cm，深度约为 2.5～5cm。

当新拌混凝土被基底或模板材料吸去水分，也会在其接触面上产生塑性收缩而开裂，也可能加剧混凝土表面失水所引起的塑性收缩而开裂。

影响塑性收缩开裂的外部因素是风速、环境温度和相对湿度等，内部因素是水灰比、矿物细掺料、浆集比、混凝土的温度和凝结时间等。通常，预防塑性收缩开裂的方法是降低混凝土表面的失水速率。AC1305 委员会建议夏季施工时的蒸发速率控制在 $1kg/(m^2 \cdot h)$ 以下。采取防风、降低混凝土的温度、延缓混凝土凝结速率等措施都能控制塑性收缩。最有效的方法是终凝（开始常规养护）前保持混凝土表面的湿润，如在表面覆盖塑料薄膜、喷洒养护剂等。

5.3.3.2　干燥收缩

干燥收缩是指混凝土停止养护后，在不饱和的空气中失去内部毛细孔和凝胶孔的吸附水而发生的不可逆收缩，它不同于干湿交替引起的可逆收缩。随着相对湿度的降低，水泥浆体的干缩增大（图 5-19）。在大多数土木工程中，混凝土不会连续暴露在使水泥浆体中 C-S-H 失去结构水的相对湿度下，故引起收缩的主要是失去毛细孔和凝胶孔的吸附水所导致的收缩应变。

影响混凝土干燥收缩的因素有混凝土的水灰比和水化程度、水泥的组成和水泥用量、矿物细掺料和外加剂、集料的品种和用量等。

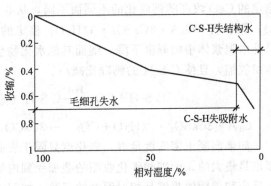

图 5-19　水泥浆体的收缩与相对湿度的关系

5.3.3.3　自收缩

除搅拌水以外，如果在混凝土成型后不再提供任何附加水，则即使原来的水分不向环境散失，混凝土内部的水也会因水化的消耗而减少。密封的混凝土内部相对湿度随水泥水化的进展而降低，称为自干燥（autogenousdessication）。自干燥造成毛细孔中的水分不饱和而产生压力差：

$$\Delta p = \frac{2\sigma\cos\alpha}{r} \tag{5-19}$$

式中，Δp 为毛细孔水内外压力差；σ 为毛细孔水表面张力；α 为水和毛细孔孔壁的接触角；r 为毛细孔水水力半径（水力半径＝孔体积/孔内表面积）。

压力差 Δp 为负值，因而引起混凝土的自生收缩（self shrinkage）。干燥收缩伴随体系质量的减少，而自干燥是体系在恒温恒重下产生的。在水灰比较高的普通混凝土中，这部分收缩较小。早在 50 多年前，Davis H. E. 就测定了大体积的水工混凝土内部自收缩，以线性应变计，龄期 1 个月时为 40×10^{-6}，5 年后为 100×10^{-6}。这样的收缩比干燥收缩小得多，因而长期未得到重视。近年来，随着高强混凝土和高性能混凝土的应用和发展，发现低水灰比的高强混凝土和高性能混凝土的自收缩比普通混凝土的自收缩大得多。高性能混凝土的水灰比很低，能提供水泥水化的自由水分少，早期强度较高的发展率会使自由水消耗较快。在外界水分供应不足的情况下，水泥水化不断消耗水分而自干燥产生自生的原始微裂缝，影响混凝土的强度和耐久性。这种现象已越来越为国内外学者所重视。Holland T. C. 发现：大坝消能池修复用的超高强混凝土在施工后 2～3d 内就发生了贯通的裂缝，认为是由混凝土的自收缩引起的早期开裂。Wittmann 等对强度分别为 35MPa 和 70MPa 的混凝土干燥过程进行试验，结果表明，出现非稳定性裂缝的时间，高强混凝土只有 13d，而普通强度混凝土则经过 500d。此后许多学者都在研究低水灰比的高性能混凝土自收缩问题，如影响因素、测定方法、控制的措施等。混凝土自收缩的大小与水灰比、矿物细掺料的活性、水泥细度等因素有关。

5.3.3.4　碳化收缩

空气中含约 0.04％的 CO_2，在相对湿度合适的条件下，CO_2 能和混凝土表面由于水泥水化生成的水化物很快地起反应，称为碳化。碳化伴随有体积的收缩，称为碳化收缩。碳化收缩是不可逆的。碳化是首先 $Ca(OH)_2$ 与 CO_2 发生反应生成 $CaCO_3$，体积收缩。

$$Ca(OH)_2 + CO_2 \xrightarrow{H_2O} CaCO_3 + H_2O$$

水泥中的其他水化物必须在一定浓度的 $Ca(OH)_2$ 溶液中才能稳定地存在，例如 C-S-H

稳定的 CaO 浓度随钙硅比的不同而不同，从 $0.031g/L$ 到接近于 CaO 的饱和浓度（约 $1.2g/L$）；钙矾石（$C_3A \cdot 3CaSO_4 \cdot 32H_2O$）稳定的 CaO 浓度为 $0.045g/L$。$Ca(OH)_2$ 碳化的结果是水泥浆体中的碱度下降，继而其他水化物也可发生碳化反应，伴有水分的损失，也引起体积收缩，且使 C-S-H 的钙硅比减小。

$$C\text{-}S\text{-}H + CO_2 \xrightarrow{H_2O} C\text{-}S\text{-}H（低钙硅比）+ CaCO_3 + H_2O$$

$$C_3A \cdot 3CaSO_4 \cdot 32H_2O + CO_2 \xrightarrow{H_2O} 3CaCO_3 + 2Al(OH)_3 + 3CaSO_4 \cdot 2H_2O + 30H_2O$$

如果混凝土密实度足够，碳化就只限于表面层，很难向内部进行。而在表面层，干燥速率也是最大的。干缩和碳化收缩的叠加受到内部混凝土的约束，可能会引起严重的开裂。碳化反应和伴随的收缩是相对湿度的函数，如图 5-20 所示。

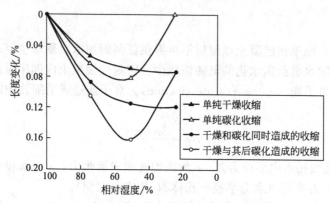

图 5-20 干燥和碳化引起的收缩变形与湿度的关系

从图 5-20 可看出，无论是单纯的碳化，还是在干缩的同时发生的碳化，或者干燥及其后碳化产生的收缩，都在相对湿度为 50% 左右时最大。干燥后再碳化的收缩最大，应当尽量避免。实际工程使用的混凝土不可能有单纯的碳化。相对湿度很大时，毛细孔中充满水，CO_2 难以扩散进入混凝土，碳化作用难以进行；在水中，碳化停止；当孔壁吸附的水膜只够溶解 $Ca(OH)_2$ 和 CO_2，而为 CO_2 留有自由通道时，碳化速率最快。混凝土碳化合适的相对湿度是 45%~70%。影响碳化的因素有混凝土的水灰比、水泥品种和用量、矿物细掺料等。

普通混凝土的碳化速率与水灰比近似于线性关系。掺入矿物细掺料后，在相同水灰比下，碳化速率增加。降低混凝土的水灰比，则可达到相近的碳化速率。例如掺粉煤灰 30% 而水灰比为 0.35 时，碳化速率与普通混凝土水灰比为 0.5 时相当，如图 5-21 所示；同样效

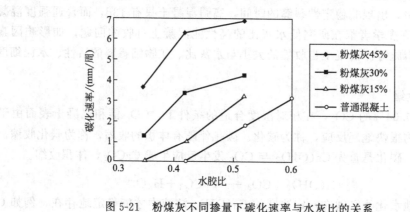

图 5-21 粉煤灰不同掺量下碳化速率与水灰比的关系

果的矿渣掺量可达 70%；水灰比为 0.4、矿渣掺量达 50% 时，碳化速率并不比普通混凝土的大，如图 5-22 所示。

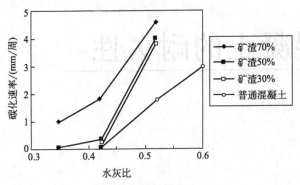

图 5-22　磨细矿渣不同掺量下碳化速率与水灰比的关系

思 考 题

1. 混凝土渗透性的定义，提高混凝土抗渗性的措施有哪些？
2. 什么叫混凝土的干缩与湿胀，产生干缩与湿胀的原因是什么？
3. 影响混凝土抗压强度的主要因素及原因？
4. 混凝土裂缝发展的三个阶段的特点，什么叫弹性变形？
5. 简述收缩变形的类型。
6. 混凝土塑性收缩发生的时间、特点、原因和措施。
7. 混凝土干燥收缩的原因、影响因素。温度收缩的特点及影响因素。
8. 碳化收缩的原因。
9. 混凝土徐变的定义、机理。

参 考 文 献

[1] 周新刚编著. 混凝土结构的耐久性与损伤防治. 北京：中国建材工业出版社，1999.
[2] 苏胜，张利主编. 土木工程材料. 北京：煤炭工业出版社，2007.
[3] 重庆建筑工程学院，南京工学院编著. 混凝土学. 北京：中国建材工业出版社，1983.
[4] 洪雷编著. 混凝土性能及新型混凝土技术（高等学校理工科规划教材）. 大连：大连理工大学出版社，2005.
[5] 黄土元，蒋家奋，杨南如，周兆桐等编著. 近代混凝土技术. 西安：陕西科学技术出版社，1997.
[6] 吴中伟，廉慧珍著. 高性能混凝土. 北京：中国铁道出版社，1999.

6 混凝土的耐久性

混凝土的耐久性是指混凝土抵抗物理和化学侵蚀（如冻融、高温、碳化、硫酸盐侵蚀等）的作用并长期保持其良好的使用性能和外观完整性，从而维持混凝土结构的安全、正常使用的能力。这种能力主要取决于混凝土抵抗腐蚀性介质侵入的能力；也即取决于硬化后体积稳定性，体积稳定性好，无裂缝发生，抵抗腐蚀性介质侵入的性能；也取决于硬化水泥浆中毛细管孔隙率，以及有意无意引入的空气量。如侵蚀性介质侵入混凝土中，混凝土耐腐蚀性能将受水化产物的组分和分布的影响。耐久性是一个综合性的指标，包括抗渗性、抗冻性、抗腐蚀、抗碳化性、抗磨性、抗碱-集料反应及混凝土中的钢筋耐锈蚀等性能。

6.1 混凝土的抗冻性

混凝土中的冻害，是由于混凝土毛细孔中的水分受到冻结，伴随着这种相变，产生膨胀压力；剩余的水分流到附近的孔隙和毛细管中。在水运动的过程中，产生膨胀压力及液体压力，使混凝土被破坏。这种现象称为混凝土的冻害。冻害的基本机理除了混凝土的内部膨胀劣化之外，表面层剥落与开裂等现象均会发生。

膨胀劣化是混凝土冻害的基本机理，一般结构物均能见到的一种冻害现象。劣化基本原因是由于混凝土中水分冻结，水泥石的组织发生膨胀，初期时观察到裂纹发生，继续进行冻融时，混凝土的组织产生崩裂。混凝土由于冻融而产生的裂纹是龟甲状的。当混凝土内部膨胀超过极限值时，部分混凝土产生崩裂。对于这种冻害，掺入适量的引气剂是相当有效的。

表层剥离是由于混凝土表面受水分润湿，潮湿部分由于膨胀劣化，出现表层剥落。在这种情况下，仅掺入引气剂是对付不了的，最重要的是降低水灰比和充分养护，使混凝土的结构致密。混凝土由于冻害表层剥离有如下几种情况：

① 水灰比大的混凝土受冻融作用时，常常产生表层剥落；

② 含海水等盐害与冻融复合作用时，发生表面剥落；

③ 由于泌水，混凝土表层疏松，冻融时，表面剥落。

崩裂是由于使用了多孔质吸水率高的集料，集料中水分冻结膨胀，从而使集料表面砂浆剥离。在这种情况下，即使掺入引气剂，也难以预防。

6.1.1　冻融交替对混凝土破坏的动力

T. C. Powers 和 R. A. Helmuth 等的研究工作为冻融破坏机理奠定了理论基础。现有两种假说说明冻融破坏的机制：静水压假说和渗透压假说。

一般中等强度以上的混凝土在不直接接触水的条件下不存在冻融破坏的问题。下面讨论的是混凝土大量吸水后的冻融情况。

混凝土中除了有凝胶孔和孔径大小不等的毛细孔外，还有在搅拌和成型过程中引入的空气，以及掺加引气剂或引气型减水剂人为引入的空气泡。前者约占混凝土体积的 1%～2%，后者则根据外加剂掺量而不等（2%～6%）。由于毛细孔力的作用，孔径小的毛细孔容易吸满水，孔径较大的空气泡则由于空气的压力，常压下不容易吸水饱和。在某个负温下，部分毛细孔水结成冰。众所周知，水转变为冰体积膨胀 9%，这个增加的体积产生一个水压力把水推向空气泡方向流动。

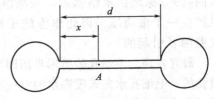

图 6-1　说明静水压力的模型

G. Fagerlund 为了更形象地说明这个静水压力的影响因素，假定下面一个模型（图6-1），并对静水压力的大小进行一些数学推演。

设混凝土中某两个空气泡之间的距离为 d，两空气泡之间的毛细孔吸水饱和并部分结冰。在空气泡之间的某点 A，距空气泡为 x。由于结冰生成的水压力为 p。

D'Arcy 定律告诉我们，水的流量与水压力梯度成正比：

$$\frac{\mathrm{d}v}{\mathrm{d}t}=k\,\frac{\mathrm{d}p}{\mathrm{d}x} \tag{6-1}$$

式中，$\dfrac{\mathrm{d}v}{\mathrm{d}t}$ 为冰水混合物的流量，$\mathrm{m^3/(m^2 \cdot s)}$；$\dfrac{\mathrm{d}p}{\mathrm{d}x}$ 为水压力梯度，$\mathrm{N/m^3}$；k 为冰水混合物通过结冰材料的渗透系数，$\mathrm{m^3 \cdot s/kg}$。

冰水混合物的流量即厚度为 x 薄片混凝土中单位时间内由于结冰产生的体积增量：

$$\frac{\mathrm{d}v}{\mathrm{d}t}=0.09\,\frac{\mathrm{d}w_\mathrm{f}}{\mathrm{d}t}\cdot x=0.09\,\frac{\mathrm{d}w_\mathrm{f}}{\mathrm{d}\theta}\cdot\frac{\mathrm{d}\theta}{\mathrm{d}t}\cdot x \tag{6-2}$$

式中，$\dfrac{\mathrm{d}w_\mathrm{f}}{\mathrm{d}t}$ 为单位时间内单位体积的结冰量，$\mathrm{m^3/(m^3 \cdot s)}$；$\dfrac{\mathrm{d}w_\mathrm{f}}{\mathrm{d}\theta}$ 为温度每降低 1℃，冻结水的增量，$\mathrm{m^3/(m^3 \cdot ℃)}$；$\dfrac{\mathrm{d}\theta}{\mathrm{d}t}$ 为降温速度，$℃/s$。

将式(6-1) 代入式(6-2)，积分，得到 A 点的水压力 p_A。

$$p_\mathrm{A}=\frac{0.09}{2k}\cdot\frac{\mathrm{d}w_\mathrm{f}}{\mathrm{d}\theta}\cdot\frac{\mathrm{d}\theta}{\mathrm{d}t}\cdot x^2 \tag{6-3}$$

在厚度 d 范围内，最大水压力在 $x=\dfrac{d}{2}$ 处，该处的水压力：

$$P=\frac{0.09}{8k}\cdot\frac{\mathrm{d}w_\mathrm{f}}{\mathrm{d}\theta}\cdot\frac{\mathrm{d}\theta}{\mathrm{d}t}\cdot d^2 \tag{6-4}$$

以上推演的目的是为了更好说明静水压力与哪些因素有关。从式(6-4) 可知：毛细孔水饱和时，结冰产生的最大静水压力与材料渗透系数成反比，即水越易通过材料，则所产生的静水压力也越小；又与结冰量增加速率和空气泡间距的平方成正比，而结冰量增加速率又与毛细孔水的含量（与水灰比、水化程度有关）和降温速度成正比。当静水压力大到一定程度以至混凝土强度不能承受时，混凝土膨胀开裂直至破坏。

从式（6-4）也可以看到空气泡间距对静水压力的显著影响，水压力随空气泡间距的平方而成正比地增大。

静水压力假说已能说明冻融破坏的原因，但研究发现冻坏现象并不一定与水结冰的体积膨胀有关。多孔材料不仅会被水的冻结所破坏，也会因有机液体如苯、三氯甲烷的冻结被破坏。因此静水压是冻坏原因之一，之后产生了渗透压假说。

渗透压是由孔内冰和未冻水两相的自由能之差引起的。前面已述，冰的蒸气压小于水的蒸气压，这个压差使附近尚未冻结的水向冻结区迁移，并在该冻结区转变为冰。此外，混凝土中的水含有各种盐类（环境中的盐、水泥水化产生的可溶盐和外加剂带入的盐），冻结区水结冰后，未冻溶液中盐的浓度增大，与周围液相中盐的浓度的差别也产生一个渗透压。因此作为施于混凝土的破坏力的渗透压是冰水蒸气压差以及盐浓度差两者引起的。

研究发现，毛细孔的弧形界面即毛细孔壁受到的压力可以抵消一部分渗透压。此外，更重要的，毛细孔水向未吸满水的空气泡迁移，失水的毛细孔壁受到的压力也能抵消一部分渗透压。这个毛细孔压力不仅不使水泥浆体膨胀，还能使其收缩。实验也证明，当混凝土含水量小时，冻结能引起混凝土收缩（这个收缩已把混凝土温度收缩排除在外）。这一部分毛细孔壁所受的压力又与空气泡间距有关，间距越小，失水收缩越大，也就是说起到的抵消渗透压的作用越大。

综上所述，冻结对混凝土的破坏力是水结冰体积膨胀造成的静水压力和冰水蒸气压差和溶液中盐浓度差造成的渗透压两者共同作用的结果。多次冻融交替循环使破坏作用累积，犹如疲劳作用，使冻结生成的微裂纹不断扩大。

6.1.2　影响混凝土抗冻性的因素

混凝土受冻融破坏的程度取决于冻结温度和速度、可冻水的含量、水饱和的程度、材料的渗透性（冰水迁移的难易程度）、冰水混合物流入卸压空气泡的距离（以气泡平均间距表示）以及抵抗破坏的能力（强度）等因素。这些因素中有些因素是环境决定的，如环境温度、降温速度、与暴露环境水的接触和水的渗透情况等，有的是材料自身的因素，如冻结水的含量（决定于水灰比）、材料的渗透性、气泡平均间距和材料强度等。下面分析水灰比、气泡间距、水泥品种、集料、强度等因素对混凝土抗冻性的影响。

6.1.2.1　水灰比

水灰比直接影响混凝土的孔隙率及孔结构。随着水灰比的增加，不仅饱和水的开孔总体积增加，而且平均孔径也增加，在冻融过程中产生的静水压力和渗透压力就大，因而混凝土的抗冻性就会降低。

日本福冈大学的试验研究表明：对于非引气混凝土，随着水灰比的增大，抗冻耐久性明显降低，见表 6-1 所列。

表 6-1　300 次冻融循环后混凝土的耐久性

项　　目	数　　值			
水灰比	0.25	0.35	0.45	0.55
耐久性系数	98	82	47	35
孔隙体积/（×10^2 mL/g）	2.32	3.53	5.93	6.49

根据日本电力中央研究所的试验结果，图 6-2 给出了水灰比与潮湿养护 28d 混凝土抗冻性的关系。从图中可以看出：随着水灰比增大，混凝土抗冻性明显降低；掺入引起剂的混凝土其抗冻能力有明显的提高。

这是因为水灰比大的混凝土中毛细孔孔径也大，从形成了连通的毛细孔隙，因而其中缓冲作用的储备孔很少，受冻后极易产生较大的膨胀压力，反复循环后，必然使混凝土结构遭受破坏。由此可见，水灰比是影响混凝土抗冻性的主要因素之一。因此对有冻融破坏可能的混凝土，应该对其允许最大的水灰比按暴露环境的严酷程度作出规定。一般与水接触或在水中并受冰冻的混凝土水灰比不能大于 0.60，受较严重冻融的不大于 0.55，在海水中受冻的不应大于 0.50。

水灰比小于 0.35，水化完全的混凝土，即使不引气，也有较高的抗冻性，因为除去水化结合水和凝胶孔不冻水外，可冻结水量很少了。

6.1.2.2 气泡间距

平均气泡间距是影响抗冻性的最主要因素。一般都认为对高抗冻性混凝土，平均气泡间距应小于 0.25mm，因为大于 0.25～0.30mm，抗冻性急剧下降。陈联荣的研究结果认为，混凝土抗冻性是平均气泡间距和水灰比两个参数的函数，也就是说：平均气泡间距和水灰比两者是决定混凝土抗冻性的最主要因素。这个说法看来更为科学和合理。两者对抗冻性影响的大致规律如图 6-3 所示。

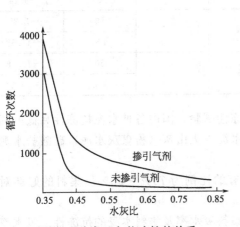

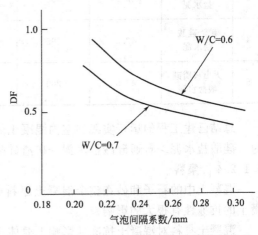

图 6-2 水灰比与抗冻性的关系　　图 6-3 抗冻性与平均气泡间距和水灰比的关系

平均气泡间距是由含气量和平均气泡半径计算而得的，而硬化混凝土的含气量和平均气泡半径测量较麻烦和费时。在实际工程中混凝土设计时，除了重大工程一般不会去测量硬化混凝土的含气量和平均气泡半径，而拌和料的含气量是很容易测试的。拌和料的含气量稍大于与硬化混凝土的含气量。

拌和料的含气量是搅拌施工过程中夹杂进去的大气泡和引气剂引入的小气泡之和。前者约为 1%，其孔径大，所以对抗冻性的贡献不大。增加搅拌时间和振捣密实能减少其数量。引气剂引入的空气泡的孔径大小决定于引气剂的质量。

水工部门的研究表明，在混凝土中掺加硅灰能明显改善气泡结构；气泡平均半径减小，平均气泡间距也就相应减少。他们的资料：不加硅灰的平均气泡间距为 0.36 mm，抗冻等级为 100 次，加入 10%硅灰后，平均气泡间距减为 0.28mm，抗冻等级提高到 300 次以上。

根据环境严酷程度和混凝土水泥用量和水灰比，有抗冻要求的混凝土含气量应控制在

3%～6%。

6.1.2.3　水泥品种

水泥品种和活性都对混凝土抗冻性有影响，主要是因为其中熟料部分的相对体积不同和硬化速度的变化。混凝土的抗冻性随水泥活性增高而提高。普通硅酸盐水泥混凝土的抗冻性优于混合水泥混凝土，更优于火山灰水泥混凝土。

原水电部东北勘测设计院科研所的试验成果表明：经过同样冻融循环次数，硅酸盐水泥强度损失最小、矿渣硅酸盐水泥强度损失较大，而火山灰水泥强度下降最大，见表 6-2 所列。中国铁道科学研究院的试验资料同样表明了不同水泥品种制成的混凝土，其抗冻性有明显的差异。

表 6-2　水泥品种对混凝土抗冻性的影响

试件编号	水泥品种	强度等级	水泥用量/(kg/m³)	水灰比	砂率/%	冻融次数	抗压强度损失/%
1	硅酸盐水泥	42.5	220	0.55	18	50	+1.02
						100	+2.06
2	矿渣硅酸盐水泥	42.5	222	0.55	18	50	−2.25
						100	−11.03
3	普通硅酸盐水泥	42.5	195	0.6	18	50	−0.95
						100	−9.14
4	矿渣硅酸盐水泥	42.5	195	0.6		50	−3.25
						100	−11.58
5	火山灰质硅酸盐水泥	42.5	200	0.6		50	−10.68
						100	−20.20

总结已建工程的运行实践和室内混凝土的抗冻性试验，国内各种水泥抗冻性高低的顺序为：硅酸盐水泥＞普通硅酸盐水泥＞矿渣硅酸盐水泥＞火山灰（粉煤灰水泥）硅酸盐水泥。

6.1.2.4　集料

混凝土中的石子和砂在整个混凝土原料中占有的比例为 70%～93%。集料的好坏对混凝土的抗冻性有很大的影响。

混凝土集料对混凝土抗冻性影响上要体现在集料吸水率及集料本身的抗冻性。吸水率大的集料对抗冻性不利。一般的碎石及卵石都能满足混凝土抗冻性要求，只有风化岩等坚固性差的集料才会影响混凝土的抗冻性。在严寒地区室外使用或经常处于潮湿或干湿交替作用状态下的混凝土，更应注意选用优质集料。

在引气混凝土中集料对抗冻性的影响相对小于非引气混凝土。这是因为如果集料孔隙被水饱和并冻结，冰水容易向硬化浆体中的气泡排出。

一般来说，轻集料混凝土的抗冻性比较好，因为轻集料混凝土多孔，且这些孔隙不易被水饱和。混凝土受冻时，部分为受冻的水可以被结冰的膨胀压力挤入集料的孔隙中，从而减少了膨胀压力及混凝土的内应力。因此采用轻集料拌制的混凝土加引气剂也能获得良好的抗冻性，其经过 300 次冻融循环后的耐久性指数一般接近或超过 40，个别可达 80。但如果轻集料本身的抗冻性差，经冻融后易破裂，则用其配制的混凝土，抗冻性也差。此时即使加入引气剂也不能提高混凝土的抗冻性。如未煅烧的人工轻集料及易风化的轻集料都属于抗冻性差的轻集料。

6.1.2.5 强度

一般认为，混凝土强度越高，则抵抗环境破坏的能力越强，因而耐久性也越高。但是在受冻融破坏情况下，强度与耐久性并不一定成正比的关系、例如低强度（20MPa）的引气混凝土可能比高强度（40MPa）的非引气混凝土抗冻性高很多。强度是抵抗破坏的能力，当然是抗冻性的有利因素。在相同含气量或者相同平均气泡间距的情况下，强度越高，抗冻性也越高。但是另一方面混凝土的气泡结构对混凝土抗冻性的影响远远大于强度的影响，强度就不是主要因素了。有人认为强度高的混凝土抗冻性就一定好，这个观点是不全面的。

6.1.2.6 设计高抗冻性混凝土的要点

① 尽量用普通硅酸盐水泥，如掺粉煤灰等混合材，要适当增大含气量和引气剂量。

② 合理地选择集料。选用密实度大一些的集料，不要用疏松风化大集料。集料粒径小些为好。

③ 在选定原材料后最关键的控制参数含气量和水灰比。根据环境条件，水灰比不应超过允许的最大值。

④ 水灰比确定后，根据抗冻性要求，确定要求的含气量（3%～6%）。根据含气量确定引气剂掺量。为得到相同含气量，引气剂掺量因引气剂不同品种而不同。

⑤ 因引入气泡造成混凝土强度有所降低，须调整混凝土配比（水灰比），以弥补强度损失。

6.1.3 抗冻性试验

通常情况下，抗冻等级是以 28d 龄期的标准试件经快冻法或慢冻法测得的混凝土能够经受的最大冻融循环次数确定的。由于快冻法冻融循环时间短，是目前普遍采用的一种方法。将试件在 2～4h 冻融循环后，每隔 25 次循环作一次横向基频测量，计算其相对弹性模量和质量损失值，进而确定其经受快速冻融循环的次数。

慢冻法试验的评定指标为质量损失不超过 5%、强度损失不超过 25%；快冻法试验的评定指标为质量损失不超过 5%，相对动弹性模量不低于 60%。此时试件所经受的冻融循环次数即为混凝土的抗冻等级。

以快冻法试验时，也可用混凝土的抗冻融耐久性指数 DF 来表示混凝土的抗冻性：

$$DF = \frac{pN}{300} \times 100\% \qquad (6-5)$$

式中，N 为混凝土能经受的冻融循环次数；p 为 N 次冻融循环后混凝土的相对动弹性模量，%。

相对动弹性模量为混凝土经受 N 次冻融循环后及受冻前的横向自振频率（Hz）之比。通常认为耐久性指数小于 40 的混凝土抗冻性能较差，耐久性指数大于 60 的混凝土抗冻性能较高，介于 40～60 之间者抗冻性能一般。对引气混凝土，一般要求经 300 次冻融循环后，相对动弹性模量保留值大于 80%。

6.2 环境化学侵蚀对混凝土的破坏

混凝土暴露在有化学物的环境和介质中，有可能遭受化学侵蚀而破坏，如化工生产环境、化工废水、硫酸盐浓度较高的地下水、海水、生活污水和压力下流动的淡水等。化学侵蚀的类型可分为水泥浆体组分的浸出、酸性水和硫酸盐侵蚀。

6.2.1 水泥浆体组分的浸出及其原因

混凝土是耐水的材料，在一般河水、湖水、地下水中钙、镁含量较高，水泥浆体中的钙化合物不会溶出，因此不存在化学侵蚀问题；但如受到纯水及由雨水或冰雪融化的含钙少的软水浸析时，水泥水化生成的 $Ca(OH)_2$ 首先溶于水中，因为水化生成物中 $Ca(OH)_2$ 的溶解度最高（20℃时约为 $1.2g\ CaO/L$）。当水中 $Ca(OH)_2$ 浓度很快达到饱和，溶出作用就停止。只有在压力流动水中，且混凝土密实性较差，渗透压较大时，流动水不断将 $Ca(OH)_2$ 溶出并流走。水泥浆体中的 $Ca(OH)_2$ 被溶出，在混凝土中形成空隙，混凝土强度不断降低。水泥水化生成的水化硅酸钙、铝酸盐都需在一定浓度 CaO 的液相中才能稳定，在 $Ca(OH)_2$ 不断溶出后，其他水化生成物也会被水分解并溶出。

淡水溶出水泥水化生成物的破坏过程是很慢的，只要混凝土的密实性和抗渗性好，一般都可以避免这类侵蚀。

6.2.2 酸的侵蚀

混凝土是碱性材料，其孔隙中的液体 pH 值为 $12.5\sim13.5$，混凝土结构在使用期间内常常受到酸、酸性水的侵蚀。在下列情况混凝土结构常常受到酸侵蚀。

① 工业废气含有的硫化气体等与潮湿的空气结合形成硫酸等：在污染严重的城市，空气污染造成的酸雨等。

② 酸性地下水，如采矿区、尾矿堆场、有机物严重分解的沼泽泥炭土等地区的地下水中含有酸。

③ 工业废水，如化学工业废水中常含有硫酸、盐酸、硝酸等；食品工业，如啤酒厂、罐头厂、日用化工厂等排出的工业废水中常含有乳酸、醋酸等；肥料和农业工业中的工业废水中常含有氯化氨、硫酸铵等。

④ 天然酸性水，天然酸性水主要是由于溶解于水中的 CO_2 所致。通常当地下水或海水中的 pH 值大于等于 8 时，游离的 CO_2 浓度一般可忽略不计，pH 值小于 7 时游离的 CO_2 浓度就对混凝土结构造成侵蚀。

酸性水对混凝土侵蚀程度按其 pH 值或 CO_2 浓度分级见表 6-3 所列。

表 6-3 酸性水的侵蚀程度

侵蚀程度	pH 值	CO_2 浓度/ppm
轻微	$5.5\sim6.5$	$15\sim30$
严重	$4.5\sim5.5$	$30\sim60$
非常严重	<4.5	>60

注：$1ppm=10^{-6}$。

6.2.2.1 侵蚀机理

（1）形成可溶性钙盐

在存在盐酸、硝酸、碳酸等的环境中，混凝土中的氢氧化钙与酸发生反应生成可溶性钙盐，会加速氢氧化钙的渗滤，尤其是在流动的酸性水溶液中。

$$Ca(OH)_2 + 2H^+ \longrightarrow Ca^{2+} + 2H_2O$$

当酸性水溶液的浓度高时，CSH 也会因受到酸的侵蚀而形成硅胶。

$$2(3CaO \cdot SiO_2 \cdot 2H_2O) + 12H^+ \longrightarrow 6Ca^{2+} + 2(SiO_2 \cdot nH_2O) + (10-2n)H_2O$$

1%的硫酸和硝酸溶液在数日内对混凝土的侵蚀就能达到很深的程度，就是因为它们能与氢氧化钙作用形成可溶性钙盐，同时能直接与硅酸盐、铝酸盐作用并使之分解，使混凝土遭到严重破坏。盐酸中的氯离子会腐蚀混凝土结构中的钢筋，硫酸中硫酸根离子会与混凝土发生硫酸盐侵蚀，将加重混凝土的侵蚀，因此，盐酸和硫酸对混凝土的侵蚀非常严重。

碳酸与氢氧化钙反应可形成可溶性重碳酸钙，因此腐蚀性也很强。

$$Ca(OH)_2 + 2H_2CO_3 \longrightarrow Ca(HCO_3)_2 + 2H_2O$$

腐蚀程度取决于水溶液中游离的二氧化碳的含量。二氧化碳含量高，腐蚀严重。

（2）形成不溶性钙盐

有些酸如草酸、酒石酸、磷酸等与混凝土反应生成不溶性钙盐，一般对混凝土的危害较小，但有时会引起混凝土强度降低。此外，在流动的水环境中，即使不产生酸性反应或形成不溶性的钙盐，也常常因为氢氧化钙的水解、滤析而导致混凝土强度降低。

6.2.2.2　影响因素

酸对混凝土侵蚀的因素主要取决于两种：一是混凝土的自身特性，如混凝土的渗透性、孔隙率、裂缝状况等；二是混凝土结构所处的环境，如酸溶液的种类，酸溶液的浓度，酸溶液的状态，如流动的、非流动的、有压力的、无压力的、温度情况、侵蚀区域等。

根据侵蚀机理的不同，可以将酸对混凝土侵蚀程度划分为以下几类。

① 严重侵蚀的酸　主要有盐酸、硫酸、硝酸、硫酸铵、硝酸铵、氟化氢、硫酸钾等。

② 中等侵蚀性的酸　主要指醋酸、碳酸、磷酸、乳酸、油酸、酒石酸等。

③ 轻度侵蚀的酸　主要指植物酸、碳酸钾、碳酸铵、碳酸钠等。

6.2.3　硫酸盐侵蚀

硫酸盐溶液能与水泥水化生成物产生化学反应而使混凝土受到侵蚀，甚至破坏。土壤中含有硫酸镁及碱等，土壤中的地下水实际上是硫酸盐溶液，如其浓度高于一定值，可能对混凝土有侵蚀作用。硫酸盐侵蚀是一种比较常见的化学侵蚀形式。

6.2.3.1　侵蚀机理

溶液中的硫酸钾、硫酸钠、硫酸镁等化合物与水泥水化生成的 $Ca(OH)_2$ 反应生成硫酸钙，如下式所示：

$$Ca(OH)_2 + Na_2SO_4 + 2H_2O \longrightarrow CaSO_4 \cdot 2H_2O + 2NaOH$$

在流动的水中，反应可不断进行。在不流动的水中，达到化学平衡，一部分 SO_3 以石膏析出。

硫酸钙与水泥熟料矿物 C_3A 水化生成的水化铝酸钙 C_4AH_{19} 和水化单硫铝酸钙 $3CaO \cdot Al_2O_3 \cdot 18H_2O$ 都能反应生成水化三硫铝酸钙（又称钙矾石）：

$$3CaO \cdot Al_2O_3 \cdot CaSO_4 \cdot 18H_2O + 2CaSO_4 + 14H_2O \longrightarrow 3CaO \cdot Al_2O_3 \cdot 3CaSO_4 \cdot 32H_2O$$

$$4CaO \cdot Al_2O_3 \cdot 19H_2O + 3CaSO_4 + 14H_2O \longrightarrow 3CaO \cdot Al_2O_3 \cdot 3CaSO_4 \cdot 32H_2O + Ca(OH)_2$$

钙矾石的溶解度极低，沉淀结晶出来，钙矾石晶体长大造成的结晶压使混凝土膨胀而开裂。因此硫酸盐侵蚀的根源是硫酸盐溶液与水泥中 C_3A 矿物的水化生成物和 $CaSO_4$ 反应形成钙矾石的膨胀。

如水中镁的含量较大，则硫酸镁的侵蚀比硫酸钾、硫酸钠、硫酸钙更为严重。因为硫酸镁除了上述钙矾石膨胀外，还能与水泥中硅酸盐矿物水化生成的水化硅酸钙凝胶反应，使其分解。硫酸镁首先与 $Ca(OH)_2$ 反应生成硫酸钙和氢氧化镁：

$$Ca(OH)_2 + MgSO_4 + 2H_2O \longrightarrow CaSO_4 \cdot 2H_2O + Mg(OH)_2$$

氢氧化镁的溶液度很低，沉淀出来，因此这个反应可以不断地进行。由于反应消耗 Ca(OH)$_2$ 使水化硅酸钙分解释放出 Ca(OH)$_2$，供上述反应继续进行。

$$3CaO \cdot 2SiO_2 \cdot nH_2O + 3MgSO_4 + mH_2O$$
$$\longrightarrow 3(CaSO_4 \cdot 2H_2O) + 3Mg(OH)_2 + 2SiO_2 \cdot (m+n-3)H_2O$$

由此可见，硫酸镁还能使水泥中硅酸盐矿物水化生成的 C-S-H 凝胶处于不稳定状态，分解出 Ca(OH)$_2$，从而破坏了 C-S-H 的胶凝性。

6.2.3.2 工程上硫酸盐侵蚀的控制

在实际工程中如遇到地下水硫酸盐侵蚀问题时，首先应知道地下水的硫酸盐离子浓度（或土壤中硫酸盐含量）和金属离子的含量，地下水的流动情况以及结构工程的形式。

硫酸盐侵蚀的速度除硫酸盐浓度外，还与地下水流动情况有关。当混凝土结构的一面处于含硫酸盐的水的压力下，而另一面可以蒸发失水，受硫酸盐侵蚀的速率远较混凝土结构各面都浸于含硫酸盐水中的侵蚀速率大。因此，地下室混凝土墙、挡土墙、涵洞等比基础更易受侵蚀。

提高混凝土密实度，降低其渗透性是提高抗硫酸盐性能的有效措施。因此在有硫酸盐侵蚀的条件下，应适当提高混凝土结构的厚度，适当增加水泥用量和降低水灰比，并保证振捣密实和良好的养护。

正确选择水泥品种是工程上控制硫酸盐侵蚀的重要技术措施。从破坏机制我们可见，水泥中的 C$_3$A 和水化生成的 Ca(OH)$_2$ 是受硫酸盐侵蚀的根源。因此应该选用熟料中 C$_3$A 含量低的水泥，一般 C$_3$A 含量低于 7％的水泥具有较好的抗硫酸盐性能。抗硫酸盐水泥的 C$_3$A 含量较低。相对于 C$_3$A 来说，C$_4$AF 受硫酸盐侵蚀较小。

在水泥中或在混凝土拌和料中掺加粉煤灰、矿渣等矿物掺和料都有利于提高抗硫酸盐侵蚀性。由于这些矿物掺和料都能与水泥水化生成的 Ca(OH)$_2$ 反应生成 C-S-H 凝胶，因而减少水化物中的 Ca(OH)$_2$ 含量，掺加粉煤灰的效果优于矿渣。但应注意，这个反应进行较缓慢，后期反应量才较多。因此应采取一定技术措施，使混凝土在足够的龄期后再受到硫酸盐的侵蚀。且要特别注意混凝土有更长的养护时间。

在比较严重的侵蚀条件下，可采用抗硫酸盐水泥和掺矿物掺和料双重措施。

6.3 碱-集料反应

碱（Na$_2$O+K$_2$O）与混凝土的集料间产生的引起膨胀的反应统称为碱-集料反应（AAR）。碱-集料反应有 3 种类型：碱-硅酸反应（alkali-silica reaction，简称 ASR）；碱-碳酸盐反应（alkali-carbollate reaction，简称 ACR）；碱-硅酸盐反应（alkali-silicate reaction）。

6.3.1 产生碱-集料反应破坏的条件

产生因 AAR 引起的混凝土结构的破坏和开裂的三个必要条件：混凝土中含碱（Na$_2$O+K$_2$O）量超标；集料是碱活性的；潮湿环境。前两个条件由混凝土自身的组成材料——水泥、外加剂、混合材及集料决定的，第三个是外部条件。

6.3.1.1 混凝土中有一定量的碱

混凝土中碱的来源主要是水泥和外加剂，其次是混凝土工程建成后从周围环境侵入的碱。

水泥中的碱主要由生产水泥的原料黏土和燃料煤引入的。它们以硫酸盐和与水泥矿物的固溶体的形式存在。我国北方地区黏土中钾钠含量较高。所以北方水泥厂生产的水泥中含碱量一般较南方水泥厂高，新型干法水泥生产工艺中富碱的烟气在流程中重复循环，水泥厂为了节能一般又不愿意采取放风措施排放出去，所以新型干法烧成的水泥中含碱量高。

外加剂的使用也会引入碱。最常用的萘系高效减水剂中含 Na_2SO_4 量可达 10％左右，如掺量为水泥用量的 1％，则萘系外加剂引入的 Na_2SO_4 约为水泥的 0.1％，折合 Na_2O 约为 0.045％。如果说高效减水剂引入的 Na_2O 量还不算太大，掺加 Na_2SO_4 早强剂引入的碱量就不容忽视了，如掺量以水泥用量的 2％计，则引入的 Na_2O 约为水泥用量的 0.9％，即等于甚至大于水泥自身的含碱量。因此，在有碱-集料反应潜在危险的工程中，即暴露在水中或潮湿环境下，并用碱活性集料时，不应使用 Na_2SO_4、$NaNO_2$ 等钠盐外加剂。

混凝土中含碱量又与水泥用量有关，过去混凝土设计等级大多数是 20～30MPa 级，水泥用量在 $300kg/m^3$ 左右。现在高强度混凝土用得较多，水泥用量高达 $400kg/m^3$ 以上。因此从碱-集料反应角度、控制混凝土中总的含碱量比控制水泥中含碱量更为科学。

混凝土工程建成以后，从周围环境侵入的碱增加到一定程度后，同样可使混凝土结构发生 AAR 反应而破坏。宁波北仑港码头的混凝土工程就是因为海水的作用使混凝土中的活性集料周围发生 AAR 反应而破坏的。

6.3.1.2 混凝土中必须有相当数量的活性集料

碱-硅酸反应是碱与微晶或无定形的氧化硅之间的反应。石英是结晶良好的有序排列的硅氧四面体，因此是惰性的，不易起反应，不会引起严重的 AAR。活性氧化硅由随机排列的、不规则分子间距的四面体网络所组成，易于与碱反应。含活性氧化硅的矿物有蛋白石、黑硅石、鳞石英、方石英、玉髓、火山玻璃及微晶或变形的石英等。含这类矿物的岩石分布很广，有沉积岩、火成岩和变质岩。集料中含 5％活性氧化硅足以产生严重的膨胀开裂。

一般碳酸盐集料是无害的，$CaCO_3$ 晶体与碱不起反应。碱-碳酸盐反应是碱与白云质石灰岩（$MgCO_3 \cdot CaCO_3$）间的反应。含介稳态白云岩的黏土、白云质石灰岩、石灰质白云岩以及有隐晶的石灰岩易与碱反应。

6.3.1.3 使用环境有足够的潮湿度

混凝土发生碱-集料反应破坏的第三个条件是空气中相对湿度必须大于 80％，或者直接与水接触。如果混凝土的原材料具备了发生碱-集料反应的条件，则只要具备高湿度或与水直接接触的条件，反应物就会吸水膨胀，使混凝土内部受到膨胀压力；内部膨胀压力大于混凝土自身抗拉强度时，混凝土结构就遭到破坏。

如果可能发生碱-集料反应的部位能有效地隔绝水的来源，也可避免发生碱-集料或减少碱-集料反应的破坏程度。因此，在进行工程破坏诊断时，必须对待所检工程的环境进行仔细的现场考察，了解能破坏混凝土工程的环境条件。

6.3.2 碱-集料反应的膨胀机制

6.3.2.1 碱-硅酸反应（ASR）

Diamond 总结了碱-硅酸反应的机制，提出了反应的 4 个阶段：氧化硅结构被碱溶液解聚并溶解；形成碱金属硅酸盐凝胶；凝胶吸水肿胀；进一步反应形成液态溶胶。

混凝土中孔溶液的碱度（pH 值）对二氧化硅的溶解度和溶解速率影响很大。孔中的氢氧化钠（钾）与被解聚的二氧化硅就地反应生成硅酸钠（钾）凝胶：

$$2NaOH + nSiO_2 \longrightarrow Na_2O \cdot nSiO_2 \cdot H_2O$$

上述反应可能在集料颗粒的表面进行，也可能贯穿颗粒，决定于集料的缺陷。硅酸钠

（钾）凝胶能吸收相当多的水分，并伴有体积膨胀。这个膨胀有可能引起集料颗粒的崩坏和周围水泥浆的开裂。这个机制认为膨胀是由于胶体吸水引起的，即所谓肿胀理论。

Hansen 提出另外一种渗透压理论。渗透压理论认为碱与氧化硅生成硅酸钠（钾）引起膨胀破坏是由于渗透压的作用。在这个理论中，碱活性集料颗粒周围的水泥水化生成物起半渗透膜作用，它允许氢氧化钠和氢氧化钾及水扩散至集料而阻止碱-硅酸生成的硅酸离子向外扩散，因而产生渗透压，当渗透压足够大时引起破坏。

从热力学的角度，系统中胶体吸附的水与孔溶液中的水自由能的差别，或者说两种水蒸气压的差别是推动水向颗粒流动的动力，也是造成膨胀破坏的根源。

用含蛋白石的砂配制的砂浆棱柱体的膨胀典型地显示碱-硅酸反应，如图 6-4 所示。

高碱水泥拌制的砂浆膨胀明显地大于低碱水泥。但碱含量增加到一定量，砂浆及混凝土的膨胀可能不再增大。这可能是由于过量碱反应生成的胶体转变为溶胶，溶胶渗入水泥浆体的孔隙中引起的膨胀较小。

碱-集料反应膨胀与温度有关，在温度低于 38℃ 时，温度越高，膨胀越大，因而在炎热地区碱-集料反应比寒冷地区严重。碱-硅酸反应膨胀还与集料中碱活性 SiO_2 含量有关，如图 6-5 所示，也就是说，对活性集料有一个"最不利"的活性 SiO_2 含量，而这个最不利的活性 SiO_2 又与岩种、矿物有关，也与混凝土中含碱量有关。对蛋白石，引起最大膨胀的活性 SiO_2 含量为 3%～5%，对活性差的矿物，可能为 10%～20%。活性 SiO_2 含量增加，膨胀值不再增大甚至减小的原因是，当活性 SiO_2 含量很高时，分配到每个反应点的碱量相应就少了，因此反应生成物是高钙低碱的硅酸盐凝胶，这种凝胶吸水膨胀值小于高碱低钙的硅酸盐凝胶，甚至不膨胀。

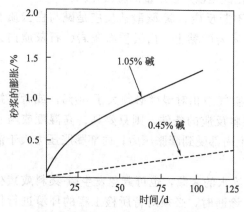

图 6-4　含蛋白石的砂制备的砂浆膨胀

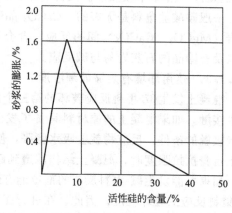

图 6-5　碱-氧化硅反应与集料中 SiO_2 含量的关系

岩石具有 ASR 活性的前提是其含有活性的二氧化硅。所谓活性二氧化硅一般系指无定形二氧化硅、隐晶质、微晶质和玻璃质二氧化硅。这包括蛋白石、玉髓、石英玻璃体、隐晶质和微晶质二氧化硅及受应力变型的二氧化硅。由于集料的碱活性主要决定于 SiO_2 的结晶度，因此采用什么判据来鉴定 SiO_2 的结晶度就成为大家研究的目标。采用光学显微镜可以在一定程度上做出定性的判定。唐明述院士等系统研究了从蛋白石到各种玉髓直至发展成晶体的石英的典型图片，这有助于初步判定岩石的碱活性。能与碱发生反应的活性氧化硅矿物有蛋白石、玉髓、鳞石英、方英石、火山玻璃及结晶有缺陷的石英以及微晶、隐晶石英等，而这些活性矿物广泛存在于多种岩石中。因而迄今为止世界各国发生的碱-集料反应绝大多数为碱-硅酸反应。

6.3.2.2 碱-碳酸盐反应（ACR）

并不是所有碳酸盐岩石都能与碱起破坏性的反应，一般的石灰岩和白云岩是无害的，20世纪 50 年代，先后在加拿大、美国发现碱与某些碳酸盐岩石的集料反应导致混凝土破坏。这些集料是泥质白云石质石灰岩，其黏土含量在 5%～20%。碱-碳酸盐反应的机制与碱-硅酸反应完全不同。Gillott 认为碱与白云石作用。起下列反白云石化反应：

$$CaCO_3 \cdot MgCO_3 + 2NaOH \longrightarrow Mg(OH)_2 + CaCO_3 + Na_2CO_3$$

Hadley 提出，这个反应生成物能与水泥水化生成的 $Ca(OH)_2$ 继续反应生成 NaOH，这样 NaOH 还能继续与白云石进行反白云石化反应，因此在反应过程中不消耗碱。

$$Na_2CO_3 + Ca(OH)_2 \longrightarrow 2NaOH + CaCO_3$$

反白云石化反应本身并不能说明膨胀，因为反应生成物的体积小于反应物的体积，所以反应本身并不引起膨胀。只有含黏土的白云石才可能引起膨胀，因为白云石晶体中包裹着黏土，白云石晶体被碱的反应破坏后，基体中的黏土暴露出来，能够吸水，众所周知黏土吸水体积膨胀。根据 Gillott 的机制，碱-碳酸盐反应产生的膨胀本质是黏土的吸水膨胀，而化学反应仅提供了黏土吸水的条件。

刘岭、韩苏芬等提出了碱-碳酸盐反应的膨胀的结晶压机理与 Gillott 不同。他们认为活性碳酸盐岩石的显微结构特征是白云石菱形晶体彼此孤立地分布在黏土和微晶方解石所构成的基质中，黏土呈网络状分布，这个网络状黏土构成了 $Na^+(K^+)$、OH^- 和水分子进入内部的通道。NaOH 与白云石晶体反应。离子进入紧密的受限制的空间，反白云石化反应引起晶体重排列产生的结晶压引起膨胀。他们认为反白云石化反应的自由能变化小于零，这是该反应的热力学推动力，在他们的机制中，膨胀的本质是反白云石化反应，而黏土的存在提供了离子和水进入岩石的通道。

由于在碱-碳酸盐反应中，碱被还原而循环使用，即使用低碱水泥也不能避免膨胀。所幸碱活性碳酸盐岩石分布不广。

6.3.2.3 碱-硅酸盐反应（alkali-silicate reaction）

1965 年基洛特加对加拿大的诺发·斯科提亚地方的混凝土膨胀开裂进行了大量研究发现：形成膨胀的岩石属于黏土质岩、千枚岩等层状硅酸盐矿物；膨胀过程较碱硅酸反应缓慢得多；能形成反应环的颗粒非常少；与膨胀量相比析出的碱硅胶过少。

又进一步研究发现诺发·斯科提亚地方的碱性膨胀岩石中。蛭石类矿物的基面间沉积物是可浸出的，在沉积物被浸出后吸水，致使体积膨胀，引起混凝土内部膨胀应力；因此认为这类碱-集料反应与传统的碱硅酸反应不同，并命名为碱-硅酸盐反应。对此，国际学术界有争论。我国学者唐明述等对此也进行了研究，他从全国各地收集了上百种矿物及岩石样品，从矿物和岩石学角度详细研究了其碱活性程度。研究表明，所有层状结构的碳酸盐矿物如叶蜡石、伊里石、绿泥石、云母、滑石、高岭石、蛭石等均不具碱活性，有少数发生碱膨胀的、经仔细研究，其中均含有玉髓、微晶石英等含活性氧化硅矿物，从而证明碱-硅酸盐反应实质上仍是碱-硅酸反应，这一结论与基洛特起初发现的四个特点也并不矛盾。而膨胀的快慢决定于石英的晶体尺寸、晶体缺陷以及微晶石英在岩石中的分布状态。当微晶石英分散分布于其他矿物之中，则 Na^+、K^+、OH^- 必须通过更长的通道和受到更大的阻力才能到达活性颗粒表面，从而使反应延缓。这个研究报告在第 8 届国际碱-集料反应学术会议上发表后，得到许多知名学者的赞同。但由于这种反应膨胀进程缓慢，用常规检验碱硅酸反应的方法无法判断其活性。因此，在进行集料活性和集料反应膨胀检验时，还必须与一般碱-硅酸反应类型有所区别。

6.3.3 碱-集料反应的破坏特征

一旦混凝土发生碱-集料反应,就会表现山碱-集料反应的破坏特征:外观上主要是表面裂缝、变形和渗出物;内部特征主要有内部凝胶、反应环、活性碱-集料、内部裂缝、碱含量等。

(1) 时间特征

国内外工程破坏的事例表明,AAR 破坏一般发生在混凝土浇筑后二、三年或者更长时间,它比混凝土收缩裂缝发生的速度慢,但比其他耐久性破坏的速度快。

(2) 膨胀特征

由于 AAR 破坏是反应产物的体积膨胀引起的,往往使结构物发生整体位移或变形,如伸缩缝两侧结构物顶撞、桥梁支点膨胀错位、水电大坝坝体升高等;对于两端受约束的结构物,还会发生弯曲、扭翘等现象。

(3) 开裂特征

碱-集料反应中,内部集料周围膨胀受压,表面混凝土受拉开裂。

由碱-集料反应所产生的混凝土裂缝与结构钢筋的数量、分布所形成的限制约束有关。钢筋限制、约束作用强的混凝土,其裂缝往往发生在平行于钢筋方向,在外部压应力作用下,裂缝也会平行于压应力方向。限制、约束作用力弱或不受约束(无筋或少筋)的混凝土,其裂缝往往呈网状(龟背状或地图形),典型的裂缝接近六边形,裂缝从网节点三岔分开,在较大的六边形之间还可再发展出小裂缝。限制、约束用较均匀的混凝土部位,裂缝分布也较均匀。碱-集料反应在开裂的同时,经常出现局部膨胀,使裂缝两侧的混凝土出现高低错位和不平整。混凝土碱-集料反应裂缝则出现较晚,多在施工后数年以上。另外环境越干燥收缩裂缝越扩大,而碱-集料反应裂缝则随湿度增大而增大。由碱-集料反应引起的裂缝往往发生在混凝土截面大、受雨水或渗水影响、受太阳照射而引起环境湿度、温度变化大的部位。各种集料开裂如图 6-6~图 6-8 所示。

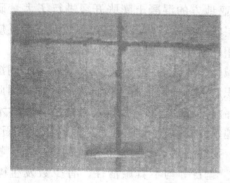 

图 6-6 某机场道路面的开裂

(4) 凝胶析出特征

发生碱-硅酸反应的混凝土表面经常可以看到有透明或淡黄色凝胶析出,析出的程度取决于碱-硅酸反应的程度和集料的种类,反应程度较轻或集料为硬砂岩等时,则凝胶析出现象一般不明显,由于碱-碳酸盐反应中未生成凝胶,故混凝土表面不会有凝胶析出(图 6-9、图 6-10)。

(5) 潮湿特征

AAR 破坏的一个明显的特征就是越潮湿的部位反应越强烈,膨胀和开裂破坏越明显;对于碱-硅酸反应引起的破坏,越潮湿的部位其凝胶析出的特征越明显。

图6-7　开裂混凝土中粗集料开裂引起砂浆开裂

图6-8　集料开裂

图6-9　轨枕中的弥散状凝胶

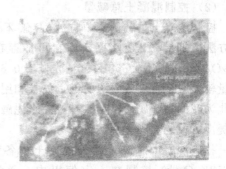

图6-10　粗集料表面生成的凝胶

（6）内部特征

混凝土会在集料间产生网状的内部裂缝，在钢筋等约束或外压应力下，裂缝会平行于压应力方向成列分布，与外部裂缝相连；有些集料发生碱-集料反应后，会在集料周围形成一个深色的反应环；检查混凝土切割面、光片或薄片时，会在发生碱-硅酸反应的混凝土空隙、裂缝、集料-浆体界面发现凝胶（图6-11、图6-12）。

图6-11　碱-硅酸反应裂纹图

图6-12　混凝土粗集料的典型反应环

（7）结构宏观变形特征

碱-集料反应膨胀可使混凝土结构发生整体变形、移位病象，如有的桥梁支点因膨胀增长而错位，有的大坝因膨胀导致坝体升高，有些横向结构在两端限制的条件下因膨胀而发生弯曲、扭翘等现象。当然，由于碱-集料反应的复杂性，仅凭上述一个或几个特征不能立即判定是否发生了AAR破坏。但当某工程发生上述特征时，应怀疑碱-集料反应是一个可能的因素，再结合集料活性测定、混凝土碱含量测定、渗出物鉴定、残余膨胀试验等手段综合判定是否发生了AAR破坏及预测混凝土的剩余膨胀量。

6.3.4 碱-集料反应的预防措施

防止碱-集料反应可以从以下几方面入手。

(1) 使用非活性集料

这是防止 AAR 最安全可靠的措施。集料的活性及矿物成分也是混凝土产生碱-集料反应的重要因素。因此，为防止碱-集料反应，对集料的这活性加以控制，特别是重点工程更应注意选用无反应活性的集料。但活性集料往往分布较广泛，工程对集料的需求量大，而非活性集料的资源有限。因此考虑到经济方面的原因，再加上集料碱活性特别是慢膨胀集料潜在活性尚无绝对可靠的方法，实际工程中往往不得不采用一些活性集料。

(2) 控制混凝土总碱量

控制混凝土总碱量是预防 AAR 破坏的有效措施之一。最初，人们采用控制水泥碱含量的方法来抑制 AAR 膨胀，即在可能存在碱活性或潜在碱活性集料时，使用碱含量（以 $Na_2O_{oq} = Na_2O + 0.658K_2O$ 计）低于 0.6% 的低碱水泥。然而，当单位立方米混凝土的水泥用量较大或者有其他来源的碱，如拌和用水、减水剂、混凝土使用环境含有碱或者含有可以转化为碱的碱金属盐时，这种控制水泥碱含量的方法并不能有效抑制 AAR 膨胀。于是人们又提出了控制混凝土总碱量的方法。

控制混凝土总碱量即将混凝土中各种来源的碱之和（以当量碱以 $Na_2O_{oq} = Na_2O + 0.658K_2O$ 计）控制在一定值以内，通常是 $3kg/m^3$，此时混凝土孔溶液中 K^+、Na^+、OH^- 离子浓度便低于临界值，AAR 难于发生或反应程度较低，不足以使混凝土开裂破坏。例如，以安全含碱量 $3kg/m^3$ 计算，若配制混凝土时没有其他碱的来源，单立方米的混凝土分别使用 Na_2O_{oq} 为 0.51% 的水泥和 Na_2O_{oq} 为 0.53% 的水泥，极限用量分别可达 $594kg/m^3$ 和 $565kg/m^3$。若能将水泥用量控制在一定范围内，则可增加可选外加剂的品种和用量，使混凝土达到更好的性能。

(3) 掺加矿物掺和料

使用矿物掺和料是预防 AAR 破坏的最常见的方法之一。常用的掺和料有粒化高炉矿渣、粉煤灰、硅灰等。也有文献指出，通过煅烧高岭土得到的偏高岭土也是一种高活性矿物掺和料，其活性成分为无定型的无水硅酸铝（$Al_2Si_2O_7$），可以与水泥的水化产物发生二次反应，很好地起到抑制 ASR 膨胀的作用。一般认为掺加矿物掺和料，一方面降低了水泥熟料的用量，从而使生成的 $Ca(OH)_2$ 的量降低，孔溶液中碱浓度也就相应的降低，起到了稀释的作用；另一方面由于矿物掺和料呈酸性，可吸附孔溶液中的碱离子，从而降低孔溶液中 pH 值。

例如掺入水泥质量 $5\% \sim 10\%$ 的硅灰即可有效地抑制碱-集料反应及由此引起的混凝的膨胀与损坏，掺入水泥质量 $20\% \sim 25\%$ 的粉煤灰也可取得同样的效果。必须指出，在混凝土中掺加粉煤灰矿物掺和料必须防止钢筋锈蚀，为此除应注意检验粉煤灰的质量外，还应选用超量取代法，以保证掺粉煤灰混凝土等强度、等稠度。掺硅灰的混凝土必须同时掺入高效减水剂，以免因硅灰颗粒过细引起混凝土需水量的增加。合理的选用活性混合材料部分地取代水泥，不仅可以很好地抑制或减缓 AAR，同时还能改善混凝土的其他方面的性能，而且对节约资源、保护环境具有重要意义。

(4) 使用化学外加剂

① 使用锂盐 早期发生 AAR 破坏严重的国家，如美国、英国、加拿大、日本等，已进行了大量有关使用化学外加剂抑制 AAR 膨胀的实验研究。常用的化学外加剂有锂盐、钙盐

等。美国公路运输协会（The American Association of Highway Transporation Officials）提出的混凝土抗 ASR 所需锂盐掺加量标准为 $[Li^+]/[K^+ + Na^+]$ 摩尔比为 0.74。与掺矿物掺和料相比，这种方法不必改变施工条件甚至还可以改善工程混凝土的其他性能。因此在外加剂普遍使用的当今工程界容易被接受。

② 使用减水剂 有研究表明，通过同时掺入高效减水剂和引气剂，可以起到减轻 AAR 危害的作用。减水剂的掺入可以降低混凝土水灰比，提高混凝土的密实度，减低混凝土的单位用水量，大幅度减少水泥用量，降低混凝土中的碱含量；而引气剂的掺入可以在混凝土结构中引入均匀分布的微小气泡，提高混凝土的抗冻融能力和抗渗能力，有效缓解由 AAR 引起的膨胀应力。混凝土内部具备足够的湿度是 AAR 发生的必要条件之一。混凝土内部相对湿度低于 80%，则 AAR 停止膨胀；相对湿度低于 75%，AAR 就无法进行。因此通过掺加减水剂来提高混凝土抗渗能力，从而降低混凝土内部湿度就可能起到预防 AAR 的作用。但是，必须指出的是，掺加减水剂是否能有效控制 AAR 膨胀还与其他因素有关。这是因为：一方面，我国生产的减水剂中大都含有较高的碱金属盐，这些碱金属盐基本上为可溶性盐（如 Na_2SO_4、$NaNO_3$ 和 K_2CO_3），这些中性盐加入混凝土中会与水泥的产物如 C_3A 等发生化学反应，可能增加孔溶液中的 OH^- 离子浓度，加速 AAR 的进行；另一方面，降低混凝土内部湿度，孔溶液中水分就会减少，孔溶液中的碱浓度就会相应的提高，也可能促进 AAR。因此必须对混凝土减水剂的用量及其碱金属盐含量加以限制。

6.4 混凝土中钢筋的锈蚀

钢筋锈蚀是当今世界影响钢筋混凝土耐久性的最主要因素，导致钢筋混凝土建筑物的服役能退化乃至失效破坏，已成为全世界普遍关注并日益突出的一大灾害。钢筋锈蚀引起的经济损失非常巨大，据报道，美国每年因为基础设施为主的钢筋锈蚀破坏而造成的经济损失达 1500 亿美元，澳大利亚的年腐蚀损失为 250 亿美元，其主要部分是钢筋锈蚀造成的。在我国，沿海地区出现的"海砂屋"现象和北方地区由于在道路和桥梁上撒除冰盐而引起的钢筋锈蚀问题也是非常严重的。北京的西直门立交桥使用不足 20 年，由于钢筋的严重锈蚀而不得不拆除重建。

如果对钢筋锈蚀的机制、影响因素有清晰的认识，在结构设计和混凝土材料设计中采取必要的技术措施，并对施工质量进行严格的管理和监督，大多破坏事例是可以避免的。混凝土结构的使用寿命得以延长，修复的经济损失能减少到最低程度。

6.4.1 钢筋锈蚀的电化学原理

混凝土中的钢筋锈蚀一般为电化学腐蚀。混凝土是一种多孔质材料，当采用水泥作胶结料时，在混凝土孔隙中是碱度很高的 $Ca(OH)_2$ 饱和溶液，其 pH 值在 12.4 以上，溶液中还有氧化钾、钠，所以 pH 值可超过 13.2。在这条件下，钢筋表面氧化，形成一层厚度为 $(2\sim6)\times10^{-6}\mu m$ 的水化氧化膜 γ-$Fe_2O_3 \cdot nH_2O$，这层膜很致密，牢固地吸附在钢筋表面上，使其难以再继续进行电化学反应，从电化学动力学角度，钢筋处于钝化态，不发生锈蚀。因此，对于施工质量好、保护层密实度高、没有裂纹的钢筋混凝土结构，如长期保持钢筋处于钝化态，即使处于不利环境，钢筋也不致锈蚀。

然而，钢筋表面的这层钝化膜，可以由于混凝土与大气中的 CO_2 作用（碳化）或与酸类的反应而使孔溶液 pH 值的降低或者氯离子的进入而遭破坏，钢筋由钝化态转为失钝态，就会开始锈蚀。因此钢筋钝化膜的破坏（或称去钝化）是混凝土中钢筋锈蚀的先决条件。而诱导钝化膜破坏的原因主要是保护层的碳化和氯离子通过混凝土保护层扩散到钢筋表面，而后者更为普遍和严重。

钝化膜一旦破坏，钢筋表面形成腐蚀电池，原因有以下两种：①有不同金属的存在，如钢筋与铝导线管，或钢筋表面的不均匀性（不同的钢筋、焊缝、钢筋表面的活性中心）；②紧贴钢筋环境的不均匀性，如浓度差。这两个不均匀性产生电位差，在电解质溶液中形成腐蚀电池。在钢筋表面或在不同金属表面形成阳极区和阴极区。

在有水和氧存在的条件下钢筋的某一局部为阳极，被钝化膜包裹的钢筋为阴极，阳极产生如下反应：

$$Fe \longrightarrow Fe^{2+} + 2e^-$$

电子通过钢筋流向阴极。

阴极产生如下反应：

$$O_2 + 2H_2O + 4e^- \longrightarrow 4(OH)^-$$

锈蚀的全反应就是这两个反应的不断进行，并在钢材表面析出氢氧化亚铁：

$$2Fe + O_2 + 2H_2O \longrightarrow 2Fe^{2+} + 4OH^- \longrightarrow 2Fe(OH)_2$$

生成的氢氧化亚铁在水和氧的存在下继续氧化，生成氢氧化铁：

$$4Fe(OH)_2 + O_2 + 2H_2O \longrightarrow 4Fe(OH)_3$$

整个反应过程原理如图 6-13(a) 所示。铁氧化转变为铁锈时，伴有体积增大，增大量因氧化生成物状态而不同，最大可增大 5 倍 [图 6-13(b)]。这个体积增大引起混凝土膨胀和开裂，而开裂又进一步加速锈蚀。从混凝土材料设计和工程的角度，防止钢筋锈蚀首先考虑的是如何充分发挥保护层保护钢筋的作用，也就是要使钢筋在更长时期内处于钝化状态。因此下面就去钝化的两个主要诱因——混凝土的碳化和氯离子引起的锈蚀进行讨论。

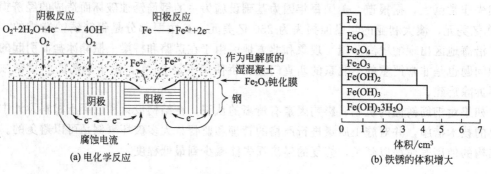

图 6-13 钢筋锈蚀电化学原理示意

6.4.2 混凝土的碳化

6.4.2.1 理论分析

混凝土中含有水，又有毛细孔，空气中的 CO_2 不断向混凝土内部扩散渗入。CO_2 溶于孔隙水中，呈弱酸性，又经过毛细孔通道渗入内部。溶于水的 CO_2 与水泥碱性水化物首先是 $Ca(OH)_2$ 反应，生成不溶于水的 $CaCO_3$，使混凝土孔溶液的 pH 值降低，当 pH 值降到 11.5 时，钢筋的钝化膜开始破坏，降到 10 时，钝化膜完全失钝。

因此，混凝土的碳化过程是物理和化学作用同时进行的过程。混凝土中气态、液态和固态三相共存,当 CO_2 进入混凝土后,一方面在气孔和毛细孔中扩散,即在气相和液相中扩散,另一方面又同时被水泥水化物吸收。

混凝土中 CO_2 的扩散,在下述假设条件下,应遵循 Fick 第一扩散定律:混凝土中 CO_2 的浓度分布呈直线下降;混凝土表面的 CO_2 浓度为 C_0,而未碳化区 CO_2 则为 0;单位体积混凝土吸收 CO_2 起化学反应的量为恒定值(图 6-14)。

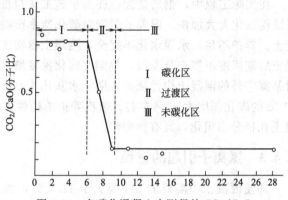

图 6-14 在碳化混凝土中测得的 CO_2/CaO

由此从理论上可能演算得到碳化深度的公式:

$$X=[(2D_{CO_2}C_0/M_0)\cdot t]^{1/2} \quad (6\text{-}6)$$

式中,X 为碳化深度;D_{CO_2} 为在混凝土中的有效扩散系数;C_0 为混凝土表面的 CO_2 浓度;M_0 为单位体积混凝土吸收 CO_2 的量;t 为碳化时间。

也可以写成:

$$X=kt^{1/2} \tag{6-7}$$

大量试验证明,碳化深度 X 确实大致与 $t^{1/2}$ 成正比。试验数据经回归后得到 t 的指数一般略小于 $1/2$。因此,式(6-6)无论从理论上和从试验结果都是可靠的。

从式(6-7)可得到一个重要概念,即混凝土保护层厚度对耐久性的重要影响。如保护层厚度增加 1 倍,钢筋失钝所需的时间不是增加 1 倍,而是增加 3 倍,如将保护层厚度增加 41%,失钝时间增加 1 倍。

6.4.2.2 影响因素

影响混凝土碳化速度的因素有混凝土材料自身的因素和外部环境因素。当然施工质量也影响也很大。材料自身的因素是 CO_2 扩散系数和能吸收 CO_2 的量。前者主要决定于密实度和孔结构,这两者可以用混凝土强度来表征。后者主要决定于水泥(包括混合材)的品种和用量。外部环境因素主要是环境相对湿度和大气中 CO_2 浓度。

(1)水泥品种和用量

混凝土中胶结料所含能与 CO_2 反应的 CaO 总量越高,则能吸收 CO_2 的量也越大,碳化到钢筋失钝所需的时间也就越长,或者说碳化速度越慢。水泥和胶结料中的 CaO 主要来自水泥熟料。水泥生产时和混凝土制备时掺入的混合材 CaO 含量都较低,因此,低胶结料中混合材含量越多,碳化也就越快。混合材品种对碳化速率的影响:矿渣<火山灰质混合材<粉煤灰,因为矿渣的 CaO 含量相对较高。

(2)混凝土的水灰比和强度

混凝土的孔隙率(密实度)和孔径分布是影响 CO_2 有效扩散系数的主要因素,孔隙率越小、孔径越细,则扩散系数越小,碳化也越慢。从实用的角度,可以用水灰比或强度来表征孔隙率和孔分布,许多研究资料表明,水灰比 0.5~0.6 是一个转折点。水灰比大于 0.6 时,碳化速率增加较剧。强度大于 50MPa 的混凝土碳化非常慢,可不考虑由于碳化引起的钢筋锈蚀。

(3)外部环境因素

如果混凝土常处于饱水状态下,CO_2 气体没有孔的通道,碳化不易进行,而如混凝土处于干燥条件下,CO_2 虽能经毛细孔进入混凝土,但缺少足够的液相进行碳化反应。在相对湿度70%~85%最易碳化，钢筋锈蚀的过程也进展较快。研究表明，露天受雨淋的CO_2结构比不受雨淋的结构碳化慢得多。使用期相同，前者的碳化深度为后者的1/2甚至更多。

（4）施工质量

在实际工程中，钢筋锈蚀往往由于施工质量低劣引起的，如施工中振捣不密实、蜂窝、裂纹使碳化大大加快。湿养护时间对碳化速率影响也很大，特别对矿渣水泥、粉煤灰水泥混凝土。养护不足，水泥水化不完全，混凝土密实度和强度降低，矿渣水泥混凝土和粉煤灰混凝土后期强度不能充分发展，都能使碳化深度增大。山东省建筑材料研究院化学建材研究所对暴露宅外的混凝土构件测试表明，水灰比为0.6的矿渣水泥混凝土，湿养护3d的比湿养护7d的碳化深度大50%左右。蒸汽养护的构件比自然养护的碳化速率大得多，因为蒸养混凝土孔径分布粗化，且有微裂纹。

6.4.3 氯离子引起的锈蚀

即使混凝土中溶液的pH值大于11.5时，如钢筋表面的孔溶液中氯离子浓度超过某一定值，也能破坏钢筋表面的钝化膜，使钢筋局部活化形成阳极区。钢筋一旦失钝，氯离子的存在使锈蚀速率加快，因它使钢筋局部酸化，且$FeCl_2$的水解性强，氯离子能长期反复地起作用，从而增大孔液的电导率和电腐蚀电流。

6.4.3.1 钢的电位-pH图

Pourbaix在含氯离子和不含氯离子的溶液中求作钢的阳极极化曲线，并以钢的电位和溶液的pH值作变数制出实用电位-pH图，依此可以判断钢筋是处于稳定的钝态还是活化态。

图6-15是不含氯离子的搅拌溶液中的钢的电位-pH图；而图6-16为含有0.01mol/L氯离子的搅拌溶液中的电位-pH图。

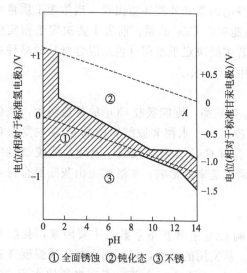

① 全面锈蚀 ② 钝化态 ③ 不锈　　　① 全面锈蚀 ② 点锈蚀 ③ 不完全钝态 ④ 钝态 ⑤ 不锈(电防蚀)

图6-15　不含氯离子溶液中钢的电位-pH图　　图6-16　含0.01mol氯离子溶液中钢的电位-pH图

如图6-15所示，在不含氯离子的溶液中，高电位部位存在大范围的钝态区②，而在含氯离子的溶液中（图6-16），当pH<6时，只有全面锈蚀区①，而无钝态区；当pH>6时，就出现点锈蚀区②、不完全钝态区③及完全钝态区④。如溶液中氯离子浓度小于0.01mol，则点蚀区向图6-16的左上方缩小，而钝态区④向同方向扩大。如氯离子浓度大于0.01mol，则向反方向扩大和缩小。

在混凝土中的钢筋的行为，虽与在搅拌溶液中的钢不尽相同，但从电位-pH图中大体可以了解，在不含氯离子的混凝土中的钢筋，当 pH 为 12.5 时，存在钝化区（图 6-15 中的 A 区），锈蚀受到抑制。即使在含氯离子的混凝中的钢筋，如氯离子浓度不超过某限，也存在钝态区（图 6-16 的 B 区）。如利用电防蚀技术，位移到 C 区，钢锈可得到防止。

6.4.3.2 钢筋保持钝化态的氯离子极限含量

当紧贴钢筋表面的孔溶液中的氯离子浓度超过某一定值，钢筋由钝化态转为非完全钝态或活化态，开始产生不均匀的锈蚀。这个氯离子极限浓度决定于孔液中的碱度：OH^- 浓度或 pH 值。OH^- 浓度越大，或 pH 越大，则失钝时所需的 Cl^- 浓度也越大，但此值不是一个精确值。Hausman 提出氯离子极限浓度 c_{Cl^-} 与 OH^- 浓度 c_{OH^-} 的大致关系式(6-8)：

$$\frac{c_{Cl^-}}{c_{OH^-}} = 0.61 \tag{6-8}$$

式中，c_{Cl^-}，c_{OH^-} 为当量浓度。

这个关系式被一些研究者认可。混凝土孔溶液的 OH^- 浓度主要决定于水泥中的 K_2O 和 Na_2O 含量，因为水泥中的钾钠都溶于水。OH^- 浓度可由式(6-9) 计算：

$$c_{OH^-} = \frac{\dfrac{c \cdot (Na)}{23} + \dfrac{c \cdot (K)}{39}}{P} \times 100 \tag{6-9}$$

式中，c_{OH^-} 为 OH^- 浓度，当量/L；c 为水泥用量，kg/m^3；(Na)，(K) 分别为水泥中 Na 和 K 的含量占水泥的分数；P 为混凝土的体积孔隙率。

$$P = \frac{C}{10}(W/C - 0.19\alpha) + a_0 \tag{6-10}$$

式中，W/C 为水灰比；α 为水泥水化程度，W/C = 0.4 时约为 0.6，W/C = 0.6 时约为 0.7；a_0 为拌和料的含气量，不外加引气剂时，可取 1.5。

混凝土中 Cl^- 的来源有二：一是混凝土在拌和时已引入的、包括拌和水中和外加剂中含的，二是环境中的 Cl^- 随着时间逐渐扩散和渗透进入混凝土内部的。

我国《混凝土结构工程施工及验收规范》（GB 50204—2002）规定：在钢筋混凝土中掺用氯盐类防冻剂时，氯盐掺量按无水状态计算不得超过水泥重量的 1%，且不宜采用蒸汽养护，并规定在预应力结构，使用冷拉钢筋或冷拔低碳钢丝的结构，经常处于潮湿环境或含酸碱、硫酸盐侵蚀介质的结构不得掺加氯盐。素混凝土允许掺加 3% 以内的氯盐。

6.4.3.3 氯盐通过混凝土的扩散

当混凝土结构暴露在有氯离子的环境中，如海洋混凝土、混凝土码头、撒除冰盐的路桥，外部氯离子向混凝土保护层扩展。在钢筋表面的孔溶液中的氯离子浓度达到极限浓度时，钢筋开始失钝而锈蚀。这一段时间是该结构耐久性的一个重要参数。

假定混凝土表面的氯离子浓度是一定值，混凝土初始孔溶液的氯离子浓度为 0，氯离子扩散应遵循 Fick 第二定律：

$$\frac{\partial c}{\partial t} = D_{Cl^-} \frac{\partial^2 c}{\partial X^2} \tag{6-11}$$

式中，c 为氯离子浓度；t 为扩散时间；X 为扩散深度；D_{Cl^-} 为混凝土的氯离子有效扩散系数。

此微分方程的解为：

$$c_1 / c_0 = \text{erf}\left(\frac{X}{2\sqrt{\dfrac{D_{Cl^-} t}{K_d}}}\right) \qquad (6\text{-}12)$$

式中，c_1 为钢筋开始锈蚀的极限氯离子浓度，mol/cm^3；c_0 为混凝土表面的氯离子浓度，mol/cm^3；X 为混凝土保护层厚度，cm；D_{Cl^-} 为混凝土的氯离子有效扩散系数，cm^2/s；K_d 为在混凝土固相与在孔溶液中氯离子浓度之比；t 为达到钢筋失钝所需的时间，s。

Brown 根据此方程的解作图，用以估算钢筋开始锈蚀所需时间（图 6-17）。图中的参数有 c_0、c_1、X、D_{Cl^-} 和 t。如已知 c_0、c_1、D_{Cl^-} 和要求的使用年限 t，可求得所需要保护层的厚度。

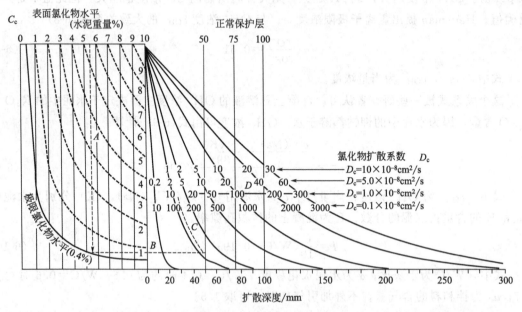

图 6-17　氯离子引发钢筋锈蚀钢筋失钝时间估算图

这是一个理论计算方法，忽略了很多实际条件，如氧的供给情况、环境湿度、干湿条件的变化，溶液中其他离子如 SO_4^{2-} 存在的影响，保护层材料的不均匀性，特别是裂纹的影响和其他破坏因素，如冰冻、碱-集料反应等的综合作用等等。因此计算结果的准确性不高。但从此计算公式和 Brown 的图可得到许多重要的概念。

① 保护层厚度 X 与失钝所需时间 t 的关系大致为 $X = kt^{0.5}$，即 X 大致与 t 的平方根成正比，如保护层厚度增加 1 倍，失钝时间可增加到 4 倍。由此可见增加保护层厚度对耐久性的重要性。

② 保护层混凝土的扩散系数与失钝时间成反比，如混凝土密实度提高，扩散系数减少一半，则失钝时间可延长 1 倍。从材料设计的角度，设计低扩散系数的混凝土是提高钢筋锈蚀耐久性的根本途径。

为延长服务年限的一个有效措施是在混凝土中加入硅灰、粉煤灰和矿渣等矿物掺和料，可在水泥厂生产时加入，也可在混凝土搅拌时加入。国内外许多试验都已证明，掺加矿物掺和料能大幅度降低 Cl^- 的分散系数。

混凝土的 Cl^- 有效扩散系数对 Cl^- 的扩散速率有很大的影响，但由于测试上的困难，关于混凝土扩散系数的值报导极少。大量研究报告测定的是硬化水泥浆体的有效扩散系数值，这对估算钢筋附近氯离子浓度带来很大困难。

不同水灰比的硬化水泥浆体的 Cl^- 有效扩散系数值据研究者的报道在 $(10\sim200)\times10^{-9}cm^2/s$ 范围内。据许丽萍、吴学礼等的研究，硬化水泥浆体水灰比为 0.4 时，扩散系数为 $33.8\times10^{-9}cm^2/s$。水灰比为 0.6 时，扩散系数为 $148\times10^{-9}cm^2/s$，增大 3.3 倍。

砂浆的扩散系数比水泥浆体小，这是因为在相同水灰比下，硬化水泥砂浆的孔隙率比硬化水泥浆体小，砂起了阻碍 Cl^- 扩散的作用。许丽萍等的试验：水灰比为 0.4、砂与水泥之比为 2 的砂浆，扩散系数为 $21.5\times10^{-9}cm^2/s$；水灰比的影响与硬化浆体大致类同。混凝土的扩散系数应该比砂浆还要小些，大致变动在 $(10\sim100)\times10^{-9}cm^2/s$ 范围内。

以上的数据都是用普通硅酸盐水泥，大量国内外研究数据表明，在胶结料中掺加矿物掺和料能降低扩散系数，而尤以掺加粉煤灰和用高掺量矿渣的水泥最有效；但必须指出，粉煤灰必须是优质的，只要充分湿养护，利用其后期的火山灰反应。因为粉煤灰和矿渣后期水化继续进行，孔隙率进一步降低，而且孔结构在不断细化，阻碍 Cl^- 的扩散。

6.4.4　钢筋锈蚀的防护措施

为预防钢筋锈蚀，首先要从结构设计、材料设计和施工采取正确的技术措施。在结构设计中、处于频繁干湿循环、海洋浪溅区、撒除冰盐的严酷环境下的混凝土表面，要防止积水。结构断面要考虑易于振实。在一般无侵蚀性环境的钢筋混凝土允许裂缝宽度为 0.3mm，但预应力钢筋混凝土保护层裂缝宽度不应大于 0.2mm。在严酷环境下的预应力混凝土结构，要求在服务年限内，预应力筋处于钝化态，混凝土保护层边缘部位不出现拉应力。因为高强钢丝预应力筋含碳量高，应力水平高，断面细，对应力锈蚀的断裂敏感，一旦表部失钝，有可能突然脆断。

由于钢筋失钝所需时间与保护层厚度的平方成正比，因此正确设计保护层厚度对结构的耐久性特别重要。我国暴露在严酷环境下的结构，保护层厚度一般偏低，是造成锈蚀严重的原因之一。美国 ACI201・2R 标准规定：撒除冰盐的公路桥面板以及港工浪溅区，如采用 0.40 水灰比，混凝土保护层最小厚度为 50mm，如采用 0.45 水灰比，则最小厚度为 65mm。而且由于施工允许偏差，为使 95％以上钢筋具有 50mm 的最小保护层厚度，则设计保护层厚度应大于 65mm。

从混凝土材料设计方面，应正确选择混凝土强度等级、水灰比、水泥品种、矿物掺和料和外加剂等。

在有 Cl^- 的环境下，水灰比应小于 0.55，强度等级应高于 C40。此条件下的水灰比和强度应首先满足耐久性的要求，即使从力学角度不需要这么高的强度。水灰比 $0.40\sim0.50$ 的混凝土一般都应掺加高效减水剂，以保证拌和料有足够的流动性，易于振实。在有结冰可能的结构，还应掺加引气剂。

水泥中 C_3A 含量对 Cl^- 扩散速率有影响，因为环境中 Cl^- 进入混凝土后，有一部分 Cl^- 能被 C_3A 吸收，形成水化氯铝酸盐矿物，剩下的 Cl^- 自由扩散进入内部。结合氯对钢筋锈蚀无害。因此，水泥中 C_3A 含量高些，对防护钢筋锈蚀有利。C_3A 含量很低的抗硫酸盐水泥不适宜用于有 Cl^- 环境，K_2O、Na_2O 含量高的水泥，对防护锈蚀有利。

掺加硅灰对防止二氧化碳和 Cl^- 引发的钢筋锈蚀都有利，掺加粉煤灰或矿渣对防止引发的锈蚀很有效，不仅能延长钢筋开始锈蚀的时间，也能减慢钢筋失钝后的锈蚀速率；但对防止碳化引发的锈蚀不利。因此在有 Cl^- 环境下，应该尽量采用掺活性混合材的水泥或搅拌混凝土时掺加优质粉煤灰。但在与除冰盐接触的混凝土，应综合考虑粉煤灰对盐冻剥蚀的不利影响和对防护钢筋的有利影响，然后作出抉择。在室内外一般大气环境下的混凝土可掺粉煤灰。

施工中应保证振捣密实。特别对严酷环境下的混凝土和预应力混凝土须加强养护，延长湿养护时间，避免出现不应产生的裂纹。

影响混凝土耐久性的三大因素是钢筋锈蚀、冻害、物理化学作用，其中钢筋锈蚀的危害排在首位，全世界每年因钢筋锈蚀造成的经济损失达 1500 亿美元以上。我国既是钢铁生产大国，也是钢铁消费大国，每年因钢铁腐蚀造成的直接经济损失触目惊心。因此迫切期望能找到更有效的预防钢筋锈蚀的方法；如使用耐蚀钢筋（镀锌钢筋、包铜钢筋、不锈钢钢筋）、钢筋涂层（环氧树脂钢筋）、混凝土外涂层、电化学保护等，以降低钢筋锈蚀带来的危害。

6.5　多因素协同作用下混凝土的破坏规律

6.5.1　冻融和盐综合作用对混凝土的破坏

在冬季，高速公路和城市道路为防止因结冰和积雪汽车打滑造成交通事故，必须在路面撒盐（NaCl 或 $CaCl_2$）以降低冰点去除冰雪。在 20 世纪 40～50 年代，北美北欧发达国家已发现除冰盐对混凝土路面和桥面造成的严重破坏，除冰盐不仅引起路面破坏，渗入混凝土的氯盐又导致严重的钢筋锈蚀。除冰盐已成为北美、北欧国家混凝土路和桥破坏的最主要原因，维修和重建耗费大量资金，所以除冰盐的破坏已引起他们的高度重视。我国自 70 年代末 80 年代初才开始修建混凝土立交桥，90 年代初北方地区才开始修建混凝土高速公路，并也开始使用除冰盐防滑。由于缺乏这方面的知识，在建造时没有采取任何防止除冰盐破坏的技术措施，在使用除冰盐后一年至几年，即发现路面和桥面的严重破坏。如黑龙江省某高速公路建成，撒除冰盐使用一个冬季后，路面严重剥蚀。北京立交桥的破坏主要原因是除冰盐诱发的破坏。除冰盐对路面的破坏在我国已成为混凝土耐久性一个新的现实的和潜在的严重问题。

6.5.1.1　破坏原理

冻融和盐的综合作用比单纯冻融破坏严酷得多。首先，混凝土浸在盐溶液中，吸水率增大，也即饱水程度 S_0 比在纯水中增大，而且达到毛细孔饱水 S_0 的时间也大大缩短。试件在盐溶液中的吸水过程如图 6-18 所示。

降低冰点的作用可能使极限饱水值 S_{CR} 有所增大，但由于 S_0 增大很多，$S_{CR}-S_0$ 值还是比在纯水中减小了，因此冻融破坏加剧。

混凝土在盐溶液中饱水程度增大的原因是：毛细孔壁的水泥浆体吸附一部分盐，造成毛细孔内的溶液浓度差；混凝土中毛细孔借毛细孔张力抽吸水，在盐溶液中，除毛细孔张力外，还外加由毛细孔内溶液浓度差引起的渗透压而吸水。

试验表明，试件浸在不同浓度的盐溶液中

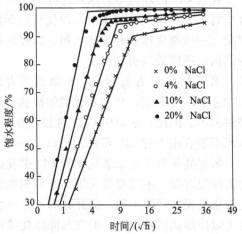

图 6-18　混凝土在盐溶液和纯水中的吸水过程

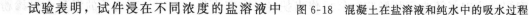

吸水饱和，然后经冻融循环，试件表面的剥蚀程度都比在纯水中吸水饱和有所增大。而以 4％ NaCl 溶液中剥蚀最为严重（图 6-19）。当盐溶液浓度更大时，降低冰点的有利影响更大些，相应的破坏程度有所减小。

此外，吸了盐溶液的混凝土在水分蒸发失水干燥时，孔中盐过饱和而结晶，这个结晶压可能很大，使混凝土膨胀开裂。这个破坏力是纯水冻融所不具备的。目前我们还无法直接测量结晶压，但干湿循环的试验间接证明了这点。在盐溶液中浸泡吸水饱和的试件，在常温下干湿循环，试件长度随干湿交替而增加，且不能恢复。而吸纯水的试件在吸水时膨胀，失水时又收缩，保持原来长度，基本不变（图 6-20）。

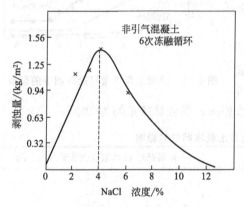

图 6-19 盐溶液浓度对盐冻剥蚀的影响

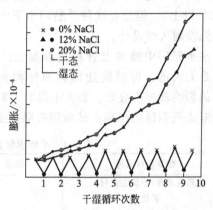

图 6-20 吸盐溶液混凝土干湿交替条件下的体积膨胀

综上所述，除冰盐对混凝土的破坏作用主要在于：在盐溶液中混凝土吸水饱和度增大，冻融破坏的动力更大；在混凝土失水时，盐的结晶压使混凝土膨胀。

除冰盐渗入混凝土引起钢筋锈蚀，最后导致整个结构的破坏。

6.5.1.2 破坏特征及测试方法

除冰盐引起的破坏特征主要如下所述。

① 破坏从表面开始，逐步向内部扩展 表面砂浆剥落，集料暴露，但剥蚀层下面的混凝土基本保持坚硬完好。并可在遭受破坏的截面上清楚地看到分层剥蚀的痕迹。这是因为在混凝土厚度方向形成盐的浓度梯度，冻结时分层结冰，失水时又形成结晶压梯度。

② 这种破坏非常快，如混凝土未掺引气剂，使用除冰盐几个冬季就可发现剥蚀。即使质量很好、强度较高的混凝土也遭剥蚀。

③ 在剥蚀的表面常可看到白色的 NaCl 析晶，现场检验为咸味。渗入混凝土的氯离子也容易引起钢筋锈蚀，所以在混凝土表面有时可见顺筋锈痕。如果混凝土用活性集料的话，渗入混凝土的钠离子也有可能加速碱-集料反应。因此使用除冰盐的混凝土路面可能同时受到车辆机械磨耗、钢筋锈蚀、碱-集料反应等的综合作用，使破坏更趋严重。但必须注意，破坏的主导因素是除冰盐环境下的冻融和结晶，而不是其他。

由于除冰盐的破坏特征是表面剥蚀，所以混凝土抵抗盐冻能力可用表面剥蚀量来评价。将混凝土棱柱形试件单面浸泡在一定浓度的盐溶液中，吸饱溶液后经受若干次冻融循环，以单位试件表面积的剥落重量来表征。

因为混凝土受除冰盐破坏是冻融破坏的一种特殊形式，在工程上也可以用混凝土抗冻融耐久性指数 DF 值来表征抗除冰盐破坏的能力，但 DF 值的要求更高，一般应大于 0.8，即经 300 次冻融循环，动弹性模量的减少不应大于 20％。

6.5.1.3 影响因素及防止措施

影响混凝土抗盐冻能力的因素是含气量（也即气泡间距）和水灰比，特别是含气量的影响。含气量对抗盐冻剥蚀性的明显影响如图 6-21 所示，从图可以看出设计遭受除冰盐作用的混凝土时含气量应比一般抗冻混凝土更大，应在 6％以上。此时的平均气泡间距可减小至 0.15mm 左右。当然在这么大含气量下，强度损失也是较显著的（可达 10％以上）。但是在这种严酷环境下的混凝土必须首先按耐久性设计。

在水泥厂中掺加混合材对混凝土的抗冻性影响不是太大的，但对抗盐冻剥蚀性而言，矿物掺和料的影响却相当显著。表 6-4 说明了矿物掺和料品种对表面剥蚀的影响，试验用的混凝土强度大致相同，混合材掺量均为 10％。

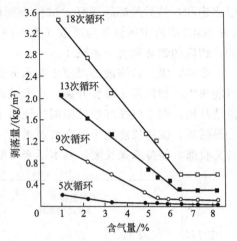

图 6-21 混凝土含气量对盐冻剥蚀的影响

表 6-4　矿物掺和料品种对混凝土盐冻剥蚀的影响

矿物掺和料品种	混凝土强度/MPa	冻融循环 15 次表面剥落量/(kg/m²)
纯熟料水泥(不加混合材)	36.8	0.85
矿渣	34.1	1.22
粉煤灰	34.6	1.40
石灰石粉	34.1	1.65
硅灰	50.0	0.58

注：1. 矿物掺和料掺量均为水泥的 10％。
2. 混凝土养护 28d 后试验。

水泥中掺加的混合材品种对盐冻剥蚀影响的严重程度依次排列为：石灰石粉＞粉煤灰＞矿渣＞纯熟料水泥（不掺混合材）。掺硅灰能提高抗盐冻剥蚀性。

综上所述，防止除冰盐破坏的主要技术措施为：掺加引气剂，适当增大含气量（6％以上）；注意选择水泥品种，在水泥中掺加混合材在许多侵蚀环境下对混凝土耐久性是有利的，如抗硫酸盐侵蚀、抗碱-集料反应、抗氯盐引起的钢筋锈蚀等，但对抗除冰盐破坏不利，应该采用硅酸盐水泥或普通硅酸盐水泥；在拌制混凝土时不要外掺矿物掺和料，如矿渣、粉煤灰等。但提倡外掺硅灰。掺硅灰能大大提高抗盐冻剥蚀性，同时又提高保护钢筋抗锈蚀性能。必须再次强调，在考虑除冰盐对混凝土破坏的工程问题时，必须同时采取防止钢筋锈蚀的措施，如提高混凝土密实度、提高强度等级、加大混凝土保护层厚度等。

6.5.2　冻融与荷载双重因素作用下的混凝土损伤

对混凝土耐久性的研究尤其是抗冻性的研究，国内外已进行了大量行之有效的试验研究工作，在理论和指导应用两个方面均不断有新的突破和新的进展，但随着混凝土耐久性研究工作的不断深入，人们发现当今对提高和评估各强度等级混凝土材料的耐久性依然是以逐个因素孤立地进行研究，其评估方法也是以单一因素为准，而在实际工程的服役过程中却是在应力或非应力与不同化学腐蚀或物理疲劳的双重或多重因素共同作用下运行的，用单一破坏因素作用下来评估混凝土的耐久性难以真实地反映客观环境的实际。混凝土的耐久性是多重，至少是双重破坏因素共同作用的结果。因此材料内部结构的劣化过程和损伤程度又绝非是各个破坏因素单独作用下分别引起损伤的简单加和值，而是诸破坏因素在混凝土损伤过程中，产生相互影响、相互叠加从而加剧和加速了材料的损伤程度与失效进程。通常多重破坏因素作用下材料的劣化程度大于各损伤因素单独作用所引起的损伤的总和，即产生 $1+1>2$ 或 $1+2>3$ 的损伤叠加效应，并导致工程应用性能进一步降低和寿命缩短。

6.5.2.1 冻融与荷载双重因素作用下混凝土损伤模型

在混凝土损伤过程的研究中，国内外对荷载作用下对混凝土的损伤的失效过程进行了大量的研究，取得了很好的进展和有价值的成果。但是对冻融与荷载双因素作用下混凝土的损伤和失效过程则研究很少。中国水利科学研究院李金玉等对不同等级混凝土在双因素作用下的损伤过程进行了初步的统计分析，建立了物理意义明确、形式简单、用起来方便的统计数学模型，以揭示双因素作用下，不同等级混凝土的损伤和失效规律。他们依据材料相关损伤理论，提出损伤度 D 的概念，用来衡量混凝土的损伤程度，如式(6-13)所示：

$$D=1-\frac{E_N}{E_0} \tag{6-13}$$

式中，E_0 为材料加荷未冻融前的初始动弹性模量；E_N 为材料经过 N 次冻融循环后的动弹性模量。

通过对大量实验数据的分析发现，冻融循环的损伤基本符合前人得出的纯荷载作用下的规律，如式(6-14)所示：

$$D=\left(\frac{N}{N_\infty}\right)^b \tag{6-14}$$

式中，N_∞ 为材料的疲劳寿命；N 为材料疲劳循环次数；b 为材料常数。

在大量试验研究的基础上，首次提出了适合 C40～C80 强度等级的混凝土，应力比在 0～50％范围内的损伤统计模型如下：

$$D=[a(1-f_p)^c N]^b \tag{6-15}$$

式中，D 为在不同应力比作用下损伤度；a,b,c 为材料常数；f_p 为应力比；N 为冻融循环次数。

该模型概念明确，应用方便，充分体现了冻融循环次数、应力比之间的关系。

通过对试验结果的进一步分析，应力比对各强度等级混凝土的损失程度-冻融循环次数曲线形状的影响很大。因此提出混凝土应力比≤50％时，回归方程为：

$$D=[aF(f_p)N]^b=[a(1+f_p)^c N]^b \tag{6-16}$$

当应力比 f_p 在 0～50％之间，冻融循环次数为 0～500 次条件下，回归方程的 R 值在 0.761～0.985 之间，该方程能反映混凝土在加载和冻融双因素作用下的损伤规律。

为计算方便起见，推荐回归方程的 a、b、c 系数可由表 6-5 选取。本研究应力比为 15％ 和 35％，冻融循环次数为 0～500 次，所以符合该数学模型。

表 6-5 回归参数

混凝土类型	回 归 参 数			相关系数
	a	b	c	
PC40	2.1×10^{-2}	1.01	3.00	0.8878
PC50	2.18×10^{-2}	3.05	1.10	0.9849
PC60	4.0×10^{-4}	1.62	9.03	0.8204
PC80	2.86×10^{-4}	13.384	7.71	0.9796

6.5.2.2 高性能混凝土在冻融与荷载作用下的破坏机理

大量试验结果表明，混凝土在冻融与荷载双重作用下的性能参数变化具有一定的规律性。

（1）动弹性模量的损失规律

在冻融循环和荷载双重因素作用下，动弹性模量是反映其损伤程度和失效过程的极为敏感的指标。动弹性模量值与混凝土强度等级和应力比大小密切相关。同应力比条件下，混凝土损伤程度的影响是强度越低，混凝土损伤程度越大；同一配比混凝土，应力比越大，混凝土损伤程度破坏程度随应力比增大而加剧，35％≥15％≥0。

（2）质量损失规律

在冻融和荷载双因素作用下，不同等级混凝土的质量损失主要由表层剥落和开裂损坏引起，产生质量损失的根本原因与混凝土基体强度和水灰比有关。低强度等级混凝土的质量损失较大，对高强混凝土，经 300 次冻融循环后质量损失甚微，混凝土强度越高质量损失越小。质量损失与荷载作用、纤维增强、引气卸压等基本无关，应力比大小对混凝土质量损失基本无影响。

（3）强度损失规律

在冻融和荷载双重因素作用下，对于低强与高强混凝土试验前和失效后的强度损失有所不同，在荷载作用下，冻融失效后抗弯强度损伤的影响低强混凝土比高强混凝土明显。

思 考 题

1. 混凝土的耐久性定义？

2. 混凝土抗冻性的定义？冻害劣化机理？

3. 影响混凝土的抗冻性的因素？

4. 水泥浆体在淡水中被侵蚀的机理？

5. 混凝土酸侵蚀的机理？

6. 混凝土硫酸盐侵蚀的机理？镁盐侵蚀的机理？

7. 碱-集料反应的类型？产生碱-集料反应的条件？

8. 碱-集料反应的膨胀机理？

9. 碱-集料反应的破坏特征以及预防措施是什么？

10. 为什么钢筋在混凝土中的不易发生锈蚀？钢筋锈蚀的机理是什么？为什么钢锈对混凝土有破坏作用？

11. 钢筋保持钝化状态的氯离子极限含量？混凝土保护层厚度与失钝时间的关系、混凝土扩散系数与失钝时间的关系？

12. 冻结和盐作用下混凝土的破坏原理，冻融与荷载双重作用下的混凝土失效规律。

参 考 文 献

[1] 刘秉京编著．混凝土结构耐久性设计．北京：人民交通出版社，2007.
[2] 黄土元，蒋家奋，杨南如，周兆桐等编著．近代混凝土技术．西安：陕西科学技术出版社，1997.
[3] 金伟良，赵羽习著．混凝土结构的耐久性．北京，科学出版社，2002.
[4] 蒋亚清主编．混凝土外加剂应用基础．北京：化学工业出版社，2004.
[5] 周新刚编著．混凝土结构的耐久性与损伤防治．北京：中国建材工业出版社，1999.
[6] 莫祥银，卢都友，许仲梓．化学外加剂抑制碱硅酸反应原理及进展，南京化工大学学报，2000.
[7] 雷斌．AAR 当量碱计算公式试验研究：[学位论文]，南昌：南昌大学，2005.
[8] 王志杰．抑制碱-集料反应混凝土及其应用技术研究：[学位论文]，郑州：郑州大学，2006.
[9] 赵学荣．碱-集料反应对混凝土结构耐久性影响的研究：[学位论文]，天津：天津大学，2008.
[10] 姚燕，王玲，田培主编．高性能混凝土．北京：化学工业出版社，2006.
[11] 陈益民，许仲梓等著．高性能水泥制备和应用的科学基础．北京：化学工业出版社，2008.

7 混凝土配合比设计

7.1 普通混凝土配合比设计

7.1.1 设计要领

普通混凝土是由四种基本材料组成的。配合比设计就是解决 4 种材料用量的 3 个比例，即水和胶凝材料之比，简称水灰比；集料中砂子所占比例，简称砂率；胶凝材料与集料的比例，简称胶骨比。这几个比例有其基本规律。

① 决定混凝土强度的基本因素是水泥的强度和水灰比。在水泥强度确定之后，水灰比是决定因素。

② 在水灰比决定后，由用水量决定水泥的用量。

③ 砂和石是混凝土的骨架，是主体，其用量占混凝土用料量的 2/3 以上。砂率由石子的空隙率和水灰比来确定。

7.1.2 设计流程

混凝土配合比设计的基本流程如图 7-1 及其说明。

图 7-1 中各数字代号的含义如下：

① 强度标准差；

② 设计强度；

③ 是否大体积；

④ 耐久性要求，如抗腐蚀、抗渗等；

⑤ 石子品种，指选用碎石或卵石；

⑥ 浇筑方法，指施工工艺措施，考虑坍落度；

⑦ 构件最小边长，考虑采用石子粒径，或是否属大体积；

⑧ 钢筋疏密程度，考虑石子粒径；

⑨ 每立方米总用料量，参阅表 7-11。

第一阶段：根据设计图纸及施工单位的工艺条件，结合当时当地的具体条件，提出要求，为第二阶段作准备。

第二阶段：选用材料、设计参数，这是整个设计的基础。材料和参数的选择决定配合比设计是否合理。

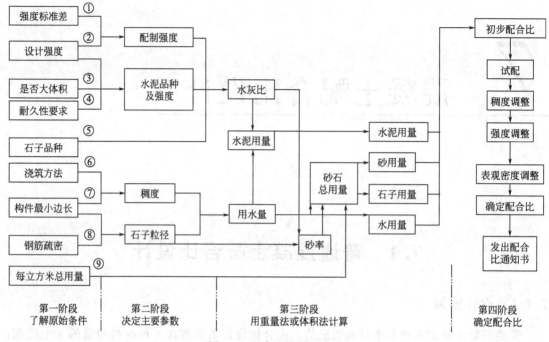

图 7-1　配合比设计的流程

第三阶段：计算用料，可用重量法或体积法计算。

第四阶段：对配合比设计的初步结果进行试配、调整并加以确定。

配合比确定后，应签发配合比通知书。搅拌站在进行搅拌前应根据仓存砂、石的含水率作必要的调整，并根据搅拌机的规格确定每次的投料量。搅拌后应将试件强度反馈给签发通知书的单位。

7.1.3　设计参数及运算

7.1.3.1　参数与混凝土性能的关系

现行混凝土配合比的 3 个基本参数是水灰比、用水量和砂率。水灰比和用水量是简单而又重要的参数，它决定水泥的强度和用量。

混凝土配合比所要求达到的主要性能也有 3 个，是强度、耐久性及和易性。3 个基本参数和 3 个性能的关系如图 7-2 所示。

图中粗实线表示直接关系，细实线表示主要关系，虚线表示次要关系。掌握了这个规律，我们在作配合比设计时就能掌握主线，照顾次线，做好选择。

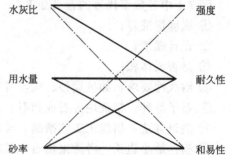

图 7-2　混凝土配合比设计的基本
参数和主要性能的关系

7.1.3.2　强度标准差

① 强度标准差是检验混凝土搅拌部门的生产质量水平的标准之一。混凝土配合比设计引入标准差，目的是使所配制的混凝土强度有必需的保证率。标准差应由搅拌单位提供的近期生产混凝土的强度统计值计算，如下。

标准差：

$$\sigma = \sqrt{\frac{\sum\limits_{i=1}^{N} f_{cu,i}^2 - N \cdot \mu_{fcu}^2}{N-1}} \tag{7-1}$$

式中，$f_{cu,i}$ 为统计周期内第 i 组混凝土试件的立方体抗压强度值，MPa；N 为统计周期内相同强度等级的混凝土试件组数，该值不得少于 25 组；μ_{fcu} 为统计周期内 N 组混凝土试件立方体抗压强度的平均值。

② 当混凝土强度等级为 C20 和 C25，其强度标准差计算值小于 2.5MPa 时，计算配制强度用的标准差应取不小于 2.5MPa；当混凝土强度等级等于或小于 C30，其强度标准差计算值小于 3.0MPa，计算配制强度用的标准差应取不小于 3.0MPa。

③ 当无统计资料计算混凝土强度标准差时，其值应按现行国家标准《GB 50204—2002 混凝土结构工程施工质量验收规范》的规定取用，见表 7-1 所列。

表 7-1 σ 值   单位：MPa

混凝土强度等级	低于 C20	C20～C35	高于 C35
σ	4.0	5.0	6.0

注：在采用本表时，施工单位可根据实际情况，对 σ 值作适当调整。

7.1.3.3　配制强度

普通混凝土配合比设计的配制强度，按式(7-2) 计算：

$$f_{cu,0} \geqslant f_{cu,k} + 1.645\sigma \tag{7-2}$$

式中，$f_{cu,0}$ 为混凝土的施工配制强度，MPa；$f_{cu,k}$ 为设计的混凝土强度标准值，MPa；σ 为施工单位的混凝土强度标准差，MPa。

在正常情况下，式(7-2) 可以采用等号。但在现场条件与试验条件有显著差异时，或重要工程对混凝土工程有特殊要求时，或 C30 级及其以上强度混凝土在工程验收可能采用非统计方法评定时，则应采用大于号。

【例 7-1】 某多层钢筋混凝土框架结构房屋，柱、梁、板混凝土设计的结构强度为 C25 级，据搅拌站提供该站前一个月的生产水平资料如下，请计算其标准差及混凝土的配制强度。

资料：①组数 $N=27$；②前一个月各组总强度 $\sum f_{cu,i} = 968.8$；③各组强度值的总值 $\sum f_{cu,i}^2 = 36401.18$；④各组强度的平均值 $\mu_{fcu} = 36.548$；⑤强度平均值的平方值乘组数 $N\mu_{fcu}^2 = 36065.42$。

解：

① 标准差　将资料各值代入式(7-1)

$$\sigma = \sqrt{\frac{36401.18 - 36065.42}{27-1}} = 3.594 \text{ (MPa)（取 } \sigma = 3.6\text{MPa）}$$

如查表 7-1，则 $\sigma = 5.0$MPa。

② 配制强度　按题意：混凝土的设计强度 $f_{cu,k} = 25$MPa；施工单位混凝土强度标准差 $\sigma = 3.6$MPa。

将上列两值代入式(7-2)：

$$f_{cu,0} = 25 + 1.645 \times 3.6 = 30.92 \text{ (MPa)}$$

配制强度亦可采用查表法取得。表 7-2 是常见的强度标准差 σ 值代入式(7-2) 所得的配制强度（粗线内为按表 7-1 的 σ 值所得的配制强度）。

表 7-2 混凝土的配制强度 单位：MPa

强度等级	强度标准差					
	2.0	2.5	3.0	4.0	5.0	6.0
C7.5	10.8	11.6	12.4	14.1	15.7	17.4
C10	13.3	14.1	14.9	16.6	17.2	19.9
C15	17.3	19.1	19.9	21.6	23.2	24.9
C20	24.1	24.1	24.9	26.6	27.2	29.9
C25	29.1	29.1	29.9	31.6	33.2	34.9
C30	34.9	34.9	34.9	36.6	37.2	39.9
C35	39.9	39.9	39.9	41.6	43.2	44.9
C40	44.9	44.9	44.9	46.6	47.2	49.9
C45	49.9	49.9	49.9	51.6	53.2	54.9
C50			54.9	56.6	57.2	59.9
C55			59.9	61.5	63.2	64.9

7.1.3.4 水灰比

新规程明确规定，强度等级为 C60 及其以上的称为高强混凝土。小于 C60 的称为普通混凝土。普通混凝土水灰比（W/C）的计算，可按式(7-3)：

$$W/C = \frac{\alpha_a f_{ce}}{f_{cu,0} + \alpha_a \alpha_b f_{ce}} \tag{7-3}$$

式中，α_a，α_b 为回归系数宜按下列规定确定。

① 回归系数 α_a 和 α_b 应根据工程所使用的水泥、集料，通过试验由建立的水灰比与混凝土强度关系式确定。

② 当不具备上述试验统计资料时，其回归系数可按表 7-3 选用。

表 7-3 回归系数 α_a、α_b 选用表

系 数 \ 石子品种	碎石	卵石
α_a	0.46	0.48
α_b	0.07	0.33

f_{ce} 为水泥 28d 抗压强度实测值，MPa。当无水泥 28d 抗压强度实测值时，公式(7-3)中的 f_{ce} 值可按以下规定确定：

① 按计算公式

$$f_{ce} = \gamma_c f_{ce,g} \tag{7-4}$$

式中，γ_c 为水泥强度等级值的富余系数，可按实际统计资料确定；$f_{ce,g}$ 为水泥强度等级值，MPa。

② 根据 3d 强度或快测强度推定 28d 强度关系式得出。

当回归系数按表 7-3 取值时，可推导碎石混凝土和卵石混凝土水灰比的计算式。

碎石混凝土水灰比：

$$\frac{W}{C} = \frac{0.46 f_{ce}}{f_{cu,0} + 0.0322 f_{ce}} \tag{7-5}$$

卵石混凝土水灰比：

$$\frac{W}{C} = \frac{0.48 f_{ce}}{f_{cu,0} + 0.1584 f_{ce}} \tag{7-6}$$

式中，符号意义同式(7-3)。

在运算式(7-5)和式(7-6)时，混凝土的施工配制强度已由式(7-3)求得，尚有水泥的实际强度 f_{ce} 为未知数，可参考经验参数。也可以假定灰水比值按式(7-7)反求取得。

$$f_{ce} = \frac{f_{cu,0}}{\alpha_a \cdot \left(\dfrac{C}{W} - \alpha_b \right)} \qquad (7-7)$$

式中，符号同前，$\dfrac{C}{W}$ 称为灰水比，即 $\dfrac{W}{C}$ 的倒数。

此外，水灰比值与混凝土所在的环境、构筑物的类别有关，不应超过表7-4的规定。同时，水灰比值除干硬性混凝土外，不能小于0.4。低于此值时，水泥用量(指每立方米混凝土中的水泥用量)将较大，每立方米普通混凝土用量不应超过550kg。否则，将容易出现裂缝。

表 7-4 混凝土的最大水灰比和最小水泥用量

环境条件	结构物类别	最大水灰比值			最小水泥用量/kg		
		素混凝土	钢筋混凝土	预应力混凝土	素混凝土	钢筋混凝土	预应力混凝土
①干燥环境	正常的居住或办公用房屋内部件	不作规定	0.65	0.60	200	260	300
②潮湿环境	无冻害 高湿度的室内部件 室外部件 在非侵蚀性土和(或)水中的部件	0.70	0.60	0.60	225	280	300
	有冻害 经受冻害的室外部件 在非侵蚀性土和(或)水中且经受冻害的部件 高湿度且经受冻害的室内部件	0.55	0.55	0.55	250	280	300
③有冻害和除冰剂的潮湿环境	经受冻害和除冰剂作用的室内和室外部件	0.50	0.50	0.50	300	300	300

注：1. 当用活性掺和料取代部分水泥时，表中的最大水灰比及最小水泥用量即为替代前的水灰比和水泥用量。
2. 配制C15级及其以下等级的混凝土，可不受本表限制。

现按下列条件：强度标准差按表7-2；回归系数按规程提供的值，见表7-3所列；水泥强度等级参照水泥强度等级的选择表，实际强度举两例，一为按强度等级无富余，即 $f_{ce} = f_{ce,g}$；二为按富余系数为1.08，即 $f_{ce} = 1.08 f_{ce,g}$。

将混凝土强度 C15～C50 代入式(7-5)或式(7-6)，碎石混凝土的水灰比值见表7-5所列，卵石混凝土的水灰比值见表7-6所列，可供使用时对照。

7.1.3.5 基本参数

本节讨论的基本参数是用水量、水泥用量和砂率。用水量和砂率是通过经验积累由规程提供的。水泥用量是根据水灰比计算的。

(1) 用水量

用水量是根据粗集料的品种、粒径和施工对混凝土的坍落度的要求而选用的。

混凝土坍落度的选用，请参阅表7-7。

表 7-5　碎石混凝土的水灰比值

混凝土/MPa			水泥/MPa			式(7-5)的参数			水灰比
强度等级	标准差	配制强度	强度等级	富余系数	实际强度	$0.46f_{ce}$	$0.0322f_{ce}$	$f_{cu,0}+0.0322f_{ce}$	
C	σ	$f_{cu,0}$	$f_{ce,g}$	γ_c	f_{ce}				W/C
15	4	21.58	32.5	1.00	32.5	14.95	1.0465	22.6265	0.6607
				1.08	35.1	16.146	1.1302	22.7102	0.7109
20	5	27.23	32.5	1.00	32.5	14.95	1.0465	29.2765	0.5106
				1.08	35.1	16.146	1.1302	29.3602	0.5499
			42.5	1.00	42.5	19.55	1.3685	29.5985	0.6605
				1.08	45.9	21.114	1.4780	29.7080	0.7107
25	5	33.23	32.5	1.00	32.5	14.95	1.0465	34.2765	0.4361
				1.08	35.1	16.146	1.1302	34.3602	0.4699
			42.5	1.00	42.5	19.55	1.3685	34.5985	0.5651
				1.08	45.9	21.114	1.4780	34.7080	0.6083
30	5	37.23	32.5	1.00	32.5	14.95	1.0465	39.2765	0.3806
				1.08	35.1	16.146	1.1302	39.3902	0.4102
			42.5	1.00	42.5	19.55	1.3685	39.5985	0.4937
				1.08	45.9	21.114	1.4780	39.7080	0.5317
35	5	43.23	42.5	1.00	42.5	19.55	1.3685	44.5985	0.4383
				1.08	49.9	21.114	1.4780	44.7080	0.4723
			52.5	1.00	52.5	24.15	1.6905	44.9205	0.5376
				1.08	56.7	26.082	1.8257	45.0557	0.5789
40	6	49.87	42.5	1.00	42.5	19.55	1.3685	51.2385	0.3815
				1.08	45.9	21.114	1.4780	51.3480	0.4112
			52.5	1.00	52.5	24.15	1.6905	51.5605	0.4684
				1.08	56.7	26.082	1.8257	51.6957	0.5045
45	6	54.87	52.5	1.00	52.5	24.15	1.6905	56.5605	044270
				1.08	56.7	26.082	1.8257	56.6957	0.4600
			62.5	1.00	62.5	27.75	2.0125	56.8825	0.5054
				1.08	67.5	31.05	2.1735	57.0435	0.5443
50	6	59.87	52.5	1.00	52.5	24.15	1.6905	61.5605	0.3923
				1.08	56.7	26.082	1.8257	61.6957	0.4228
			62.5	1.00	62.5	27.75	2.0125	61.8825	0.4646
				1.08	67.5	31.05	2.1735	62.0435	0.5005
55	6	64.87	62.5	1.00	62.5	27.75	2.0125	66.8825	0.4299
				1.08	67.5	31.05	2.1735	67.0435	0.4631

表 7-6 卵石混凝土的水灰比值

混凝土/MPa			水泥/MPa			式(7-6)的参数			水灰比
强度等级	标准差	配制强度	强度等级	富余系数	实际强度				
C	σ	$f_{cu,0}$	$f_{ce,g}$	γ_c	f_{ce}	$0.48f_{ce}$	$0.1584f_{ce}$	$f_{cu,0}+0.1584f_{ce}$	W/C
15	4	21.58	32.5	1.00	32.5	15.60	5.148	26.728	0.5837
				1.08	35.1	16.85	5.560	27.140	0.6209
20	5	27.23	32.5	1.00	32.5	15.60	5.148	33.378	0.4674
				1.08	35.1	16.85	5.560	33.790	0.4987
			42.5	1.00	42.5	20.40	6.732	34.962	0.5835
				1.08	45.9	22.03	7.271	35.501	0.6205
25	5	33.23	32.5	1.00	32.5	15.60	5.148	37.378	0.4065
				1.08	35.1	16.85	5.560	37.790	0.4344
			42.5	1.00	42.5	20.40	6.732	39.962	0.5105
				1.08	45.9	22.03	7.271	40.501	0.5439
30	5	37.23	42.5	1.00	42.5	20.04	6.732	44.962	0.4537
				1.08	45.9	22.03	7.271	45.501	0.4842
			52.5	1.00	52.5	25.20	7.316	46.546	0.5414
				1.08	56.7	27.216	7.981	47.211	0.5763
35	5	43.23	42.5	1.00	42.5	20.40	6.732	49.962	0.4083
				1.08	49.9	22.03	7.271	50.501	0.4362
			52.5	1.00	52.5	25.20	7.316	51.546	0.4889
				1.08	56.7	27.216	7.981	52.211	0.5213
40	6	49.87	52.5	1.00	52.5	25.20	7.316	57.186	0.4331
				1.08	56.7	27.216	7.981	57.851	0.4632
			62.5	1.00	62.5	30.000	9.900	59.770	0.5019
				1.08	67.5	32.4000	10.692	60.562	0.5350
45	6	54.87	52.5	1.00	52.5	25.2000	7.316	63.186	0.3988
				1.08	56.7	27.220	7.981	63.851	0.4269
			62.5	1.00	62.5	30.00	9.900	64.770	0.4263
				1.08	67.5	32.40	10.692	65.562	0.4942
50	6	59.87	62.5	1.00	62.5	30.00	9.900	69.77	0.4300
				1.08	67.5	32.40	10.692	70.562	04.592
55	6	64.87	62.5	1.00	62.5	30.00	9.900	74.77	0.4012
				1.08	67.5	32.40	10.692	75.562	0.4288

表 7-7　混凝土浇筑时的坍落度　　　　　　　　　　单位：mm

结　构　种　类	坍落度
基础或地面等的垫层、无配筋的大体积结构(挡土墙、基础等)或配筋稀疏的结构	10～30
板、梁和大型中型截面的柱子等	30～50
配筋密列的结构(薄壁、斗仓、筒仓、细柱等)	50～70
配筋特密的结构	70～90

注：1. 本表系采用机械振捣混凝土时的坍落度，当采用人工捣实混凝土时其值可适当增大。
　　2. 当需要配制大坍落度混凝土时，应掺用外加剂。
　　3. 曲面或斜面结构混凝土的坍落度应根据实际需要另行选定。
　　4. 轻集料混凝土的坍落度，宜比表中数值减少 10～20mm。
　　5. 泵送混凝土的坍落度宜为 80～180mm。

用水量见表 7-8 及表 7-9 所列。并请注意下列事项。

① 此两表只适用于水灰比在 0.4～0.8 范围内使用。

② 水灰比小于 0.4 的混凝土以及采用特殊成型工艺的混凝土用水量，应通过试验确定。

③ 流动性和大流动性混凝土的用水量，可以表 7-9 中坍落度 90mm 用水量为基数，按坍落度每增加 20mm，用水量增加 5kg 的幅度，计算所得的用水量即为未掺用外加剂时的混凝土用水量。

④ 掺用外加剂时，混凝土的用水量。

表 7-8　每立方米干硬性混凝土的用水量　　　　　　单位：kg

拌和物稠度		卵石最大粒径			碎石最大粒径		
项目	指标	10mm	20mm	40mm	16mm	20mm	40mm
维勃稠度	16～20s	175	160	145	180	170	155
	11～15s	180	165	150	185	175	160
	5～10s	185	170	155	190	180	165

表 7-9　每立方米塑性混凝土的用水量　　　　　　单位：kg

拌和物稠度		卵石最大粒径				碎石最大粒径			
项目	指标	10mm	20mm	31.5mm	40mm	16mm	20mm	31.5mm	40mm
坍落度	10～30mm	190	170	160	150	200	185	175	165
	35～50mm	200	180	170	160	210	195	185	175
	55～70mm	210	190	180	170	220	205	195	185
	75～90mm	215	195	185	175	230	215	205	195

注：1. 本表用水量系采用中砂时的平均取值。采用细砂时，每立方米混凝土用水量可增加 5～10kg；采用粗砂时，则可减少 5～10kg。
　　2. 掺用各种外加剂或掺和料时，用水量应相应调整。

（2）水泥用量

每立方米混凝土水泥用量可按式(7-8)计算。

$$m_{c0} = \frac{m_{w0}}{(W/C)} \tag{7-8}$$

式中，m_{c0} 为水泥用量，kg；m_{w0} 为水用量，kg；W/C 为水灰比。

（3）砂率

砂率是指砂在集料总量中的百分率。其理论值为：

$$\beta_s = \alpha \cdot \frac{\rho_s P_g}{\rho_s P_g + \rho_g} \tag{7-9}$$

式中，β_s 为砂率，%；α 为拨开系数，用机械振捣成型，取 $1.1\sim1.2$；用人工捣固，取 $1.2\sim1.4$；ρ_s 为砂的堆积密度，kg/m^3；P_g 为石子的空隙率，%；ρ_g 为石子的堆积密度，kg/m^3。

砂率对混凝土强度影响不大，但对新拌混凝土的稠度、黏聚性和保水性有一定影响。同时，砂率也受下列因素的影响：粗集料粒径大，则砂率小；细砂的砂率应小，粗砂的砂率应大；粗集料为碎石，则砂率大，粗集料为卵石，则砂率小；水灰比大则砂率大，水灰比小则砂率小；水泥用量大则砂率小，水泥用量小则砂率大。

因此，砂率很难用计算决定，往往参考当地历史资料作参考。如无当地资料可参考时，可参考表 7-10 选用。

表 7-10　混凝土的砂率　　　　　　　　　　　　　　单位：%

水灰比 (W/C)	卵石最大粒径			碎石最大粒径		
	10mm	20mm	40mm	16mm	20mm	40mm
0.40	26～32	25～31	24～30	30～35	29～34	27～32
0.50	30～35	29～34	28～33	33～38	32～37	30～35
0.60	33～38	32～37	31～36	36～41	35～40	33～38
0.70	36～41	36～41	34～39	39～44	38～43	36～41

注：1. 本表数值系中砂的选用砂率，对细砂或粗砂，可相应地减少或增大砂率。
2. 只用一个单粒级粗集料配制混凝土时，砂率应适当增大。
3. 对薄壁构件，砂率取偏大值。
4. 本表中的砂率系指砂与集料总量的重量比。

如按表 7-10 选用砂率时，可按照下列 3 种情况作必要的调整。

① 坍落度为 $10\sim60mm$ 的混凝土砂率，可根据粗集料品种、粒径及水灰比按表 7-10 选取。

② 坍落度大于 60mm 的混凝土砂率，可经试验确定，也可在表 7-10 的基础上，按坍落度每增大 20mm，砂率增大 1% 的幅度予以调整。

③ 坍落度小于 10mm 的混凝土，其砂率应经试验确定。

④ 对薄壁构件砂率应采用偏大值。

⑤ 如粗集料只用一个单粒级配制混凝土时，砂率应适当增大。

7.1.3.6　集料用量的两种计算法

经过以上的叙述，4 种基本材料已解决了水和水泥的用量。未知的砂和石子用量计算有两种方法：重量法和体积法。两种方法所得的结果基本接近。分别介绍如下。

（1）重量法

① 依据　重量法计算配合比的依据是假定混凝土的总量等于所投放材料的总量。其表达式：

$$m_{c0}+m_{g0}+m_{s0}+m_{w0}=m_{cp} \tag{7-10}$$

式中，m_{c0} 为每立方米混凝土的水泥用量，kg；m_{g0} 为每立方米混凝土的粗集料用量，kg；m_{s0} 为每立方米混凝土的细集料用量，kg；m_{w0} 为每立方米混凝土的用水量，kg；m_{cp} 为每立方米混凝土拌和物的假定总用量，kg，其值可按表 7-11 选用。

表 7-11　普通混凝土的假定总量（m_{cp}）

项目　　混凝土强度等级	≤C15	C20～C35	≥C40
假定每立方米总量/kg	2360	2400	2450

② 砂石总用量及个别用量的计算 砂石总用量可将式（7-10）移项便得：

$$m_{g0} + m_{s0} = m_{cp} - m_{c0} - m_{w0} \qquad (7\text{-}11)$$

砂石个别用量可利用砂率计算，因

$$\beta_s = \frac{m_{s0}}{m_{s0} + m_{g0}} \times 100\% \qquad (7\text{-}12)$$

砂的用量

$$m_{s0} = \beta_s (m_{s0} + m_{g0}) \qquad (7\text{-}13)$$

石的用量

$$m_{g0} = (m_{s0} + m_{g0}) - m_{s0} \qquad (7\text{-}14)$$

式中，β_s 为砂率，%。

（2）体积法

① 依据 体积法是以所投放材料的总体积 1m³，能完成混凝土工作量为 1m³ 体积。用公式表示：

$$\frac{m_{c0}}{\rho_c} + \frac{m_{g0}}{\rho_g} + \frac{m_{s0}}{\rho_s} + \frac{m_{w0}}{\rho_w} + 0.01\alpha = 1 \qquad (7\text{-}15)$$

$$V_c + V_g + V_s + V_w + 0.01\alpha = 1m^3 \qquad (7\text{-}16)$$

式中，ρ_c 为水泥密度，kg/m³，可取 2900～3100；ρ_g 为粗集料的表观密度，kg/m³；ρ_s 为细集料的表观密度，kg/m³；ρ_w 为水的密度，kg/m³，可取 1000；α 为混凝土含气量的百分数，在不使用引气型外加剂时，$\alpha = 1$；V_c、V_g、V_s、V_w 为依次代表水泥、石子、砂、水的体积，m³。

② 运算

a. 向实验室了解水泥、砂、石子的密度；

b. 将已知的水、水泥的用量换算为体积，按式（7-17）计算：

$$V = \frac{m}{\rho} \qquad (7\text{-}17)$$

式中，V 为体积，m³；m 为材料用量，kg；ρ 为材料密度，kg/m³。

c. 计算砂、石的总体积及个别体积，公式如下。

$$(V_g + V_s) = 1 - V_c - V_w - 0.01\alpha \qquad (7\text{-}18)$$

$$V_s = \beta_s (V_s + V_g) \qquad (7\text{-}19)$$

$$V_g = (V_g + V_s) - V_s \qquad (7\text{-}20)$$

d. 将体积比的配合比换算成重量比，以便于搅拌站使用。

（3）初步配合比

上列四种材料得出后，通常按一定次序列出，并以水泥的用量为 100%，算出其他三种材料的比值，即：

$$\frac{m_{w0}}{m_{c0}} : \frac{m_{c0}}{m_{c0}} : \frac{m_{s0}}{m_{c0}} : \frac{m_{g0}}{m_{c0}} \qquad (7\text{-}21)$$

7.1.4 综合例题

【例 7-2】 某多层钢筋混凝土框架结构房屋，柱、梁、板混凝土设计的结构强度为 C25 级（据例 7-1 计算，其配制强度为 31.00MPa）。设计图梁柱的最小截面为 240mm，钢筋最小间距为 39mm，楼板厚度为 90mm。用轻型振动器振捣，要求用普通硅酸盐水泥、中砂和碎石。请用重量法及体积法分别设计混凝土配合比。

解：（1）选料

① 水泥　按题意，可用普通硅酸盐水泥。其强度等级参照水泥强度等级的选择表，选用 $f_{ce,g}=32.5\mathrm{MPa}$ 级。因无 28d 抗压强度实测值，但查随货质量证明，其富余系数可达 1.08，要求按实际强度 $f_{ce}=35.1\mathrm{MPa}$ 使用。

② 碎石　其品种可用当地生产的花岗岩，其最大粒径为 31.5mm（经查表知未超过规定）。可选用连续级配为 5～31.5mm 的、密度不小于 $2.6\times10^3\mathrm{kg/m^3}$ 的合格碎石。

③ 砂　可采用当地生产的符合标准的河砂。其细度模数为 2.7～3.4 的中粗砂。

④ 水　用当地的自来水。

⑤ 坍落度　施工部门浇筑时使用轻型振动器，按表 7-7，选用坍落度为 35～50mm。

⑥ 回归系数　按表 7-3 取值：碎石 $a_a=0.46$，$a_b=0.07$。

（2）运算

① 计算强度标准差　见例 7-1。

② 计算配制强度 $f_{cu,0}$　引用式(7-2)，见例 7-1。

③ 计算水灰比　引用式(7-5)，各值代入：

$$\frac{W}{C}=\frac{0.46\times35.1}{31+0.0322\times35.1}=0.5025$$

④ 确定用水量　查表 7-9，当坍落度为 35～50mm、碎石为 31.5mm，其相交值为 185kg，即为本题的每立方米混凝土用水量。

⑤ 计算水泥用量　引用式(7-8)，各值代入，得每立方米混凝土用水泥量

$$m_{c0}=\frac{185}{0.5}=370\quad(\mathrm{kg})$$

⑥ 确定砂率　查表 7-10，水灰比取 0.5，碎石粒径设计为 31.5mm，但表上只有 20mm 和 40mm，取此两值的平均值为 33.5%，即为本题的砂率。

⑦ 分别用重量法及体积法运算

重量法如下。

每立方米混凝土的集料总用量，引用式(7-11)：

$$m_{g0}+m_{s0}=2400-185-370=1845\quad(\mathrm{kg})$$

每立方米混凝土砂用量，引用式(7-13)：

$$m_{s0}=0.335\times1845=618\quad(\mathrm{kg})$$

每立方米混凝土石子用量，引用式(7-14)：

$$m_{g0}=1845-618=1227\quad(\mathrm{kg})$$

按重量法配合计算结果，每立方米混凝土用量列出如下：

$$m_{w0}=185\mathrm{kg}$$
$$m_{c0}=370\mathrm{kg}$$
$$m_{s0}=618\mathrm{kg}$$
$$m_{g0}=1227\mathrm{kg}$$

据式(7-21)，综合配合比为：

$$m_{w0}:m_{c0}:m_{s0}:m_{g0}=185:370:618:1227=0.5:1:1.67:3.316$$

体积法如下。

a. 补充几个参数：

水泥密度 $\rho_c=3.1\times10^3\mathrm{kg/m^3}$

水的密度 $\rho_w=1.0\times10^3\mathrm{kg/m^3}$

砂的密度 $\rho_s = 2.65 \times 10^3 \, \text{kg/m}^3$

碎石的密度 $\rho_g = 2.67 \times 10^3 \, \text{kg/m}^3$

将水、水泥用量代入式(7-17)，则 1m^3 混凝土中：

$$水的用量 = \frac{185}{1.0 \times 10^3} = 185 \times 10^{-3} \quad (\text{m}^3)$$

$$水泥用量 = \frac{370}{3.1 \times 10^3} = 119.35 \times 10^{-3} \quad (\text{m}^3)$$

$$设含气量 = 10 \times 10^{-3} \text{m}^3$$

b. 每立方米混凝土集料总用量，引用式(7-18)：

$$(V_s + V_g) = 1 - 185 \times 10^{-3} - 119.35 \times 10^{-3} - 10 \times 10^{-3} = 685.65 \times 10^{-3} \quad (\text{m}^3)$$

c. 每立方米混凝土砂的用量，引用式(7-19)：

$$m_{s0} = 0.335 \times 685.65 \times 10^{-3} = 229.70 \times 10^{-3} \quad (\text{m}^3)$$

d. 每立方米混凝土石子的用量，引用式(7-20)：

$$m_{g0} = (685.65 - 229.7) \times 10^{-3} = 455.95 \times 10^{-3} 取 456 \times 10^{-3}$$

e. 为便于施工，转换为每立方米混凝土中各材料重量：

$$m_{s0} = 229.7 \times 10^{-3} \times 2.65 \times 10^3 = 609 \quad (\text{kg/m}^3)$$

$$m_{g0} = 456 \times 10^{-3} \times 2.67 \times 10^3 = 1218 \quad (\text{kg})$$

据式(7-21)，综合配合比为：

$$m_{w0} : m_{c0} : m_{s0} : m_{g0} = 185 : 370 : 609 : 1218 = 0.5 : 1 : 1.65 : 3.292$$

表 7-12　混凝土配合比重量法计算表

序号	项　目	计算公式或应查表号	计算结果
①	强度标准差	$\sigma = \sqrt{\dfrac{\sum_{i=1}^{N} f_{cu,i}^2 - N\mu_{fcu}^2}{N-1}}$	3.6MPa
②	配制强度	$f_{cu,0} \geqslant f_{cu,k} + 1.645\sigma$	31.0MPa
③	水泥实际强度	快速测定，或按下式计算 $f_{ce} = \gamma_c f_{ce,g}$	35.1MPa
④	水灰比	$W/C = \dfrac{\alpha_a f_{ce}}{f_{cu,0} + \alpha_a \cdot \alpha_b \cdot f_{ce}}$	0.50
⑤	坍落度	表 7-7	35～50mm
⑥	粗集粒最大粒径		31.5mm
⑦	用水量(每立方米混凝土)	表 7-8、表 7-9	185kg
⑧	水泥用量(每立方米混凝土)	$m_{c0} = \dfrac{m_{w0}}{(W/C)}$	370kg
⑨	复查水灰比值及水泥用量	表 7-4	合格
⑩	砂率	表 7-10	33.5%
⑪	混凝土假定总量(每立方米)	表 7-11,计算按下式 $m_{c0} + m_{g0} + m_{s0} + m_{w0} = m_{cp}$	2400kg
⑫	粗、细集料总量(每立方米混凝土)	$m_{g0} + m_{s0} = m_{cp} - m_{c0} - m_{w0}$	1845kg
⑬	砂用量(每立方米混凝土)	$m_{s0} = \beta_s(m_{s0} + m_{g0})$	618kg
⑭	石子用量(每立方米混凝土)	$m_{g0} = (m_{s0} + m_{g0}) - m_{s0}$	1227kg
⑮	配合比： $m_{w0} : m_{c0} : m_{s0} : m_{g0} = 185 : 370 : 618 : 1227$	$\dfrac{m_{w0}}{m_{c0}} : \dfrac{m_{c0}}{m_{c0}} : \dfrac{m_{s0}}{m_{c0}} : \dfrac{m_{g0}}{m_{c0}} = 0.5 : 1 : 1.67 : 3.316$	

注：如改为体积法计算法，序号①～⑩均相同。

（3）表格法运算

表格法运算是将分类法简化成表格，重量法及体积法均适用。更适合经常有配合比设计工作的部门。当各种数据汇集齐后，在很短时间内便可得出结果。

表 7-12 是以例 7-2 的重量法采用表格法运算示例。计算结果与例 7-2 相同。

7.1.5　试配、调整及确定

7.1.5.1　试配

混凝土配合比设计完成后必须进行试配。试配的作用是检验配合比是否与设计要求相符。如不符合，应进行调整。

试配工作应注意下列几点。

① 所用的设备及工艺方法应与生产时的条件相同。

② 所使用的粗细集料应处于干燥状态。

③ 每盘的拌和量：当粗集料粒径 ≤ 31.5mm 时，试配量应 ≥ 0.015m³；最大粒径为 40mm 时，试配量应 ≥ 0.025m³。

④ 材料的总量应不少于所用搅拌机容量的 25%。

⑤ 混凝土试配项目次序的安排应为：稠度、强度、用料量，每个项目经过试配、调整符合设计要求后，方可再安排下个项目的试配和调整。

7.1.5.2　稠度的调整

（1）检测

稠度的调整应从检测三个项目入手。一是黏聚性，二是泌水性，三是坍落度。

按试配要求拌好拌和物后，可先观测前两个项目：随意取少量拌和物置于手掌内，两手用力将之捏压成不规则的球状物，放手后如拌和物仍成团不散不裂，则黏聚性好。如有水分带有水泥微粒流出，则表示泌水性大。

坍落度试验，可用坍落度筒法，当坍落度筒垂直平稳提起时，筒内拌和物向下坍落，将有 4 种不同形态出现，如图 7-3 所示。图 7-3(a) 为无坍落度或坍落度很少；图 7-3(b) 为有坍落度，用直尺测量其与坍落度筒顶部的高差，为坍落度值，如与设计值相符，便视为合格；图 7-3(c) 则表示砂浆少、黏聚性差；图 7-3(d) 如不是有意拌制大流动性混凝土，则可

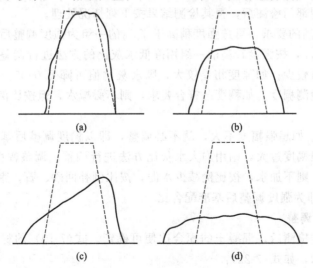

图 7-3　坍落度的形状

能坍落度过大。

　　另外，还可对已坍落拌和物的黏聚性再进行观测，用捣棒轻轻敲击试体的两侧，如试体继续整体下沉，则黏聚性良好；如试体分块崩落或出现离析，表示黏聚性不够好。

　　对已坍落的试体，可同时作泌水性观测：如有含细颗粒的稀浆水自试体表面流出，则是泌水性较大。

　　（2）调整

　　① 坍落度调整　　如坍落度如图 7-3（a），则拌和物属于干硬性混凝土。如坍落度过小，可采取两种措施：一是维持原水灰比，略微增加用水量和水泥用量；二是略为加大砂率。如坍落度过大，也是维持原水灰比，略微减少用水量和水泥用量，或减少砂率。

　　② 黏聚性调整　　黏聚性不好有两种原因，一是粗集料过多，水泥砂浆不足；二是水泥砂浆过多。应对原配合比仔细分析，针对原因采取措施。

　　③ 泌水性调整　　泌水性大，有可能降低混凝土强度，解决措施是减少用水量，但不减水泥。

　　④ 调整幅度　　进行调整时，每次调幅应以 1‰ 为限。一次未能解决，则多次逐步进行，直至符合要求。调整时，应按前述流程重新计算用量。

　　稠度调整合格的配合比，亦即是下一个项目强度试验的基准配合比。

7.1.5.3　强度的检测及调整

　　强度的检测，是以稠度调整后的基准配合比为对象。

　　制作强度试件时，应按石子最大粒径选用模型：

　　当石子最大粒径为 31.5mm 时，用 100mm×100mm×100mm 试模；

　　当石子最大粒径为 40mm 时，用 150mm×150mm×150mm 试模；

　　当石子最大粒径为 60mm 时，用 200mm×200mm×200mm 试模。

　　强度试件制作 3 组，每组 3 块。一组按稠度调整后的基准配合比制作，称为基准组；一组按基准组的水灰比加大 0.05 计算其配合比制作，称为加水基准组；一组按基准组的水灰比减少 0.05 计算其配合比制作，称为减水基准组。

　　此 3 组试件如时间允许可用 28d 或 3d 的标准养护试件进行对比；亦可按《JGJ 15—83 早期推定混凝土强度试验方法》的方法，用早期强度推定其强度。

　　试件强度经检测部门检测后，视其检测结果按下列情况处理。

　　① 强度满足 $f_{cu,0}$ 的要求，可选强度稍高于 $f_{cu,0}$ 的一组为强度调整后的基准配合比。

　　② 强度低于 $f_{cu,0}$，按强度较高的一组用降低水灰比的方法进行调整。如强度已比较接近，水灰比降低值可较少；如强度相差较大，则水灰比值可降低 0.05，再制作 3 组试件试验。此时，应同时检测稠度，如稠度已符合要求，则不必减水，但按比例加水泥。直至强度满足要求。

　　③ 强度过高时，如超强幅度不大，就不必调整，即以稠度调整后基准配合比为强度调整后配合比。如超强幅度过大，则用加大水灰比方法进行调整。调整幅度视超强多少而定。如稠度已符合要求，则不加水，按比例减少水泥，按比例补回砂、石，直至强度接近或稍高于 $f_{cu,0}$。此配合比即为强度调整后基准配合比。

7.1.5.4　用料量的调整

　　经过稠度和强度检测后，混凝土的配合比便可确定。式（7-10）的材料计算，可以改用表观密度计算值表示，如式（7-22）：

$$\rho_{c,c} = m_w + m_c + m_s + m_g \tag{7-22}$$

但混凝土成型后（例如试件）的表观密度实测值与计算值可能不一致。当出现差异时，应进行调整。其校正系数如式（7-23）。

当 δ 值的绝对值<2%时，可不进行调整；如>2%时，则应进行调整。

$$\delta = \frac{\rho_{c,t}}{\rho_{c,c}} \tag{7-23}$$

式中，$\rho_{c,t}$ 为混凝土表观密度实测值，kg/m^3；$\rho_{c,c}$ 为混凝土表观密度计算值，kg/m^3；δ 为校正系数。

【例7-3】 C20级混凝土配合比，经稠度及强度试验后，确定配合比如下（每立方米混凝土中各成分的用量）：$m_w = 170kg$、$m_c = 293kg$、$m_s = 678kg$、$m_g = 1259kg$，总用量为 2400kg。按照试件实测其表观密度为 2460kg/m^3。请计算其校正系数及确定其调整后的配合比。

解：$\delta = \dfrac{2460}{2400} = 1.025$

校正系数>2%，应再作调整。

调整后每立方米混凝土中各成分的用量：

$$m_w = 170 \times 1.025 = 174.25 \ (kg)$$
$$m_c = 293 \times 1.025 = 300.33 \ (kg)$$
$$m_s = 678 \times 1.025 = 694.95 \ (kg)$$
$$m_g = 1259 \times 1.025 = 1290.48 \ (kg)$$

其原来配合比为 0.58：1：2.314：4.297，不变。

【例7-4】 某混凝土配合比，其表观密度实测值为 2360kg/m^3，其表观密度计算值为 2400kg/m^3。请计算其校正系数，是否对原来配合比用料进行调整。

解：$\delta = \dfrac{2360}{2400} = 98.33\%$

其校正系数绝对值<2%，可不再作调整。

7.2 高性能混凝土配合比设计

随着现代化科学技术和生产的发展，各种超长、超高、超大型混凝土构筑物，以及在严酷环境下使用的混凝土结构，如高层建筑、跨海大桥、海底隧道、核反应堆、有毒害、放射性废物处理工程的使用和修建，高性能混凝土的需求越来越大。目前，对高性能混凝土有几种不同解释，但基本认为：高性能混凝土是一种高强度、高工作性、高耐久性的混凝土。

7.2.1 混凝土配制强度

高性能混凝土的配制强度按式（7-2）确定。

7.2.2 参数的选择

根据大量的试验、经验以及资料，现将几种参数的选用，根据不同情况在下面列出，可作为参考。

7.2.2.1 水泥

混凝土中水泥用量过多会产生多种不利后果，如会产生大量的水化热，收缩增加而引起裂缝的发生。因此配制高性能混凝土用的水泥宜用 52.5 级或更高强度的硅酸盐水泥或普通硅酸盐水泥，水泥用量取 $400\sim550kg/m^3$。

7.2.2.2 水

高性能混凝土拌和用水用饮用水。水灰比则是控制混凝土强度的重要参数，水灰比愈小，配制的混凝土强度愈高，高性能混凝土的水灰比一般小于 0.4，而水灰比的降低使混凝土工作性变坏，可通过加入高效减水剂来解决。掺减水剂时混凝土的用水量可由式(7-24)求得：

$$m_w = m_{w_a}(1-\beta) \qquad (7-24)$$

式中，m_w 为掺减水剂混凝土每立方米中的用水量，kg；m_{w_a} 为未掺减水剂混凝土每立方米中的用水量，kg；β 为减水剂的减水率。

水的用量参考表 7-13。

表 7-13 推荐用水量

混凝土强度等级	C50	C60	C70	C80	C90	C100
用水量/(kg/m³)	185	175	165	155	145	135

7.2.2.3 水灰比

高性能混凝土水灰比大小可参考表 7-14。

表 7-14 高性能混凝土水灰比推荐选用表

混凝土强度等级	C50	C60	C70	C80	C90	C100
水灰比	0.37～0.33	0.34～0.30	0.31～0.27	0.28～0.24	0.25～0.21	0.23～0.19

7.2.2.4 砂率

砂率的大小可参考表 7-15 选用。

表 7-15 高性能混凝土砂率选用表

胶凝材料总量/(kg/m³)	400～450	450～500	500～550	550～600
砂率/%	40	38	36	34

7.2.2.5 高效减水剂

高效减水剂是配制高性能混凝土的重要组分，高效减水刘的掺入，可以大大降低混凝土的水灰比，增加流动性，使坍落度达到 200mm 左右，有利于施工。不同的减水剂其掺量有所不同，用量一般为胶凝材料的 0.5%～1.8%，如 NF、FDN，一般选用 1%左右。高效减水剂掺量愈大，减水效果愈好，但掺量超过一定值后，就不再明显，同时超量也不经济，因此高效减水剂掺量要适中，具体掺量可经试配决定。

7.2.2.6 超细粉状矿物活性材料

我国目前粉煤灰取代水泥多采用超量系数取代法，超量系数一般为 1.2～1.4，即用 1.2～1.4kg 粉煤灰取代 1kg 水泥。

硅粉、沸石粉和超细矿渣可等量替换水泥，在其他条件不变的情况下，掺入其中的一种大约水泥质量 10%时，流动性不降低（有的甚至有改善），混凝土强度提高 10%左右。矿物掺和料掺入量，单独掺入粉煤灰时取 10%～30%，掺入硅粉时，取 5%～10%，掺入沸石粉时，取 10%，也可同时掺入粉煤灰和硅粉等。在配制高性能混凝土时掺入矿物活性材料增加了胶凝材料的绝对体积，应减少部分砂量。

7.2.3 高性能混凝土配合比确定

高性能混凝土配合比计算步骤同 7.1.3。

7.2.4 综合例题

【例 7-5】 珠江牌 52.5 级硅酸盐水泥，粗集料为石灰岩碎石，粒径为 5～20mm，表观密度 2.62g/cm³，砂为中粗砂，细度模数 2.8，表现密度 2.62g/cm³，掺加高效减水剂，要求配制坍落度 200mm，强度等级为 C60 的高性能混凝土。

解：用表观密度法（2500kg/m³）计算：

① 取水泥用量为 550 kg/m³，水灰比为 0.32，用水量为 175 kg/m³，砂率为 36%。

② 按表观密度法和砂率得以下方程

$$\begin{cases} m_{c0}+m_{g0}+m_{s0}+m_{w0}=2500 \\ \dfrac{m_{s0}}{m_{s0}+m_{g0}}\times 100\%=36\% \end{cases}$$

将已知带入得：$m_{s0}=639$kg/m³ $\quad m_{g0}=1136$kg/m³

③ 试配实测表观密度为 2457kg/m³，故校正系数 $K=2457/2500=0.983$，所以单方混凝土材料用量为：

$$m_{w0}=172\text{kg} \quad m_{c0}=541\text{kg} \quad m_{s0}=628\text{kg} \quad m_{g0}=1116\text{kg}$$

④ 试配检验强度和流动性。以水灰比 0.30、0.32、0.34 拌制混凝土，加入适量高效减水剂，控制坍落度在 200mm 左右，结果见表 7-16 所列，抗压强度与水灰比的关系如图 7-4 所示。

表 7-16 混凝土试配原材料及试验结果

编号	W/C	单方混凝土材料用量/(kg/m³)				高效减水剂/%	坍落度/mm	抗压强度/MPa	
		水	水泥	砂	石			7d	28d
1	0.30	172	573	613	1100	1.2	170	60	74
2	0.32	172	541	628	1116	1.1	190	58	70
3	0.34	172	505	640	1133	1.0	200	54	67

从表 7-16 中数据可知，水灰比 0.32 的混凝土 28d 的抗压强度为 70MPa，满足 C60 混凝土的强度要求，可初步确定其为试验室配合比。用此配合比进行批量试验，在标准条件下养护 28d，该批混凝土 28d 龄期立方抗压强度平均值为 70.38MPa，最小值为 64MPa，标准差为 4.32MPa，能满足要求。

高性能混凝土中，为了增加强度，改善其性能，大多掺有矿物掺和材料。以掺粉煤灰的高性能混凝土为例，要配制掺有粉煤灰的高性能混凝土，可根据前面基准混凝土的数据进行设计，其步骤如下：

① 根据要求，确定粉煤灰取代水泥百分率 f；

② 求出单方粉煤灰混凝土的水泥用量 m_{c0}，$m_{c0}=m'_{c0}(1-f)$；

③ 根据粉煤灰级别，确定超量系数 K；

④ 求出单方混凝土粉煤灰掺量 $m_F=K(m_{c0}-m'_{c0})$；

⑤ 求出粉煤灰超出水泥的体积；

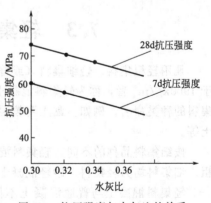

图 7-4 抗压强度与水灰比的关系

⑥ 试配、调整、确定试验室配合比;

⑦ 确定施工配合比。

【例 7-6】 同例 7-5,设计掺有粉煤灰的 C60 高性能混凝土配合比,粉煤灰采用广州黄埔电厂的 I 级粉煤灰,$\gamma_F = 2.2$(水泥 $\gamma_C = 3.1$)。

解: ① 根据例 7-4 算出的基准混凝土材料用量计算,取粉煤灰取代水泥百分率为 $f = 15\%$。

② 单方粉煤灰混凝土的水泥用量 $m_{c0} = m'_{c0}(1-f) = 550 \times (1-0.15) = 468$($kg/m^3$)

③ I 级粉煤灰,取超量系数 $K = 1.2$

④ 单方混凝土粉煤灰掺量 $m_F = K(m_{c0} - m'_{c0}) = 1.2 \times (550 - 468) = 98$($kg/m^3$)

⑤ 求出粉煤灰超出水泥部分的体积,扣除同体积的砂量,求得单方高性能混凝土的砂量。

$$m_{s0} = m'_{s0} - \left(\frac{m_{c0}}{\rho_c} + \frac{m_{F0}}{\rho_F} - \frac{m'_{c0}}{\rho_c}\right)\rho = 639 - \left(\frac{468}{3.1} + \frac{98}{2.2} - \frac{550}{3.1}\right) \times 2.62 = 591.6 \text{（kg/m}^3\text{）}$$

⑥ 单方高性能粉煤灰混凝土材料用量为:

$m_{wo} = 175kg$ $m_{co} = 468kg$ $m_{Fo} = 98kg$ $m_{so} = 592kg$ $m_{go} = 1136kg$,计算表观密度 $\rho_h = 468 + 98 + 592 + 1136 = 2294$($kg/m^3$)

⑦ 试配测得,混凝土实际表观密度为 $2455kg/m^3$,故校正系数 $K = 2455/2294 = 1.07$,所以单方混凝土材料用量为:

$m_{wo} = 174kg$ $m_{co} = 465kg$ $m_{Fo} = 97kg$ $m_{so} = 589kg$ $m_{go} = 1130kg$

其他步骤同例 7-4,最后得出满足 C60 强度要求,同时坍落度为 200mm 左右的高性能粉煤灰混凝土原材料用量及试验数据见表 7-17 所列。

表 7-17 C60 高性能粉煤灰混凝土材料用量及试验结果

$\dfrac{m_W}{m_{c0}+m_{F0}}$	$S_p/\%$	高效减水剂 $(m_{c0}+m_{F0})/\%$	材料用量/(kg/m^3)				坍落度 /mm	抗压强度/MPa	
			水	水泥	粉煤灰	砂	石		7d	28d
0.31	34	1	174	465	97	589	1130	200	58	71

7.3 轻集料混凝土配合比设计

凡用轻粗集料、轻细集料(或普通砂)、水泥和水配制成的混凝土,其干表观密度不大于 $1900kg/m^3$ 者,称为轻集料混凝土。由于所用轻集料的种类不同,轻集料混凝土都以轻集料的种类命名。例如:黏土陶粒混凝土、粉煤灰陶粒混凝土、页岩陶粒混凝土、浮石混凝土等。

按细集料品种的不同,轻集料混凝土分为全轻混凝土和砂轻混凝土两类。全轻混凝土中粗、细集料均为轻集料,砂轻混凝土中的细集料部分或全部采用普通砂。

轻集料混凝土与普通混凝土不同之处是采用了轻质集料,这些轻质集料中存在着大量孔隙,降低了集料的颗粒表观密度,从而降低了轻集料混凝土的表观密度,一般比普通混凝土的干表观密度小 20%~30%。轻集料混凝土具有许多优越的性能:轻集料混凝土的强度一般可达 CL15~CL50,最高可达 CL70。国外已获得强度达 55.5MPa,而干表观密度只有 $1660kg/m^3$ 的结构轻集料混凝土;多孔轻集料内部的孔隙,使轻集料混凝土热导率降低,保温性能提高。干表观密度为 800~$1400kg/m^3$ 的轻集料混凝土,其热导率为 0.23～0.52W/(m·K)，是一种性能良好的墙体材料。不仅强度高、整体性好，用它制作的墙体材料，在与普通砖同等保温要求下，可使墙体厚度减薄 40％以上，自重减轻 50％；轻集料混凝土由于自重轻，弹性模量小，所以抗震性能好。在地震荷载作用下，所承受的地震力小，对冲击能量的吸收快，减震效果好。轻集料混凝土热导率小，耐火性能好，在同一耐火等级的条件下，轻集料混凝土板的厚度可以比普通混凝土板减薄 20％以上。

随着建筑物不断地向高层和大跨度的方向发展，以及建筑业的工业化、机械化和装配化程序的不断提高，轻集料混凝土获得了相应的发展，并显示出优越的技术经济效果。

普通混凝土配合比设计，通常是以稠度和强度指标为设计基点。轻集料混凝土配合比设计，除稠度、强度外，应同时考虑密度（单位体积质量）。如有其他特殊要求，也要同时考虑。

7.3.1　混凝土配制强度

按式(7-2)计算配制强度。其中强度标准差应由施工单位根据式(7-1)提供，如无资料时，按表 7-1 选用。

7.3.2　参数的选择

7.3.2.1　水泥品种和强度等级

水泥品种和强度等级的选用与轻集料混凝土强度有关，见表 7-18 所列。

表 7-18　轻集料混凝土合理水泥品种和强度等级的选择

混凝土强度等级	强度等级	水泥品种
CL10 CL15 CL20	42.5	火山灰质硅酸盐水泥 矿渣硅酸盐水泥 粉煤灰硅酸盐水泥 普通硅酸盐水泥
CL20 CL25 CL30	42.5	
CL30 CL35 CL40 CL45 CL50	52.5(或 62.5)	矿渣硅酸盐水泥 普通硅硫盐水泥 硅酸盐水泥

7.3.2.2　水泥用量

水泥用量与配制强度、轻集料的密度等级有关，见表 7-19 所列。

7.3.2.3　水灰比

轻集料混凝土的最大水灰比和最小水泥用量见表 7-20 所列。

7.3.2.4　用水量

轻集料混凝土用水量有两种，一为轻集料使用前 1h 的预吸水量（称为附加水量），二为搅拌时用水量（称为净用水量）。用水量可按水泥用量、最小水灰比和稠度考虑。这里的用水量是指净用水量见表 7-21 所列。

7.3.2.5　砂率

轻集料混凝土的砂率应按体积砂率计算，见表 7-22 所列。

表 7-19 每立方米轻集料混凝土的水泥用量 单位：kg/m³

混凝土试配强度/MPa	轻集料密度等级						
	400	500	600	700	800	900	1000
<5.0	260~320	250~300	230~280				
5.0~7.5	280~360	260~340	240~320	220~300			
7.5~10		280~370	260~350	240~320			
10~15			280~350	260~340	240~330		
15~20			300~400	280~380	270~370	260~360	250~350
20~25				330~400	320~390	310~380	300~370
25~30				380~450	370~440	360~430	350~420
30~40				420~500	390~490	380~480	370~470
40~50					430~530	420~520	410~510
50~60					450~550	440~540	430~530

注：1. 表中横线以上为采用强度等级为 42.5 时的水泥用量值；横线以下为采用强度等级为 52.5 时的水泥用量值；采用强度等级为 42.5 代替 52.5 时，其用量可乘以 1.15；用强度等级为 52.5 代替 42.5 或 62.5 代替 52.5 时，其用量可乘以 0.85。

2. 表中下限值适用于圆球型和普通型轻粗集料；上限适用于碎石型轻粗集料及全轻混凝土。

3. 每立方米混凝土最高水泥用量不宜超过 550kg/m³。

表 7-20 轻集料混凝土的最大水灰比和最小水泥用量

混凝土所处的环境条件	最大水灰比	每立方米混凝土最小水泥用量/kg	
		配筋的	无筋的
不受风雪影响的混凝土	不作规定	250	225
受风雪影响的露天混凝土；位于水中及水位升降范围内的混凝土和在潮湿环境中的混凝土	0.7	275	250
寒冷地区位于水位升降范围内的混凝土和受水压作用的混凝土	0.65	300	275
严寒地区位于水位升降范围内的混凝土	0.60	325	300

注：1. 严寒地区指最寒冷月份的月平均温度低于 -15℃者；寒冷地区指最寒冷月份的月平均温度处于 -5~ -15℃者。

2. 水泥用量不包括掺和料。

表 7-21 每立方米轻集料混凝土用水量

轻集料混凝土用途	稠度		净用水量/kg
	维勃稠度/s	坍落度/mm	
预制混凝土构件			
(1)振动台成型	5~10	0~10	155~180
(2)振捣棒或平板振动器振实	—	30~50	165~200
现浇混凝土(大模、滑模)			
(1)机械振捣	—	50~70	180~210
(2)人工振捣或钢筋较密的	—	60~80	200~220

注：1. 表中值适用于圆球型和普通型轻粗集料，对于碎石型轻粗集料需按表中值增加 10kg 左右的用水量。

2. 表中值适用于砂轻混凝土，若采用轻砂时，需取轻砂 1h 吸水量为附加水量；若无轻砂吸水率数据时，也可适当增加用水量，最后按施工稠度要求进行调整。

表 7-22 轻集料混凝土的砂率

轻集料混凝土用途	细集料品种	砂率/%
预制构件用途	轻砂	35~50
	普通砂	30~40
现浇混凝土用途	轻砂	—
	普通砂	35~45

注：1. 当细集料采用普通砂和轻砂混合使用时，宜取中间值，并按普通砂和轻砂混合比例进行插入计算。
2. 采用圆球型轻粗集料时，宜取表中值下限；采用碎石型时，则取上限。

7.3.2.6 细、粗集料用量

细、粗集料的计算应用体积法。体积法对轻集料混凝土有两种，如为砂轻混凝土，则用绝对体积法（即密实体积法）；如为全轻混凝土，则用松散体积法。

密实体积法的计算公式如下。

① 砂的体积如式(7-25)，砂的用量如式(7-26)。

$$V_s = \left[1 - \left(\frac{m_c}{\rho_c} + \frac{m_w}{\rho_w} \right) \right] \tag{7-25}$$

$$m_s = V_s \times \rho_s \times 1000 \tag{7-26}$$

② 粗轻集料的体积如式(7-27)，粗轻集料的用量如式(7-28)

$$V_a = \left[1 - \left(\frac{m_c}{\rho_c} + \frac{m_w}{\rho_w} + \frac{m_s}{\rho_s} \right) \right] \tag{7-27}$$

$$m_a = V_a \rho_{ap} \tag{7-28}$$

式中，V_s 为每立方米混凝土的细集料体积，m^3；m_s 为每立方米混凝土的细集料用量，kg；m_c 为每立方米混凝土的水泥用量，kg；m_w 为每立方米混凝土的净用水量，kg；V_a 为每立方米混凝土的轻粗集料体积，m^3；m_a 为每立方米混凝土的轻粗集料用量，kg；ρ_c 为水泥的相对密度，可取 $\rho_c = 2900 \sim 3100$；ρ_w 为水的密度，可取 $\rho_w = 1000$；ρ_s 为细集料的密度，采用普通砂时，为砂的相对密度，可取 $\rho_s = 2600$；采用轻砂时，为轻砂的颗粒表现密度，ρ_s 单位为 g/cm^3；ρ_{ap} 为轻粗集料的颗粒表观密度，kg/cm^3。

松散体积法的计算程序如下：

前述六个程序与密实体积法相同，不另列举。细、粗集料的计算方法及程序如下。

① 确定细、粗集料密实体积与松散体积总体积的比率。总体积比率见表 7-23 所列。

表 7-23 粗细集料总体积比率

轻粗集料型	细集料品种	粗细集料总体积(m^3)比率
圆球型	轻砂	1.25~1.50
	普通砂	1.20~1.40
普通型	轻砂	1.30~1.60
	普通砂	1.25~1.50
碎石型	轻砂	1.35~1.65
	普通砂	1.30~1.60

注：1. 当采用膨胀珍珠岩砂时，宜取表中上限值；
2. 混凝土强度等级较高时，宜取表中下限值。

② 求细、粗轻集料松散体积的总体积，如式(7-29)

$$V_t = \left[1 - \left(\frac{m_c}{\rho_c} + \frac{m_w}{\rho_w} \right) / 1000 \right] \times 总体积比率 \tag{7-29}$$

③ 细轻集料的松散体积如式(7-30)。细轻集料的用量如式(7-31)。

$$V_s = V_t S_p \tag{7-30}$$

$$m_s = V_s \times \rho_{is} \tag{7-31}$$

④ 粗轻集料的松散体积如式(7-32)，粗轻集料的用量如式(7-33)。

$$V_a = V_t - V_s \tag{7-32}$$

$$m_a = V_a \rho_{ia} \tag{7-33}$$

式中，V_s，V_a，V_t 分别为细集料、粗集料和粗细集料的松散体积，m^3；m_s，m_a 分别为细集料和粗集料的用量，kg；S_p 为松散体积砂率，%；ρ_{is}，ρ_{ia} 分别为细集料和粗集料的堆积密度，kg/m^3。

7.3.2.7　复查干表观密度

干表观密度计算式如式(7-34)，计算结果与表 7-24 对比，如误差大于 3% 时，则应重新设计；

表 7-24　轻集料混凝土的密度等级

密度等级	干表观密度的变化范围/(kg/m³)	密度等级	干表观密度的变化范围/(kg/m³)
800	760~850	1400	1360~1450
900	860~950	1500	1460~1550
1000	960~1050	1600	1560~1650
1100	1060~1150	1700	1660~1750
1200	1160~1250	1800	1760~1850
1300	1260~1350	1900	1860~1950

$$\rho_{cd} = 1.15 m_c + m_a + m_s \tag{7-34}$$

7.3.2.8　总用水量

总用水量按式(7-35)计算：

$$m_{wl} = m_{wn} + m_{wa} \tag{7-35}$$

式中，m_{wl} 为每立方米混凝土的总用水量，kg；m_{wn} 为每立方米混凝土的净用水量，kg；m_{wa} 为每立方米混凝土的附加水量，kg。

7.3.2.9　外加剂和粉煤灰的掺用

粉煤灰取代水泥百分率见表 7-25 所列。

表 7-25　粉煤灰取代水泥百分率　　　　　　　　　　单位：%

混凝土强度等级	取代普通硅酸盐水泥率	取代矿渣硅酸盐水泥率
CL15 以下	15~25	10~20
CL20	10~15	10
CL25~CL30	15~20	10~15

注：1. 以 42.5 级水泥配制成的混凝土取表中下限值；以 52.5 级水泥配制成的混凝土取上限值；
2. CL20 以上的混凝土宜采用 Ⅰ、Ⅱ 级粉煤灰，CL15 以下的混凝土可采用 Ⅲ 级粉煤灰。
3. 在预应力混凝土中的取代水泥率，普通硅酸盐水泥不大于 15%；矿渣硅酸盐水泥不大于 10%。
4. 钢筋轻集料混凝土的粉煤灰取代水泥率不宜大于 15%。
5. 根据粉煤灰级别和混凝土强度等级，需超量取代时，其超量取代系数为 1.2~2.0。

7.3.3　试配、调整及确定配合比

请参照 7.1.5 节的程序及方法进行。

7.3.4 综合例题

【例 7-7】 某批量生产的预制粉煤灰陶粒混凝土墙板，设计强度为 CL20 级，密度等级为 1600kg/m³，坍落度要求为 30～50mm，粉煤灰陶粒最大粉径为 15mm，细集料为天然的河砂，细度模数为 2.7～3.0，请设计砂轻混凝土的配合比。

解：① 测得各项参数

轻粗集料的干表观密度为 1250kg/m³，筒压强度为 4.0MPa，1h 的吸水率为 16%；

天然砂的密度为 2600kg/m³；

强度标准差 σ 无资料，查表 7-1，σ=5.0MPa。

② 决定基本参数

配制强度按式(7-2)计算

$$f_{cu,0} = f_{cu,k} + 1.645 \times 5 = 20 + 8.225 = 28.225 \ (MPa)$$

水泥品种及强度等级，查表 7-18，用 42.5 级的普通硅酸盐水泥，其密度为 3100 kg/m³。

水泥用量，查表 7-19，定为 330kg/m³。

净用水量，查表 7-21，定为 185kg/m³。

复查水灰比，185/330=0.56、没有超过表 7-20 的规定。

砂率，查表 7-22，按表选用中间值 35%。

③ 计算 按式(7-25)及式(7-26)计算砂的体积及用量；按式(7-27)及式(7-28)计算陶粒的体积和用量：

$$V_b = 0.248 \ (m^3), \quad m_b = 644.8 \ (kg)$$
$$V_a = 0.4605 \ (m^3), \quad m_a = 575.6 \ (kg)$$

④ 复核 复核轻集料混凝土表现密度是否与设计要求相符。按式(7-34)：

$$\rho_{cd} = 1.15 \times 330 + 644.8 + 575.6 = 1599.9 \ (kg/m^3)$$

符合表 7-24 的要求。

参考资料：

为便于轻集料混凝土配合比设计的参考，现将轻集料混凝土的强度和表现密度的常用参数范围，列于表 7-26。

表 7-26 常用轻集料混凝土的强度和表观密度范围

轻粗集料			细集料		轻集料混凝土	
品种	密度等级	筒压强度/MPa≥	品种	堆积密度/(kg/m³)	表观密度/(kg/m³)	强度等级
浮石或 火山渣	400	0.4	轻砂	<250	800～1000	CL3.5～CL5.0
	400	0.4	普砂	1450	1200～1400	CL5.0～CL7.5
	600	0.8	轻砂	<900	1400～1600	CL7.5～CL10
	600	0.8	普砂	1450	1600～1800	CL10～CL15
	800	2.0	轻砂	<250	1000～1200	CL7.5～CL10
	800	2.0	普砂	1450	1600～1800	CL10～CL25
页岩	500	1.0	轻砂	<250	<1000	CL5.0～CL7.5
	500	1.0	轻砂	<900	1000～1200	CL7.5～CL10
	500	1.0	普砂	1450	1400～1600	CL10～CL15

续表

轻粗集料			细集料		轻集料混凝土	
品种	密度等级	简压强度/MPa≥	品种	堆积密度/(kg/m³)	表观密度/(kg/m³)	强度等级
陶粒	800	4.0	轻砂	<250	1000~1200	CL7.5~CL10
	800	4.0	轻砂	<900	1400~1600	CL10~CL20
	800	4.0	普砂	1450	1600~1800	CL20~CL25
黏土陶粒	500	1.0	轻砂	<250	800~1000	CL5.0~CL7.5
	500	1.0	轻砂	<900	1000~1200	CL7.5~CL10
	500	1.0	普砂	1450	1400~1600	CL10~CL15
	600	2.0	轻砂	<250	1000~1200	CL7.5~CL10
	600	2.0	轻砂	<900	1200~1400	CL10~CL15
	600	2.0	普砂	1450	1400~1600	CL10~CL20
	800	4.0	轻砂	<250	1200~1400	CL10
	800	4.0	轻砂	<900	1400~1600	CL10~CL20
	800	4.0	普砂	1450	1600~1900	CL20~CL40
粉煤灰陶粒	700	3.0	轻砂	<250	1000~1200	CL7.5~CL10
	700	3.0	轻砂	<900	1400~1600	CL10~CL20
	700	3.0	普砂	1450	1600~1800	CL20~CL25
	900	5.0	轻砂	<250	1200~1400	CL10
	900	5.0	轻砂	<900	1600~1800	CL10~CL20
	900	5.0	普砂	1450	1700~1900	CL20~CL50
自燃煤矸石	1000	4.0	轻砂	<250	1200~1400	CL7.5~CL10
	1000	4.0	轻砂	<1200	1400~1600	CL10~CL15
	1000	4.0	普砂	1450	1800~1900	CL15~CL30
膨胀珍珠岩	400	0.5	轻砂	<250	800~1000	CL5.0~CL7.5
	400	0.5	普砂	1450	1200~1400	CL10~CL20

思 考 题

1. 普通混凝土配合比的设计步骤和公式、配合比的表示方式?
2. 高性能混凝土、轻集料混凝土的配合比设计步骤和公式。

参 考 文 献

[1] 李立权. 混凝土配合比设计手册. 第3版. 广州: 华南理工大学出版社, 2002.
[2] 张承志. 建筑混凝土. 北京: 化学工业出版社, 2002.
[3] 高琼英. 建筑材料. 武汉: 武汉工业大学出版社, 2001.
[4] 陈建奎, 王动民. 高性能混凝(HPC) 配合比设计新法—全计算法. 硅酸盐学报, 2000, (4): 194-198.
[5] 张应立主编. 现代混凝土配合比设计手册. 北京: 人民交通出版社, 2002.
[6] 曹文达, 曹栋编著. 新型混凝土及其应用. 北京: 金盾出版社, 2001.

8 建筑砂浆

8.1 概　述

建筑砂浆和混凝土的区别在于不含粗集料，它是由胶凝材料、细集料和水按一定的比例配制而成。按其主要用途可分为砌筑砂浆、抹面砂浆和特种砂浆。按其所用胶凝材料的不同，可分为水泥砂浆、石灰砂浆、混合砂浆和聚合物水泥砂浆等，常用的混合砂浆有水泥石灰砂浆、水泥黏土砂浆和石灰黏土砂浆。

8.1.1　定义

砂浆是由胶凝材料、细集料、掺和料和水，以及根据需要加入外加剂等，按一定比例配制而成的建筑工程材料。在建筑工程中起黏结、衬垫和传递应力的作用。

8.1.2　砂浆的主要技术性质

8.1.2.1　砂浆拌和物的密度

每立方米砂浆拌和物中各组成材料的实际用量，可用砂浆拌和物捣实后的质量密度来确定。砌筑砂浆拌和物的密度规定，水泥砂浆或水泥混合砂浆的密度不应小于 $1900 kg/m^3$。

8.1.2.2　砂浆拌和物的和易性

砂浆拌和物具有良好的和易性。和易性良好的砂浆，不易产生分层、离析现象，能在粗糙的砌体表面上铺成均匀的薄层，能很好地与底层黏结，便于施工操作和保证工程质量。砂浆拌和物的和易性包括流动性和保水性两方面。

（1）流动性

流动性是指砂浆拌和物在自重或外力作用下产生流动的性质。流动性用砂浆稠度仪测定，是以标准圆锥体在砂浆内自由沉入 10s 时沉入的深度作为砂浆的沉入度或稠度（mm）（测定示意图如图 8-1 所示）。沉入度或稠度愈大，砂浆的流动性愈好。

影响砂浆流动性的因素很多，如胶凝材料的种类和用量、用水量、细集料的粗细程度、粒形及级配、搅拌时间、外加剂等。

砂浆流动性的选择与砌体材料的类型、施工条件和气候条

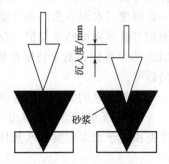

图 8-1　沉入度测定示意

件有关。一般情况下，多孔吸水的砌体材料和干热天气，砂浆的流动性应大些，沉入度一般为 50～100mm，而密实不吸水的材料和湿冷天气，其流动性应小些，可按表 8-1 选取。

表 8-1 砂浆流动性参考表（沉入度） 单位：mm

砌块种类	干燥气候或多孔吸水材料	寒冷气候或密实材料	抹灰工程	机械施工	手工操作
砖砌体	80～100	60～80	准备层	80～90	110～120
普通毛石砌体	60～70	40～50	底层	70～80	70～80
振捣毛石砌体	20～30	10～20	面层	70～80	90～100
炉渣混凝土砌块	70～90	50～70	石膏浆面层	—	90～120

（2）保水性

新拌砂浆保持内部水分不泌出流失的性能称为保水性。保水性不良的砂浆会带来两方面的后果：砂浆在存放、运输和施工过程中易产生泌水和离析，并且当铺筑于基层后，水分易被基面很快吸走，从而使砂浆干涩，不便于施工，不易铺成均匀密实的砂浆薄层；水分因被基面吸走，会影响水泥的正常水化和凝结硬化，使强度和黏结力下降。以上两点最终导致砌体质量下降。为使砂浆具有良好的保水性，可加入适量的塑化剂或微沫剂，而不宜采用提高水泥用量的办法。

砂浆的保水性可用泌水率和分层度表示。泌水率是指砂浆中泌出的水分占拌和水量的百分率。目前采用较多的是分层度。砂浆的分层度可用分层度测定仪（图 8-2）测定。分层度的测定方法是：将测定沉入度后的新拌砂浆装入内径为 150mm、高 300mm 的有底圆筒内静置 30min 后，去掉上部 2/3 厚的砂浆，再测出下部余下砂浆的沉入度，两次沉入度之差即为分层度。

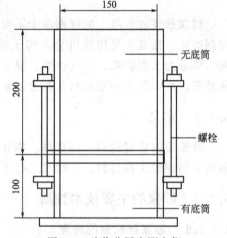

图 8-2 砂浆分层度测定仪

分层度过大，表示砂浆易产生分层离析，不便于施工及水泥硬化，一般砌筑砂浆的分层度为 10～20mm，砌筑和抹面均可使用；分层度过小或接近于零的砂浆，虽然其保水性很强，无分层离析现象、但这种砂浆往往胶凝材料用量过多，或细集料过细，易发生干缩裂缝。

8.1.2.3 砂浆硬化后的主要性能

（1）强度

强度是砂浆的主要物理力学性能，砌筑砂浆是以抗压强度作为强度指标。即采用标准试件尺寸为：70.7×70.7×70.7（mm）的立方体，一组六块，在标准养护温度（20±3）℃和一定湿度（水泥砂浆需相对湿度 90% 以上；混合砂浆需相对湿度 60%～80%）下养护 28d，测定其抗压强度的平均值（MPa）。砂浆的强度等级共有 M2.5、M5、M7.5、M10、M15、M20 六个等级，对于特别重要的砌体及有较高耐久性要求的工程，宜用强度等级高于 M10 的砂浆。

砌筑砂浆的实际强度与所砌材料的吸水性有关，可分为下面两种情况。

① 不吸水基层砂浆强度 基层为不吸水基层材料（如致密石材）时，砂浆的抗压强度主要决定于水泥强度和水灰比。可近似于混凝土的强度公式表示：

$$f_m = A f_{ce} \left(\frac{C}{W} - B \right) \tag{8-1}$$

式中，f_m 为砂浆 28d 抗压强度，MPa；f_{ce} 为水泥实测强度，MPa；C/W 为灰水比；A，B 为经验系数，用普通水泥时 $A=0.29$，$B=0.4$。

② 吸水基层砂浆强度　基层为吸水材料（如砖、多孔混凝土）时，由于基层吸水性较强，砂浆中保留水分的多少取决于砂浆的保水性，与砌筑前砂浆的水灰比关系不大。所以砂浆的强度主要取决于水泥的强度及水泥用量，其计算公式如下：

$$f_m = \frac{\alpha f_{ce} Q_c}{1000} + \beta \tag{8-2}$$

式中，Q_c 为每立方米砂浆的水泥用量，精确至 1kg；f_m 为砂浆试配强度，精确至 0.1MPa；f_{ce} 为水泥实测强度，精确至 0.1MPa；α，β 为砂浆的特征系数，其中 $\alpha=3.03$，$\beta=-15.09$。

在无法取得水泥的实测强度值时，可按下式计算：

$$f_{ce} = \gamma_c f_{ce \cdot k}$$

式中，$f_{ce,k}$ 为水泥强度等级对应的强度值，MPa；γ_c 为水泥强度等级值的富余系数，该值应按实际统计资料确定。无统计资料时可取 1.0。

通常砂浆强度越高，黏结力越大。对于抹灰砂浆而言，只有砂浆具有足够的黏结力，才能保证不空鼓、不脱落等。砂浆的黏结力也与砌体材料的表面粗糙程度、清洁程度、潮湿状态及养护条件等有关。

（2）黏结力

为保证砌体具有一定的强度、耐久性，以及与建筑物的整体稳定性，要求砂浆与基层材料间具有一定的黏结能力。砂浆与基层材料的黏结力随着抗压强度的增加而增加。在充分润湿、干净、粗糙的基面，砂浆的黏结力较大。

（3）耐久性

砂浆的耐久性指砂浆在使用条件下经久耐用的性质，包括抗冻性、抗渗性、抗弯性等。抗冻性指砂浆抵抗冻融循环的能力，以其 N 次冻融循环后的砂浆抗压强度损失率和重量损失率来衡量。影响砂浆抗冻性的因素有砂浆的密实度、内部空隙特征及水泥品种、水灰比等。

抗渗性指砂浆抵抗压力水渗透的能力，它与砂浆的密实度及内部空隙的大小和构造有关。

（4）变形性

砂浆的变形主要指在承受外力或环境条件变化时，出现收缩的性质。当砂浆的这种收缩过大或者不均匀时，都会降低砌体的整体性，引起沉降和裂缝。若使用轻集料拌制砂浆或混合料掺量太多，也会引起砂浆收缩变形过大，为了减小收缩，可以在砂浆中加入适量的膨胀剂或者纤维材料。

8.2　砂浆的组成材料

建筑砂浆的组成材料主要有：胶凝材料、砂、掺和料、水和外加剂等。

8.2.1　胶凝材料

建筑砂浆常用的胶凝材料有：水泥、石灰、石膏等。在选用时应根据使用环境、用途等合理选择。在干燥条件下使用的砂浆即可选用气硬性胶凝材料（石灰、石膏），也可选用水硬性胶凝材料（水泥）；若在潮湿环境或水中使用的砂浆则必须选用水泥作为胶凝材料。

配制砌筑砂浆的水泥一般指硅酸盐水泥中的普通水泥、矿渣水泥、火山灰水泥，也可用粉煤灰水泥。砌筑砂浆用水泥的强度等级的选定：在配制砂浆时要尽量选用低强度等级水泥或砌筑水泥。水泥砂浆采用的水泥，其强度等级不宜大于 32.5 级；水泥混合砂浆采用的水泥，其强度等级不宜大于 42.5 级。由于砌筑砂浆主要是用于砌筑砖石，铺成薄层粘结块体，传递荷载，有时也抵抗外力，因此水泥强度等级应根据砂浆强度等级进行选择，砌筑砂浆中水泥的强度等级一般为砂浆强度等级的 4～5 倍。

石灰、石膏和黏土也可作为砂浆的胶凝材料，与水泥混合使用配制混合砂浆，可以节约水泥并改善砂浆和易性。

8.2.2　细集料

砌筑砂浆中作为细集料的砂，与普通混凝土用砂的技术要求相同。此外，由于砂浆层较薄，还应对砂子最大粒径有所限制。毛石砌体宜选用粗砂，其最大粒径不超过灰缝厚度的 1/5～1/4。对于砖砌体以中砂为宜，通常砖砌体中砂的最大粒径为 2.5mm，石砌体中为 5mm。对于光滑的抹面及勾缝砂浆则应采用细砂，而毛石砌体中石块之间空隙率可高达 40%～50%，并且空隙尺寸较大，因此有可能用较大粒径集料（在砂子中加入 20%～30%，粒径为 5～10mm 或 5～20mm 的小石子）配制小石子砂浆。

为了保证砂浆的质量，尤其在配制高强度砂浆时，要选用洁净的砂，因此对砂中黏土杂质的含量有所限制。砂浆强度等级不小于 M5 者，砂中含泥量不大于 5%；砂浆强度等级小于 M5 的水泥混合砂浆，砂中含泥量可不大于 10%。这是因为砂子的含泥量与掺加的黏土膏是不同的，砂子的含泥是包裹在砂粒表面的泥，而黏土膏是高度分散的微粒，且微粒表面有一层水膜，可以改善砂浆的和易性。

当采用人工砂、山砂、炉渣等作为细集料时，应根据经验或试配而确定其技术指标，以防发生质量事故。

8.2.3　水

拌制砂浆对水质的要求，与混凝土的要求相同。

8.2.4　掺和料

为提高砌筑质量，改善砂浆的和易性能，拌制砂浆时常掺入某种矿物掺和料或塑化剂等，如掺入黏土膏、石灰膏或粉煤灰等可提高砂浆的保水性，调节砂浆的强度等级，降低砂浆成本；掺入膨胀珍珠岩和引气剂等，可提高砂浆的保温性能；掺入微沫剂、泡沫剂等可以改善砂浆的和易性以及提高抗裂性及抗冻性。

8.2.5　外加剂

为了提高砂浆的和易性并节约石灰膏，可在水泥砂浆或混合砂浆中掺入无机塑化剂和符合质量要求的有机塑化剂，一般常用微沫剂，但在水泥黏土砂浆中不宜使用。砂浆中掺入的砂浆外加剂，应具有法定检测机构出具的该产品砌体强度型式检验报告，并经砂浆性能试验合格后，方可使用。

8.3　砂浆配合比设计

砌筑砂浆配合比可通过查阅有关资料或手册来选择，必要时通过计算来确定。砌筑砂浆配合比设计的基本要求是：满足密度、和易性、强度、耐久性等各方面性能要求；经济上合理，水泥及掺和料用量少。砌筑砂浆配合比设计步骤按照行业标准 JGJ 98—2000《砌筑砂浆配合比设计规程》进行。

8.3.1　水泥混合砂浆配合比设计

（1）计算试配强度

$$f_{m,0} = f_{m,k} + 0.645\sigma \tag{8-3}$$

式中，$f_{m,0}$ 为砂浆的试配强度，精确至 0.1MPa；$f_{m,k}$ 为砂浆设计强度标准值，精确至 0.1MPa；σ 为砂浆强度标准差，精确至 0.1MPa。

砌筑砂浆现场强度标准差的确定应符合下列规定：

① 当有统计资料时，σ 应按式（8-4）计算：

$$\sigma = \sqrt{\frac{\sum_{i=1}^{n} f_{m,i}^2 - n\mu_{f_m}^2}{n-1}} \tag{8-4}$$

式中，$f_{m,i}$ 为统计周期内同一种砂浆第 i 组试件的强度，MPa；μ_{f_m} 为统计周期内同一种砂浆第 n 组试件强度的平均值，MPa；n 为统计周期内同一种砂浆试件的总组数，$n \geqslant 25$。

② 当不具有近期统计资料时，砂浆现场强度标准差 σ 可按表 8-2 取用。

表 8-2　砂浆强度标准差 σ 选用值　　　　　　　　　　　单位：MPa

施工水平	砂浆强度等级					
	M2.5	M5	M7.5	M10	M15	M20
优良	0.50	1.00	1.50	2.00	3.00	4.00
一般	0.62	1.25	1.88	2.50	3.75	5.00
较差	0.75	1.50	2.25	3.00	4.50	6.00

（2）计算 1m³ 砂浆中的水泥用量 Q_c

$$Q_c = \frac{1000(f_{m,0} - \beta)}{\alpha f_{ce}} \tag{8-5}$$

式中，Q_c 为每立方米砂浆的水泥用量，精确到 1kg；$f_{m,0}$ 为砂浆的试配强度，精确到 0.1MPa；f_{ce} 为水泥的实测强度，精确到 0.1MPa；α，β 为砂浆的特征系数，其中 $\alpha = 3.30$，$\beta = -15.09$。

注：各地区也可采用本地区试验资料确定 α、β 值，统计用的试验组数不得少于 30 组。

当计算出的水泥用量不足 200kg/m³、应取 200kg/m³。

（3）计算 1m³ 砂浆中的掺和料用量 Q_d

$$Q_d = Q_a - Q_c \tag{8-6}$$

式中，Q_d 为每立方米砂浆的掺和料用量，精确至 1kg；石灰膏、黏土膏使用时的稠度为 (120 ± 5) mm；Q_c 为每立方米砂浆的水泥用量，精确至 1kg；Q_a 为每立方米砂浆中水泥和掺和料的总量，精确至 1kg；宜在 $300\sim350$kg 之间、掺和料（石灰膏）不同稠度时，可按表 8-3 进行换算。

表 8-3   石灰膏不同稠度时的换算系数

石灰膏稠度/mm	120	110	100	90	80	70	60	50	40	30
换算系数	1.00	0.99	0.97	0.95	0.93	0.92	0.90	0.88	0.87	0.86

（4）计算 1m³ 砂浆中的砂用量 Q_s，1m³ 砂浆所用的干砂体积是 1m³，其质量等于砂在干燥状态（含水率小于 0.5%）的堆积密度值。当含水率大于 0.5% 时，应考虑砂的含水率。

$$Q_s = 1 \times \gamma_s \tag{8-7}$$

当含水率大于 0.5% 时，应按下式计算

$$Q_s = \gamma_s(1+\beta)$$

式中，Q_s 为每立方米砂浆的砂用量；γ_s 为砂在干燥状态（或含水率小于 0.5%）的松散堆积密度，kg/m³；β 为砂的含水率，%。

（5）计算 1m³ 砂浆中的用水量 Q_w，根据砂浆稠度等要求可按表 8-3 选用。

【例 8-1】 要求设计砌筑砖墙的水泥混合砂浆配合比：设计强度等级为 M10，稠度为 100mm。原材料主要参数：水泥：32.5 级矿渣水泥；中砂：堆积密度为 1450kg/m³，含水率 3%；石灰膏：稠度：100mm；施工水平：一般。

解：

① 计算试配强度

$$f_{m,0} = f_{m,k} + 0.645\sigma = 10 + 0.645 \times 2.5 = 11.6 \text{（MPa）}$$

② 计算 1m³ 砂浆中的水泥用量 Q_c

$$Q_c = \frac{1000 \times (11.6+15.09)}{3.03 \times 32.5} = 271 \text{（kg）}$$

③ 计算 1m³ 砂浆中的石灰膏用量 Q_d

取 $Q_a = 320$kg/m³，根据公式 $Q_d = Q_a - Q_c$ 得：

$$Q_d = 320 - 271 = 49 \text{（kg）}$$

查表 8-3，稠度为 100mm 石灰膏用量应乘以换算系数 0.97。

$$49 \times 0.97 = 47.5 \text{（kg）}$$

④ 计算 1m³ 砂浆中的砂用量 Q_s

$$Q_s = 1450 \times (1+3\%) = 1493.5 \text{（kg）}$$

⑤ 根据稠度要求，选择用水量 $Q_w = 280$kg/m³

砂浆试配时各材料的用量比例：

水泥∶石灰膏∶砂∶水 = 271∶47.5∶1493.5∶280
$$= 1∶0.18∶5.5∶1.03$$

8.3.2 水泥砂浆配合比选用

水泥砂浆材料用量可按表 8-4 选用。

表 8-4　每立方米砂浆材料用量　　　　　　　　单位：kg

强度等级	水泥用量	砂用量	水用量
M2.5～M5	200～230		
M7.5～M10	230～280	1m³ 砂子的堆积密度值	270～330
M15	280～340		
M20	340～400		

注：1. 混合砂浆中的用水量，不包括石灰膏或黏土膏中的水。
　　2. 当采用细砂或粗砂时，用水量分别取上限或下限。
　　3. 稠度小于 70mm 时，用水量可小于下限。
　　4. 施工现场气候炎热或干燥季节，可酌量增加用水量。

8.3.3　配合比试配调整和确定

按计算或查表所得配合比进行试拌时，应测定其拌和物的稠度和分层度，当不能满足要求时，应调整材料用量，直到符合要求为止。然后确定为试配时的砂浆基准配合比（即计算配合比经试拌后，稠度、分层度已合格的配合比）。

为了使砂浆强度能在计算范围内，试配时应采用 3 个不同的配合比。其中一个为基准配合比，其他配合比的水泥用量应按基准配合比分别增加或减少 10％。在保证稠度、分层度合格的条件下，可将用水量或掺加料用量作相应调整，最后测定砂浆强度，并选定符合试配强度要求的且水泥用量最低的配合比作为砂浆配合比。

8.4　干粉砂浆

随着现代住房建设的发展和人们对居住环境的日益关注，在建筑工程中使用量大面广的建筑砂浆也正在为适应新的发展而革新。由于传统的砂浆在现场搅拌，人为因素影响使其质量一直没能得到良好的、有效的控制。尽管其在建筑工程中使用的相当成熟广泛，但由于其自身存在的缺陷而无法满足现代人对居住环境和居住条件的精细要求，所以必将导致传统砂浆退出建筑工程的历史舞台。为了适应现代建筑业发展的需要，一种具有优良特性的新型的建筑砂浆正在蓬勃发展，它就是人们所说的干粉砂浆，属于预拌砂浆范畴。干粉砂浆又称干混砂浆或砂浆干拌料，系指由专门的厂家生产的在施工现场使用的一种新型建筑砂浆品种。其主要由胶凝材料、细集料以及掺和料和化学外加剂等经干燥、计量、混合系统混合均匀后袋装或散装运至施工现场加水搅拌直接使用的砂浆产品。

干粉砂浆是从 20 世纪 50 年代的欧洲建筑市场发展壮大起来的。如今在发达的西方国家以及世界许多发展中的国家都在广泛使用干粉砂浆作为其主要的黏结材料。如德国平均每五十万人就拥有一个干粉砂浆生产企业。在亚洲的新加坡、日本、韩国等也有不同程度的发展。我国自 20 世纪 90 年代初发展至今，干粉砂浆已经迎来了它的春天。不同规模的干粉砂浆生产线已经投入生产不同品种的砂浆产品供应市场使用。更为可喜的是为了使干粉砂浆能够顺利代替传统砂浆，国家及部分省市已经制定了相应的标准来引导干粉砂浆的发展。如国家制定的《混凝土小型空心砌块砌筑砂浆》（JC 860—2000）、《蒸压加气混凝土用砌筑砂浆与抹面砂浆》（JC 890—2001），以及上海市制定的《预拌砂浆生产与应用技术规程》（DG/TG 08-502—2000）、《干粉砂浆生产与应用技术规程》（DG/TG 08-502A—2000）等。

8.4.1　干粉砂浆技术优势

干粉砂浆作为传统砂浆的替代产品其自身存在诸多的优越性。

（1）施工质量容易得到保证

不同用途的砂浆如砌筑砂浆、抹灰砂浆、地面砂浆，砌块专用砂浆等，对材料的抗收缩、抗龟裂、保温、防潮等特殊性能的要求不同，且施工要求的施工性能也不同。这些特性需要按照科学的配方和严格配制才能实现的，施工现场很难备齐要求的所有原料，现场的施工设备也无法保证满足质量要求。而大规模自动化生产出来的干粉砂浆，产品质量可靠且稳定，许多微量化学外加剂保证了产品质量并满足特殊的质量要求。

（2）品种齐全

根据建筑施工的不同要求，开发了许多产品和规格。单就产品来分，就有适应各类建筑需求而分的砌筑砂浆、抹面砂浆、地坪砂浆；根据建筑质量的不同要求，规格可分为 M2.5、M5、M10、M15、M20、M25、M30 各种规格；质量方面有不同的稠度、分层度、密度、强度的要求，根据不同用户的需求量，包装也可分为 5kg、20kg、25kg、50kg 几种，还可用散装车密封运送。

（3）施工效益好

使用干粉砂浆能够提高施工速度。由于优良的科学配方使其获得了比传统砂浆优越得多的施工性能，施工速度及施工效率明显提高，能够缩短施工工期。且由于其良好的作业性能能够使施工质量提高，施工层厚度降低，节约材料。施工质量的提高使得维修返工的机会大大减少，同时也可以降低建筑物的长期维护费用。

（4）环境效益好

当今社会环境保护日益受到人们的重视，环境污染问题已严重威胁着人类的生存和健康。而应用干粉砂浆，环境效益十分显著。首先，因其不需要在现场堆放各种原材料，避免了材料在运输堆放过程中造成的环境污染，消除了施工现场的脏、乱、差现象；其次，从根本上消除现场搅拌造成的噪声、粉尘、污水等污染现象，改善了人们的工作和居住环境，便于文明施工；大规模集中生产的干粉砂浆，不仅原材料损耗低、浪费少，而且部分产品，如地坪砂浆，可利用如粉煤灰、矿渣、石油冶炼渣"绿色建材"。干粉砂浆的定量包装，便于运输与存放。施工单位可以根据需要定量采购，既节约了原料又方便了施工管理。施工现场没有了堆积如山的各种原料，减少了对施工周围环境的影响。

8.4.2　干粉砂浆发展前景

根据当前我国在干粉砂浆方面发展的情况来看，其在以下几个方面存在缺陷。

（1）成本较高

由于产品成本的抬高，使用过程中在施工方遇到较大的阻力，受施工方当前经济利益的影响较为突出。但从综合经济效益来看，干粉砂浆的材料成本可以从节约材料和提高施工效率以及降低维护费用中得到弥补。

（2）技术不成熟

由于还缺少完整的相应规范供给生产、施工时使用，制约了干粉砂浆在工程中的推广。且没有相应的技术保障引导施工，施工技术还不成熟等也在不同程度的影响其发展。

（3）砂浆品种不丰富

国外已经开发了逾千种的干粉砂浆品种，而我国则还不到百种，因此在使用中出现砂浆不配套、不满足功能的现象，给砂浆的推广使用带来极为不利的影响。

（4）投资大

干粉砂浆生产线一次性投资大，一般企业难以承受，因此干粉砂浆生产企业相对贫乏。再者，由于干粉砂浆的技术含量高，在利用地方材料上有一定的难度，给干粉砂浆的全面推广带来困难。

尽管干粉砂浆在推广使用过程中遇见种种阻力，但是其代替传统砂浆的历史必然性是难以改变得。不仅仅上海市，其他大中城市也对使用干粉砂浆给予了极大的兴趣，广大媒体的深入宣传、众多的科技工作者不断取得的科技进步都将为干粉砂浆的发展创造有利的条件。就像商品混凝土的发展一样，其必将迎来灿烂的春天。从现今的发展趋势来看，今后我国在干粉砂浆方面的发展主要集中在以下几点。

① 以利用工业废料和地方材料为主要原材料的干粉砂浆品种。粉煤灰、矿渣、废石粉、炼油废渣、膨润土等的利用，不但能够降低干粉砂浆成本，改善砂浆性能，而且有利于保护环境，节约资源。

② 生产自己的化学外加剂和开发新的砂浆品种。化学外加剂的价格较高，而我国干粉砂浆外加剂主要依靠进口，所以中国应自己生产相应的化学外加剂，以降低干粉砂浆的制作成本。且只有开发出全面的、符合市场需要的所有的砂浆品种，才能使其使用范围不受限制，为其顺利推广创造有利条件。随着专用砂浆、特种砂浆的出现不仅带动干粉砂浆的发展，也为推动其他产业的发展创造条件。

③ 开发自己的生产工艺。目前干粉砂浆的生产工艺我国还不成熟，一般生产企业的生产线都是从国外引进的，其投资一条生产线一般在 2000 万～3000 万元人民币，价格昂贵。只有开发出符合我国国情的生产工艺，才能为全面建设干粉砂浆企业创造条件，不但降低了投资成本，而且降低了生产成本。

④ 与墙体材料相协调。国家一直在致力于推广使用新型墙体材料，所以开发出与当前使用的主要墙体材料相配套的专用砂浆是必需的。据有关资料表明，原有砂浆在新型墙体材料的使用过程中集中表现出来的问题有：砂浆施工性能不良，砌块在砌筑过程中吸水过多，干燥过程中砌块失水发生二次干缩导致墙体出现开裂，砂浆砌筑不饱满，出现空鼓等质量问题；砂浆在干燥固化后的黏结力在新型墙体材料中因截面尺寸与黏土砖的不同而出现黏结力不足的现象，导致墙体在变形应力的影响下易开裂。

干粉砂浆在我国的发展还是一个新鲜的事物，还有许多的工作去做，不仅仅是技术上的问题，还有束缚人们思想上的原因。要扫清干粉砂浆发展道路上的障碍，还需要国家在政策上、经济上给予以极大的支持和帮助。只有在各个方面的齐心协力工作下，才能推动整个建筑科技的进步，干粉砂浆才能真正走上健康的发展道路。

思 考 题

1. 砂浆的主要原材料有哪些，主要技术性质有哪些，砂浆保水性的定义。
2. 水泥混合砂浆的配合比设计步骤。
3. 干粉砂浆的优缺点。

参 考 文 献

[1] 傅德海，赵四渝，徐洛乾主编．干粉砂浆应用指南．北京：中国建材工业出版社，2006．
[2] 张雄，张永娟主编．建筑功能砂浆．北京：化学工业出版社，2006．
[3] 张胜，张利主编．土木工程材料．北京：煤炭工业出版社，2007．
[4] 魏鸿汉主编．建筑材料．第 2 版．北京：中国建材工业出版社，2007．